高等院校基础课系列教材·实验类

GAODENG YUANXIAO JICHUKE XILIE JIAOCAI·SHIYAN LEI

电工与电子技术实验

主　编　郭仿军　梁康有

副主编　穆星星　颜永龙　高君华

　　　　谭　菊　申凤娟

U0190778

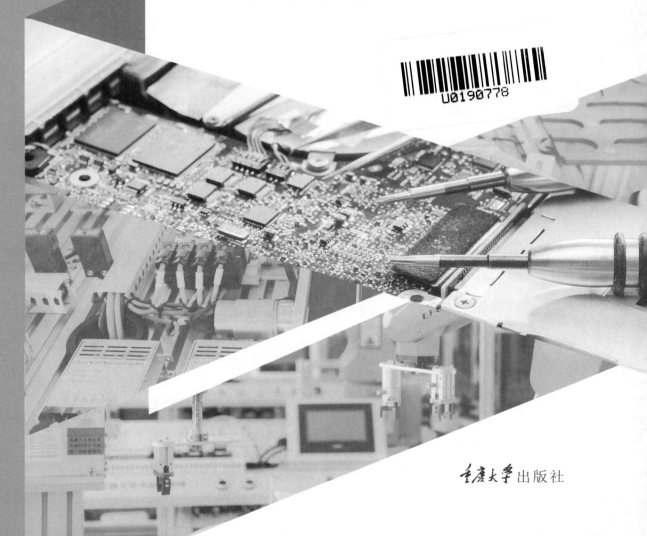

重庆大学出版社

内容提要

本书主要介绍了电路原理、模拟电子技术和数字电子技术的实验内容。全书共 6 章,内容包括电工与电子技术实验基础知识、电工与电路分析实验、模拟电子技术实验、数字电子技术实验、电工与电子技术 Multisim 仿真实验和电子电路课程设计。

本书适用专业较广,可作为高等院校电类专业学生学习电路原理、模拟电子技术、数字电子技术的单科实验教程,也可作为计算机类和其他工科类本科生、专科生电工及电子技术课程的实验配套教材使用,还可供相关专业的工程技术人员参考。

图书在版编目(CIP)数据

电工与电子技术实验/郭仿军,梁康有主编. -- 重庆:重庆大学出版社,2021.12
高等院校基础课系列教材
ISBN 978-7-5689-3076-5

Ⅰ.①电… Ⅱ.①郭… ②梁… Ⅲ.①电工技术—实验—高等学校—教材②电子技术—实验—高等学校—教材
Ⅳ.①TM-33②)TN-33

中国版本图书馆 CIP 数据核字(2021)第 245341 号

电工与电子技术实验
DIANGONG YU DIANZI JISHU SHIYAN

主 编 郭仿军 梁康有
副主编 穆星星 颜永龙 高君华
谭 菊 申凤娟
策划编辑:鲁 黎

责任编辑:杨育彪 版式设计:鲁 黎
责任校对:邹 忌 责任印制:张 策

*

重庆大学出版社出版发行
出版人:饶帮华
社址:重庆市沙坪坝区大学城西路 21 号
邮编:401331
电话:(023)88617190 88617185(中小学)
传真:(023)88617186 88617166
网址:http://www.cqup.com.cn
邮箱:fxk@ cqup.com.cn(营销中心)
全国新华书店经销
重庆华林天美印务有限公司印刷

*

开本:787mm×1092mm 1/16 印张:20.5 字数:528 千
2021 年 12 月第 1 版 2021 年 12 月第 1 次印刷
印数:1—2 000
ISBN 978-7-5689-3076-5 定价:48.00 元

前　言

　　"电工技术"和"电子技术"课程是高等院校理工科电类和非电类专业的专业基础课程,本书是配合上述课程编写的实验指导书。本书参照教育部高等学校电子电气基础课程教学指导分委员会制定的"电路类和电子技术类课程教学基本要求"中关于实验教学的内容,结合编者多年来从事电工与电子技术理论和实践教学经验,并在多年使用的实验讲义基础上编写而成。

　　本书包括基础性实验、综合性实验、设计性实验、仿真实验和课程设计,实验内容和实验形式更加丰富,目的是加深学生对电工、模拟电子技术和数字电子技术基础理论知识的理解,提升学生理论联系实践的能力;课程设计部分可在学生学完本门课程以后使用,以培养学生综合运用理论知识解决实际问题的工程实践能力。

　　本书全面涵盖了电工、模拟电子技术和数字电子技术实验教学的相关内容,既包括直流电路、交流电路以及电子技术基础理论的验证与分析,也包括对其基本电路的应用和综合设计,以及对基本电工电子仪器、仪表的使用。实验项目的安排遵循循序渐进的原则,由基本到综合再到设计,使实验具备了一定的层次性和完备性,可针对不同的教学对象选择不同的实验教学内容,有利于因材施教。

　　全书共 6 章,内容包括电工与电子技术实验基础知识、电工与电路分析实验、模拟电子技术实验、数字电子技术实验、电工与电子技术 Multisim 仿真实验和电子电路课程设计。考虑到目前各学科压缩教学学时、实验学时明显减少的现状,本书编写了电工与电子技术 Multisim 仿真实验一章,可将该章实验内容设计为开放性实验,学生在掌握该软件的应用后,能自行构建虚拟实验室并在此完成基础理论的实验验证或进行实验设计,以更好地理解、巩固和消化理论知识,解决实验学时太少带来的教学难题。第 6 章为模拟电子技术和数字电子技术的课程设计,选编了部分常见电子技术课程设计的题目,提出设计任务与要求、设计目的及设计方案等,学生可根据要求自行设计具体电路,选择元器件及参数,自行安装调试并测试,该章的学习和选用可为学生进行毕业设计打下一定的基础。

本书由郭仿军负责全书的构思,并编写了第 4、6 章,梁康有编写了第 2 章和第 5 章,穆星星、申凤娟共同编写了第 3 章,颜永龙编写了第 1 章,高君华、谭菊参与编写了第 2 章和第 5 章部分实验内容。在本书的编写过程中,杨守良、廖长荣等老师提出了许多宝贵意见。本书也参考了天煌科技实业有限公司实验设备的配套实验资料,在此一并表示感谢。

由于编者水平有限,书中难免存在疏漏和不足,敬请读者指正。

编　者
2021 年 3 月

目录

第 **1** 章
电工与电子技术实验基础知识

1.1 电工与电子技术实验课程概况

电工与电子技术实验课程是普通高等工科院校电类及非电专业学生的必修专业基础实验。该实验课程以应用理论为基础、专业技术为指导,旨在使学生从理论知识学习过渡到实践和应用,对培养学生的工程素质和能力具有十分重要的作用。

1.1.1 电工与电子技术实验课程开设的目的和任务

在当前面向工程教学认证的大背景下,实践教学越来越受各高等学校的重视,电工与电子技术实验已经由单一的验证原理和掌握基本实验操作技能拓展为一门综合技能训练的实践,成为获得实验技能和科学研究方法基本训练的重要环节。

电工与电子技术实验的训练,使学生进一步建立实际元器件性能的相关概念,掌握基本电工测量仪器、仪表的原理和使用方法,掌握基本电路电量和参量的测量方法,掌握基本模拟电路和数字电路的设计能力和现代电路的计算机仿真技术,培养学生检查与排除电路故障、分析和处理实验结果、分析误差和撰写实验报告的能力。

为培养锻炼学生综合运用所学理论知识的能力、提高学生解决与分析实际问题的技术水平、启发学生的创新思想,电工与电子技术实验分为验证性和训练性实验、设计性实验、综合性实验三个层次的实验体系。

验证性和训练性实验侧重基础理论知识的学习;设计性实验则针对某一知识点进行比较深入的分析学习;综合性实验包含两个以上知识点的综合运用。

(1)验证性和训练性实验

验证性和训练性实验的主要目的是培养学生动手能力和基本实验素养,同时巩固理论教学中的基本知识与理论。

验证性和训练性实验的主要内容:以熟悉电子电气元器件特性与参数、基本电路为主,验证相关理论,熟悉实验测量仪器及其操作流程。

（2）设计性实验

设计性实验的主要目的是锻炼学生独立思考的能力,由于实验结论具有非唯一性,因此可培养学生的创新意识,养成学生主动探究的学习习惯。

设计性实验的主要内容:根据给定类型的电路,结合相应的理论,设计与调试具体电路,拟订安装、测试方案,完成规定的电路性能参数和指标测试。

（3）综合性实验

综合性实验的主要目的是培养学生分析、解决复杂工程问题的思维方式和提高学生实践动手能力。

综合性实验的主要内容:根据给定的实验题目、内容和要求,自行设计实验电路,选择合适的元器件并组装实验电路,拟订调试方案,最终达到实验题目的功能要求与指标要求。

1.1.2　电工与电子技术实验的基本要求

"电工与电子技术"作为一门实践性很强的课程,加强工程训练,特别是技能的培养,对培养工程人员的素质和能力具有十分重要的作用。为达到上述目的,电工与电子技术实验教学内容将从以下几方面加强对学生的训练。

1. 基本实验技能

了解基本仪器、仪表的结构、误差来源及使用方法,正确使用各种常见的电工仪器、仪表,如交直流电压表、交直流电流表、示波器、信号发生器、数字万用表、功率表等,掌握实验结果的误差分析及处理,实验方法的选择和改进。

2. 测试技能

掌握基本元器件、基本电磁量以及端口特性曲线的测量方法;培养学生的电子电路实验研究的能力,培养学生理论联系实际的能力;培养分析、查找和排除电路故障的能力。

3. 研究性和创造性能力

学习实验技术指标的选择、简单原理设计及数据和参数的选取,使学生能根据实验的结果,运用所学的理论,通过分析找出内在联系,对电路参数进行调整,使之符合性能要求。同时,在实验中培养学生实事求是、认真严谨的科学作风,培养提出问题和独立解决问题的能力。

4. 实验报告撰写能力

撰写论文和技术报告是工科学生的基本技能之一,独立写出严谨的、有理论分析的、条理清晰的实验报告是电工和电子技术实验课的基本要求。

1.1.3　电工与电子技术实验课程的基本过程

尽管电工与电子技术各个实验的目的和内容不同,但一个完整的实验过程应该包含实验预习、实验测试和实验报告的撰写三个阶段。电工实验课程既要培养学生实际工作的能力,打好电类实验的基础,又要从一开始就着力培养学生严谨的科学实验作风,因此对实验的各个阶段都有相应的要求。

1. 实验预习

实验课前充分的预习准备是保证实验顺利进行的前提,否则将事倍功半,甚至会损坏仪器或发生人身安全事故。为了确保实验效果,要求教师在实验前对学生预习情况进行检查,不了解实验内容和无预习报告者不能参加实验。

实验预习的主要要求：

①认真阅读实验教程，了解实验内容和目的。

②复习与实验有关的理论知识，弄清实验原理。

③了解实验仪器的使用方法。

④了解实验的方法与注意事项。

⑤熟悉实验接线图及操作步骤。

⑥拟好实验数据及实验结果记录表格。

⑦认真写出预习报告。

2. 实验测试

学生进入实验室要遵守实验室规则，在教师的讲解和指导下熟悉实验原理、实验设备和实验步骤，按照实验讲义的内容和步骤进行操作，认真分析实验中遇到的问题。通过仔细操作，有意识地培养学生使用和调节仪器、仪表的操作技能，培养观察和分析实验数据的良好习惯，并逐步培养学生设计实验的能力。

完成全部测试后，不要急于拆除线路，应先检查实验数据有无遗漏或有无不合理的情况，实验数据应交教师审查签字后，方可拆除线路，整理实验桌面，摆放好各种实验器材、用具后，方可离开实验室。

实验数据包括原始数据和经分析整理后的数据。实验测试阶段需要记录的是实验的原始数据。记录要准确，有效数字要完整，数据的单位不能遗漏。为便于误差分析，记录数据的同时要记录测量该数据时所用仪表的量程。在实验过程中，读数方法和实验操作姿势也需要给予重视。正确的读数方法（特别是指针式仪表）可以提高读数精度；正确的实验操作姿势，不仅有利于正确读取数据，而且有利于随时观察其他仪表的变化。

3. 实验报告的撰写

实验报告是学生进行实验的全过程的总结，也是整个实验的重要组成部分。撰写实验报告，可培养学生对实验结果的处理和分析能力、文字表达能力及严谨的科学作风，同时锻炼学生撰写科学技术报告的能力和总结工作的能力，这也是未来从事大多数工作都需要的能力。实验报告要求文字简洁、工整，曲线、图表清晰，实验结论要有科学的依据和分析。

实验报告基本格式及内容见表 1.1.1。

表 1.1.1　实验报告基本格式及内容

实验项目		实验成绩	
一、实验目的 （总结本实验项目要达到的目的）			
二、实验设备 （写出主要实验设备的名称、规格及编号）			

续表

三、实验原理与内容(包含文字叙述、实验原理图等)
(用自己的语言,写出实验原理和测量方法要点,并说明实验中必须满足的实验条件,写出数据处理时必须用到的一些公式,标明公式中物理量的意义,画出必要的实验原理示意图和测量电路图)
四、实验步骤
(简明扼要地写出实验步骤,并说明实验过程遇到的问题与解决办法)
五、实验数据的处理(包含理论计算分析过程)
(实验数据的处理分两个阶段:一是实验过程中记录原始数据时的简单处理;另一个是实验结束后撰写实验报告时的数据处理。每个实验按照数据处理的要求进行,处理方法依据实验种类而定。实验数据通常用列表及作图两种方法处理,关系曲线图应绘在坐标纸及对数计算纸上。每根曲线用一种符号表示。实验曲线应该是平滑的,应尽量使各点平均地分布在曲线两侧,并可将明显偏离的点去除,不能简单地把各点连成折线。处理过程和结论要写在实验报告中)
六、实验结论(包含误差分析)
(整理实验结果是实验的重要环节,通过整理可以系统地理解实验教学中所获得的知识,建立清晰的概念。因此要将最终的实验结论写清楚,结论的依据必须充分,不能似是而非、含糊不清)
七、问题分析与讨论(思考题、实验扩展讨论、心得体会)
(对实验结果进行总结和分析,在这次实验中有哪些收获和体会,应如何改进,并回答实验过程中提出的问题)

实验报告一般分两个阶段写。第一阶段在实验前完成,按实验教程的"预习要求"撰写实验报告的预习部分。第二阶段在实验结束后完成,撰写实验报告的总结部分。第二阶段完成后,得出一份完整的实验报告。

1.1.4　实验室安全用电规则

电工和电子技术实验离不开电源,安全用电是实验中始终需要注意的重要问题。实验台上的电源一般有直流稳压电源、单相交流电源和三相交流电源。直流电压等级有 0 ~ 30 V,单相交流 220 V,三相交流 380 V 等。国家相关标准规定,电压低于 36 V 的为安全电压,电流小于 36 mA 的为安全电流。为了做好实验,确保人身和设备的安全,学生必须养成良好的实验操作习惯,并且在做电路实验时,必须严格遵守下列安全用电规则:

①在实验过程中,接线、改接、拆线都必须在切断电源的情况下进行,即先接线后通电,先断电后拆线。在多人合作进行的实验中,电源合闸时要相互打招呼。实验过程中既要注意安

全,正确操作,也不必过于紧张,不敢操作。

②在电路通电情况下,人体严禁接触电路不绝缘的金属导线或连接点等带电部位。万一遇到触电事故,应立即切断电源,进行必要的处理。

③实验中,特别是设备刚投入运行时,要随时注意仪器设备的运行情况,如发现有超量程、过热、异味、异声、冒烟及火花等,应立即断电,并请老师检查。

④电动机转动时,应防止导线、发辫、围巾等物品卷入其中。

⑤要学会正确使用实验中的仪器设备,要了解仪器设备的性能、工作原理,使用时要特别注意仪器设备的量限。

对于电工、电子仪表,过电流和过电压往往会烧坏仪表,因此对实验中被测量的数值范围要有估算,以便选择合理的仪表量程。同时,对某些仪器设备的使用特点要特别注意,例如稳流源、电流互感器不能开路,稳压源、电压互感器不能短路,自耦变压器的输入和输出端不能互换;不得用电流或万用表的电阻挡、电流挡去测量电压;电流表、功率表的电流线圈不能并联在电路中等。实验电路接好后通电前需要仔细检查,确保接线无误。

1.1.5　常见故障的分析与检测

实验过程中出现各种故障是难免的。在电路实验中,常见的故障大多属于断路、短路和介于二者之间三种类型。

故障原因大致有以下几种:测试设备可能会出现功能不正常、测试棒及探头损坏等故障;电路元器件故障如晶体管、集成器件、电容、电阻等性能不良或损坏,常常可能使电路有输入而无输出,或输出异常。接触不良故障如插接点接触不紧固、电位器滑动接点接触不良,甚至有的连线是断线等故障;人为操作如接线错误、元器件参数选错、二极管或电解电容器极性接反、示波器旋钮挡级选择不对造成波形异常甚至无波形显示等;以及各种干扰引起的故障。

故障检测的方法很多,一般是根据故障类型确定部位,缩小范围,再在范围内逐点检测,最后找出故障点并给予排除,检测方法如下。

(1)直接观察法

不使用任何仪器,只利用人的视觉、听觉、嗅觉以及直接触摸元器件来寻找和分析故障。这种方法较简单,可作电路初步检查之用。

(2)断电检测法(适合断路故障)

在电路不带电的情况下,用万用表电阻挡测量电路的阻值、导线或元件的通断等。根据实验原理,电路中的某两点应该导通(即电阻应该很小),但万用表测出断路(电阻极大);或两点间应该断路,但万用表测量结果为短路,则故障在此两点。

(3)通电检测法

在电路带电的情况下,用电压表测量电路中有关的各点电位,或两点之间的电压,再应用理论知识,分析和寻找故障。

(4)信号跟踪法

把一个幅度与频率适当的信号送入被测电路的输入端,利用示波器,按信号的流向,逐级观察各点的信号波形,如哪一级异常,则故障就在该级。这种方法对电子电路尤为适用。

（5）对比或部件替换法

将被怀疑有故障的电路参数和工作状态与相同的正常电路进行对比,或把与故障电路同类型的元器件、插件板等替换故障电路中被怀疑的部分,从中发现和判断故障。这种方法对数字电路实验比较常用。

有时电路中有多个或多种故障而且相互影响,则需采用多种方法,互相配合,才能找到故障点。一般情况下,寻找故障的常规做法是:首先用直接观察法,排除明显的故障;然后用万用表或示波器检查静态参数;最后用信号跟踪法对电路作动态检查。

1.2　测量误差

通过实验测得的大批数据是实验的主要成果,但在实验中,由于仪表操作和人的观察等因素,测量结果与被测量的实际数值会存在差别,这种差别是测量结果与被测量真值之差,即为测量误差。

测量误差在任何测量中都是存在的。不同的测量对误差大小的要求往往不同。所以在整理实验数据时,首先应对实验数据的可靠性进行客观的评定。误差分析的目的就是评定实验数据的精确性,通过误差分析,认清误差的来源及其影响,并设法消除或减小误差,提高实验的精确性。

1.2.1　测量误差的几个术语

①真值:某物理量客观存在的确定值。通常一个物理量的真值是不知道的,是我们努力要求测到的。

②标称值:测量器具上标注的量值,如标准电池上标出的"1.5 V";精度为5%,标称值为820 Ω 的碳膜电阻等。由于制造上不完备、测量不准确及环境条件的变化,标称值并不一定等于它的实际值,所以在给出标称值的同时,通常应给出它的误差范围或准确度的等级。

③测量值:从测量仪器直接读出或经公式推算出的量值。

④准确度:既可用于说明测量结果,也可用于测量仪器的示值。当用于测量结果时,表示测量结果与被测量真值之间的一致程度。当用于测量仪器的示值时,定义为测量仪器给出接近真值的能力。

⑤测量误差:测量结果与测量真值之间的差别。

⑥约定真值:严格来讲,由于测量仪器、测定方法、环境条件、人的观察力、测量的程序等,都不可能是完美无缺的,故真值是无法测得的,是一个理想值。人们常用约定真值来代替真值。凡精度高一级仪器的误差与精度低一级仪器的误差相比,前者小于后者的1/20～1/5 时,则高一级仪器的测量值可认为是低一级仪器测量值的约定真值。

在实际测量中,测量的次数都是有限的,故也可用有限观察次数求出的平均值,作为约定真值,或称为最佳值。常用的平均值有下列几种。

①算术平均值:

算术平均值最常用。凡测量值的分布服从正态分布时,用最小二乘法原理可以证明:在一组等精度的测量中,算术平均值为最佳值或最可信赖值。

$$\overline{x} = \frac{x_1 + x_2 + \cdots + x_n}{n} = \frac{\displaystyle\sum_{i=1}^{n} x_i}{n}$$

式中　$x_1, x_2, \cdots, x_n$——各次观测值；

　　　n——观察的次数。

②均方根平均值：

$$\overline{x}_{均方根} = \sqrt{\frac{x_1^2 + x_2^2 + \cdots + x_n^2}{n}} = \sqrt{\frac{\displaystyle\sum_{i=1}^{n} x_i^2}{n}}$$

③加权平均值：

对同一物理量用不同方法去测定，或对同一物理量由不同人去测定，计算平均值时，常对比较可靠的数值予以加重平均，称为加权平均。

$$\overline{W}_{加权} = \frac{w_1 x_1 + w_2 x_2 + \cdots + w_n x_n}{w_1 + w_2 + \cdots + w_n} = \frac{\displaystyle\sum_{i=1}^{n} w_i x_i}{\displaystyle\sum_{i=1}^{n} w_i}$$

式中　$x_1, x_2, \cdots, x_n$——各次观测值；

　　　$w_1, w_2, \cdots, w_n$——各测量值的对应权重。各观测值的权数一般凭经验确定。

④几何平均值：

$$\overline{x}_{几何} = \sqrt[n]{x_1 x_2 x_3 \cdots x_n}$$

⑤对数平均值：

$$\overline{x}_{对数} = \frac{x_1 - x_2}{\ln x_1 - \ln x_2} = \frac{x_1 - x_2}{\ln\left(\dfrac{x_1}{x_2}\right)}$$

以上介绍的各种平均值，目的是要从一组测定值中找出最接近真值的那个值。平均值的选择主要决定于一组观测值的分布类型，在电工与电子技术实验中，数据分布大多属于正态分布，故通常采用算术平均值。

1.2.2　误差的定义及分类

在任何一种测量中，无论所用仪器多么精密，方法多么完善，实验者多么细心，不同时间所测得的结果仍不一定完全相同，都有一定的误差和偏差，严格来讲，误差是指实验测量值（包括直接和间接测量值）与真值（客观存在的准确值）之差，偏差是指实验测量值与平均值之差，但习惯上通常将两者混淆而不以区别。

根据误差的性质及产生的原因，可将误差分为：系统误差、偶然误差和过失误差三种。

1. 系统误差

系统误差又称恒定误差，是由某些固定不变的因素引起的。在相同条件下进行多次测量，其误差数值的大小和正负保持恒定，或随条件改变按一定的规律变化。

产生系统误差的原因有：

①仪器刻度不准，砝码未经校正等；

②试剂不纯，质量不符合要求等；

③周围环境的改变如外界温度、压力、湿度的变化等；

④个人的习惯与偏向如读取数据常偏高或偏低，记录某一信号的时间总是滞后等。

可以用准确度一词来表征系统误差的大小，系统误差越小，准确度越高，反之亦然。

由于系统误差是测量误差的重要组成部分，因此消除和估计系统误差对提高测量准确度十分重要。一般系统误差是有规律的，其产生的原因也往往是可知或找出原因后可以清除掉的。至于不能消除的系统误差，我们应设法确定或估计出来。

2. 偶然误差

偶然误差又称随机误差，是由某些不易控制的因素造成的。在相同条件下多次测量，其误差的大小、正负方向不一定，其产生原因一般不详，因而也就无法控制，主要表现在测量结果的分散性，但完全服从统计规律。研究偶然误差可以采用概率统计的方法。在误差理论中，常用精密度一词来表征偶然误差的大小。偶然误差越大，精密度越低，反之亦然。

在测量中，如果已经消除引起系统误差的一切因素，而所测数据仍在末一位或末二位数字上有差别，则为偶然误差。偶然误差的存在，主要是我们只注意影响较大的一些因素，而往往忽略其他一些小的影响因素，不是我们尚未发现，就是我们无法控制，而这些影响，正是造成偶然误差的原因。

3. 过失误差

过失误差又称粗大误差，是与实际明显不符的误差，主要是实验人员粗心大意所致，如读错、测错、记错等都会带来过失误差。含有粗大误差的测量值称为坏值，应在整理数据时依据常用的准则加以剔除。

综上所述，我们可以认为系统误差和过失误差总是可以设法避免的，而偶然误差是不可避免的，因此最好的实验结果应该只含有偶然误差。

1.2.3　测量误差的表示方法

1. 绝对误差

绝对误差等于被测量的示值与真值之差，用公式表示为

$$\Delta A = A_x - A_0$$

式中　ΔA——测量结果的绝对误差；

　　　A_x——被测量的示值；

　　　A_0——被测量的真值。

绝对误差是一个具有大小、符号和单位的值，反映的是测量结果与真值之间的偏差程度，但不能反映测量的准确度。如 1 V 的误差值，对于一个量程为 10 V 的直流电源和一个 220 V 的市电，其测量的准确度是不相同的。

与绝对误差符号相反的值称为修正值，用 c 表示，即

$$c = A_0 - A_x$$

知道了测量值和修正值，由上式就可以求出被测的实际值 A_0。因此，绝对误差虽然不能清楚地表示测量的优劣，但在误差数据修正或一些误差计算中使用起来还是很方便的，而测量

结果的优劣通常使用相对误差来表示。

2. 相对误差

当被测量不是同一个值时,绝对误差的大小不能反映测量的准确度,这时需用相对误差的大小来判断测量的准确度。相对误差等于绝对误差与约定值之比。

当约定值为被测量的真值时,称为实际相对误差。一般用百分数表示,即

$$\gamma_0 = \frac{\Delta A}{A_0} \times 100\%$$

当约定值为被测量的测量结果,即仪器的示值时,称为示值相对误差或标称相对误差,用百分数表示为

$$\gamma_x = \frac{\Delta A}{A_x} \times 100\%$$

在测量实践中,测量结果准确度的评价常常使用相对误差,因为它方便、直观。相对误差越小,准确度越高。

3. 引用误差

相对误差虽然可以较准确地反映测量的准确程度,但不足以说明仪表本身的准确度,所以用引用误差来表示仪表的准确性。而且,为了评价测量仪表的准确性,引入了准确度等级。引用误差定义为绝对误差与测量仪表量程之比,用百分数表示,即

$$\gamma_n = \frac{\Delta A}{A_m} \times 100\%$$

式中　γ_n——引用误差;

A_m——测量仪表的量程。

测量仪表各指示值的绝对误差有正有负,有大有小,因此,确定测量仪表的准确度等级应用最大引用误差,即最大绝对值 $|\Delta A|_m$ 与量程之比。若用 γ_{nm} 表示最大引用误差,则有

$$\gamma_{nm} = \frac{|\Delta A|_m}{A_m} \times 100\%$$

我国规定电测量仪表的准确度等级 α 分为 0.1,0.2,0.5,1.0,1.5,2.5,5.0 七级。此外,随着仪表制造业的不断发展,目前已经出现了 0.05 级甚至更高准确度级别的指示仪表。准确度等级的数值越小,允许的误差越小,表明仪表的准确度越高。

在用准确度等级为 α 的指示仪表进行测量时,如果所选量程为 A_m,则产生的最大绝对误差为

$$\Delta A_m \leqslant (\pm \alpha\%) \times A_m$$

例如,某 1.0 级电压表,量程为 300 V,当测量值分别为 $U_1 = 300$ V,$U_2 = 200$ V,$U_3 = 100$ V 时,试求这些测量值的(最大)绝对误差和示值相对误差。

解:绝对误差为 $\Delta U_1 = \Delta U_2 = \Delta U_3 = (\pm 1.0\%) \times 300 = \pm 3$ V

示值相对误差分别为

$$\gamma_{U_1} = \frac{\Delta U_1}{U_1} \times 100\% = \frac{\pm 3}{300} \times 100\% = \pm 1.0\%$$

$$\gamma_{U_1} = \frac{\Delta U_2}{U_2} \times 100\% = \frac{\pm 3}{200} \times 100\% = \pm 1.5\%$$

$$\gamma_{U_1} = \frac{\Delta U_3}{U_3} \times 100\% = \frac{\pm 3}{100} \times 100\% = \pm 3.0\%$$

由本例可以看出,测量仪表产生的示值测量误差不仅与所选仪表等级有关,而且与所选仪表的量程有关。量程 A_m 和测量值 A_x 相差越小,测量准确度越高。因此,在选择仪表量程时,测量值应尽可能接近仪表满刻度,一般不小于满刻度值的 2/3,否则很难满足测量精度要求。

1.2.4 测量误差的消除方法

误差的来源多种多样,因此,要消除误差,只能根据不同的测量目的,对测量仪器、仪表、测量条件、测量方法及测量步骤进行全面分析,以发现测量误差的来源,进而采用相应的措施,将误差消除或减弱到与测量要求相适应的程度。下面介绍消除误差的基本方法。

1. 从误差的来源上消除

从误差的来源上消除是消除或减弱测量误差的最基本的方法。它要求实验者对整个测量过程有一个全面、仔细的分析,弄清楚可能产生误差的各种因素,然后在测量过程中予以消除。例如,选择准确等级高的仪器设备,以消除仪器的基本误差;使仪器设备工作在其规定的工作条件下,使用前正确调零、预热,以消除仪器设备的附加误差;选择合理的测量方法,设计正确的测量步骤,以消除方法误差和理论误差;提高测量人员的测量素质、改善测量条件(选用智能化、数字化仪器仪表等),以消除人身误差。

2. 利用修正的方法来消除

利用修正的方法是消除或减弱测量误差的常用方法,所谓修正的方法,就是测量前或测量过程中,求取某类测量误差的修正值,而在测量数据的处理过程中手动或自动地将测量读数或结果与修正值相加,从测量读数或结果中消除或减弱该类测量误差。

3. 利用特殊的测量方法来消除

测量误差的特点是大小、方向恒定不变,具有可预见性。所以,可选用特殊的测量方法予以消除。

(1)替代法

替代法是比较测量法的一种,此方法是先将被测量 A_x 接在测量装置上,调节使测量处于某一状态,然后用被测量的同类标准量 A_N 代替 A_x。再调节标准量 A_N,使测量装置恢复原来的状态,于是被测量就等于调整后的标准量。例如,在电桥上利用替代法测量电阻,先把被测电阻接入电桥,然后调整电桥的比例臂和比较臂使电桥平衡,得

$$R_x = \frac{R_1}{R_2} \cdot R_3$$

则被测电阻 R_x 由桥臂参数决定,桥臂参数的误差将带给测量结果。若以标准电阻 R_N 代替被测电阻,调节标准电阻,使用电桥重新平衡,得

$$R_N = \frac{R_1}{R_2} \cdot R_3$$

(2)正负误差补偿法

正负误差补偿法是指通过适当安排实验,使恒定系统误差在测量结果中一次为正,一次为负,这样两次测量的平均值不含系统误差。例如,用磁电系仪表进行测量时,为了消除由恒定的直流外磁场所引起的系统误差,可以在仪表读数后,将仪表转过 180° 再读取一次。这时由于外磁场所引起的两次系统误差等值反号,因此读数的平均值不含系统误差。

1.3　常用电工测量仪表的基本知识

1.3.1　电工仪表的分类和符号

1. 电工仪表的分类

电工仪表的种类繁多,分类方法各有不同。

电工仪表按照测量方法分为比较式仪表和直读式仪表两类。比较式仪表需将被测量与标准量比较后才能得出被测量的数值,常用的比较式仪表有电桥、电位差计等。直读式仪表有指示仪表和数字仪表两类,通常将被测量的数值由仪表指针的刻度或者数字显示直接指示出来,常用的电流表、电压表等均属于直读式仪表。

（1）指示仪表

电工指示仪表的工作特点是先将被测电磁量转换为可动部分（其上附有指针等）的偏转角位移,再根据指针在标尺上指示的位置,直接读出被测电磁量的数值。

指示仪表可按照以下方法进行分类:

①按工作电流种类,可分为直流电表、交流电表、交直流两用电表。

②按工作原理,可分为磁电系、电磁系、电动系、感应系、整流系、静电系、热电系等。

③按被测对象的名称或单位,可分为电流表、电压表、功率表、电度表、电阻表、相位表等。

④按电工仪表的使用方式,可分为安装式仪表、便携式仪表等。

此外,指示仪表还可按外壳的防护性能及耐受机械力作用的性能进行分类。

（2）数字仪表

数字仪表的工作特点是先将被测模拟量（即连续量,如电压、电流等）转换为数字量,再以数字方式显示出被测量的数值。这种仪表采用了数字技术,若再与微处理器配合,则可以提高测量的自动化程度,如自动选择量程、自动存储测量结果及自动进行数据处理等。与指示仪表相比,数字仪表没有机械转动部分,可以避免摩擦减小读数误差,在测量精度及速度方面均有所提高。

数字仪表一般按被测量对象分类,如数字电压表、数字电流表、数字频率表、数字万用表等。

2. 电工仪表的符号

电工仪表的表盘上有许多表示其基本特性的符号。根据国家标准的规定,每一只仪表必须有表示测量对象的单位、准确度等级,工作电流的种类、相数,测量机构的类别,使用条件级别,工作位置,绝缘强度,试验电压的大小,仪表型号和各种额定值等符号。

常见电工仪表表盘的主要符号和字母的含义见表 1.3.1。

表 1.3.1　常见电工仪表表盘的主要符号和字母的含义

类别	符号	名称	类别	符号	名称
测量单位符号	A	安培	绝缘强度符号	☆	绝缘强度试验电压为 500 V
	mA	毫安		☆2	绝缘强度试验电压为 2 kV
	V	伏特			
	mV	毫伏			
	W	瓦特			
	$\cos\varphi$	功率因数			
准确度等级符号	1.5	准确度 1.5 级	外界条件分组符号	Ⅱ	Ⅱ 级防外磁场及电场
	⑴.5			Ⅲ	Ⅲ 级防外磁场及电场
外界条件分组符号	△A	A 组仪表	电流种类符号	∿	交流
	 △B	B 组仪表		≈	直流和交流
工作原理符号	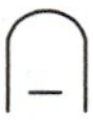 ⊓	磁电系仪表	工作位置符号	⊥	标度尺位置为垂直
	⌇	电磁系仪表		⊓	标度尺位置为水平
	▭	电动系仪表		∠60°	标度尺位置与水平倾斜 60°
	⊓▷	整流系仪表	端钮和调零器符号	−	负端钮
电流种类符号	─	直流		+	正端钮
				*	公共端钮
				⌣	调零器

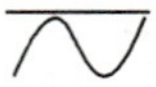

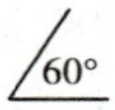

1.3.2　电工仪表的结构原理

在电工实验中应用较多的是指针式电工仪表。这里主要介绍指针式电工仪表的工作原理和使用。

指针式电工仪表种类很多,但是它们的主要作用都是将被测电量变换成仪表活动部分的偏转角位移。任何电工仪表都由测量机构和测量电路两大部分组成。

接收电量后就能产生转动的机构,称为测量机构。它由以下三部分组成:

①驱动装置:产生转动力矩,使活动部分偏转。转动力矩大小与输入测量机构的电量成函数关系。

②控制装置:产生反作用力矩,与转动力矩相平衡,使活动部分偏转到一定位置。

③阻尼装置:产生阻尼力矩,在可动部分运动过程中,消耗其动能,缩短其摆动时间。

一定的测量机构借以产生偏转的电量是一定的,一般不是电流,便是电压或是两个电量的乘积。若被测量是其他各种参数,如功率、频率等,或者被测电流、电压过大或过小,都不能直接作用到测量机构上去,而必须将各种被测量转换成测量机构所能接收的电量,实现这类转换的电路被称为测量电路。不同功能的仪表,其测量电路也是各不相同的。

1. 磁电系仪表

(1)磁电系仪表的结构

磁电系仪表是利用通电线圈在磁场中受到电磁力而发生偏转的原理制成的。

如图 1.3.1 所示,当可动线圈中通入电流时,载流线圈在永久磁铁的磁场中将受到电磁力矩的作用而偏转。通过线圈的电流越大,线圈受到的转矩越大,仪表指针偏转的角度也越大;同时,游丝扭得越紧,反作用力矩也越大。当线圈受到的转动力矩与反作用力矩大小相等时,线圈就停留在某一平衡位置,指示出被测量的大小。

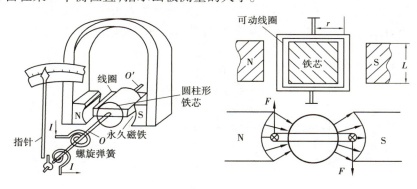

图 1.3.1　磁电系仪表结构

磁电系仪表的特点是准确度高,灵敏度高,功耗低,标度尺上的刻度是均匀的,但过载能力小,只能测量直流电流或者直流电压。

(2)磁电系电流表电路原理

由磁电系仪表的原理可知,其测量机构可直接用来测量电流,而不必增加测量线路。但因被测电流要通过游丝和可动线圈,而可动线圈的导线很细,因此用磁电测量机构直接构成的电流表只能测很小的电流(几十微安到几十毫安)。若要测量更大的电流,就需要加接分流器来扩大量程。

分流器是扩大电流量程的装置,通常由电阻担当。它与测量机构相并联,被测电流的大部分都要通过它。如图 1.3.2 所示为一个电流表线路示意图。

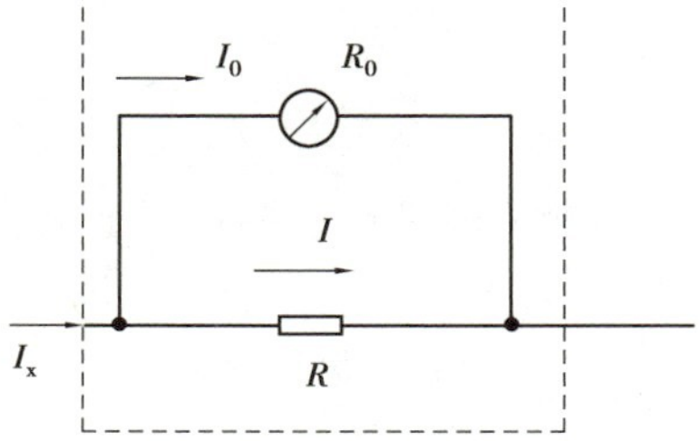

加分流电阻后,流过测量机构的电流为

$$I_0 = \frac{R}{R_0 + R} I_x$$

因此被测电流可表示为

$$I_x = \frac{R_0 + R}{R} I_0 = K_L I_0$$

图 1.3.2　电流表线路示意图

R_0—测量机构的内阻;R—分流电阻

式中 K_L——分流系数,它表示被测电流比可动线圈电流大了 K_L 倍。而对于某一个指定的仪表而言,调好后的分流电阻 R 是固定不变的,即它的分流系数 K_L 是一个定值,所以,该仪表就可以直接用被测电流 I_x 进行刻度,这就是常见的直流安培表。

加上分流器后,则

$$I_x = K_L I_0$$

所以

$$R = \frac{R_0}{K_L - 1}$$

可见,当磁电系测量机构的量程扩大成 K_L 倍的电流表时,分流电阻 R 为测量机构内阻 R_0 的 $\frac{1}{K_L - 1}$。对于同一测量机构,如果配置多个不同的分流器,则可制成具有多量程的电流表。

多量程的电流表常采用闭合分流电路。此电路的优点是量程转换开关的接触电阻不影响仪表的精度。

如图 1.3.3 所示的是三量程直流电流表电路,它由磁电系表头和电阻构成闭环分流电路。设其量程分别为 I_1,I_2 和 I_3;各挡的分流电阻分别为 R_{F_1},R_{F_2} 和 R_{F_3};各挡的扩流倍数分别为 F_1,F_2 和 F_3,则有:

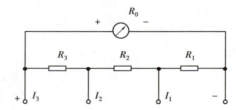

图 1.3.3 三量程直流电流表电路

$$R_{F_1} = R_1 \quad R_{F_2} = R_1 + R_2 \quad R_{F_3} = R_1 + R_2 + R_3$$

$$F_1 = \frac{I_1}{I_0} \quad F_2 = \frac{I_2}{I_0} \quad F_3 = \frac{I_3}{I_0}$$

当电流表工作在满量程电流为 I_1 挡时,根据欧姆定律,此时电流表的端电压为

$$U = I_0 R_0 = R_{F_1}(I_1 - I_0)$$

因此

$$\frac{R_0}{R_{F_1}} = \frac{I_1 - I_0}{I_0} = F_1 - 1$$

$$R_{F_1} = \frac{1}{F_1 - 1} R_0$$

当电流表工作在满量程电流为 I_2 挡时,有

$$U = I_0(R_0 + R_1) = R_{F_2}(I_2 - I_0)$$

因此

$$\frac{R_0 + R_1}{R_{F_2}} = \frac{I_2 - I_0}{I_0} = F_2 - 1$$

$$R_{F_2} = \frac{1}{F_2 - 1}(R_0 + R_1)$$

当电流表工作在满量程电流为 I_3 挡时，有

$$U = I_0(R_0 + R_1 + R_2) = R_{F_3}(I_3 - I_0)$$

因此

$$\frac{R_0 + R_1 + R_2}{R_{F_3}} = \frac{I_3 - I_0}{I_0} = F_3 - 1$$

$$R_{F_3} = \frac{1}{F_3 - 1}(R_0 + R_1 + R_2)$$

最后根据 R_{F_1}，R_{F_2}，R_{F_3} 与 R_1，R_2，R_3 的关系便可计算出各值。

（3）交、直流电压表测量电路

若测量机构的电阻一定，则所通过的电流与加在测量机构两端的电压降成正比。磁电系测量机构的偏转角 α 既然可以反映电流的大小，那么在电阻一定的条件下，当然也就可以用来反映电压的大小。但是，通常不能把这种测量机构直接作为电压表使用。这是因为磁电系测量机构允许通过的电流很小，所以它所能直接测量的电压很低（为几十毫伏）；同时，由于测量机构的可动线圈、游丝等导流部分的电阻随温度变化的结果，将会导致很大的温度误差。

为了用同一个机构来达到测量电压的目的，需要采用附加电阻与测量机构相串联的方法。这样，既可以解决较高电压的测量，又能使测量机构的电阻随温度变化引起的误差得以补偿。所以，磁电系电压表实际上是由磁电系测量机构和高值附加电阻串联构成的，如图 1.3.4 所示。这时，被测电压 U_x 的大部分降落在附加电阻 R 上，分配到测量机构上的电压 U_0 只是很小部分，从而使通过测量机构

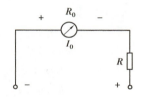

图 1.3.4　单量程直流电压表线路图

的电流限制在允许的范围内，并扩大了电压的量程。串联附加电阻后，机构中通过的电流为

$$I_0 = \frac{U_x}{R_0 + R} = \frac{U_x}{R_V}$$

由于磁电系测量机构的偏转角度 α 与流过线圈的电流成正比，因此有

$$\alpha = S_1 \frac{U_x}{R_0 + R} = S_U U_x$$

式中　S_U——仪表对电压的灵敏度；

　　　　S_I——仪表对电流的灵敏度。

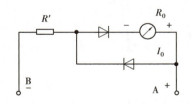

图 1.3.5　单量程交流电压表线路图

如图 1.3.5 所示为单量程交流电压表线路图。半波整流电路使得当 A、B 两测试端接入的电压 $U_{AB} > 0$ 时，表头才有电流流过，表头的偏转角与半波整流电压的平均值成正比。但是，在实际工程和日常生活中，常常需测量正弦电压，并用其有效值表示。因此，万用表的交流电压的标尺是按正弦电压的有效值标度的，即标尺的刻度值为整流电压的平均值乘以一个转换系数（有效值/平均值）。半波整流电压的转换系数为

$$K = \frac{U}{U_{\alpha V}} = \frac{U_m / \sqrt{2}}{U_m / \pi} = 2.22$$

式中 $U_{\alpha v}$——半波整流电压的平均值。

当被测量为非正弦波形时,其转换的系数就不再是2.22。若仍用该测量方法,必然会产生测量偏差,且该偏差会随被测波形与正弦波形的差异的增加而增大。

当电压表的量程为 U_N 时,表头满偏时的整流电流的平均值为 $I_{\alpha v}$,则分压电阻值为

$$R_N = \frac{U_N}{2.22} \times \frac{1}{I_{\alpha v}} - R_0$$

多量程直流、交流电压测量电路如图1.3.6、图1.3.7所示。

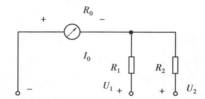

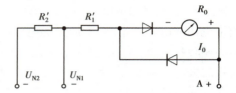

图1.3.6 多量程直流电压表电路   图1.3.7 多量程交流电压表电路

2. 电磁系仪表

电磁系仪表的结构有两种,即吸引型和排斥型,下面以吸引型电磁系仪表为例。

(1)吸引型电磁系仪表的结构

吸引型电磁系仪表的结构及工作原理如图1.3.8所示。当电流通过固定线圈时,在线圈附近就有磁场产生,使动铁片磁化,动铁片被磁场吸引,产生转动力矩,带动指针偏转。当线圈中电流方向改变时,线圈所产生的磁场和被磁化的铁片极性同时改变,因此磁场仍然吸引铁片,指针偏转方向不会改变。可见,这种仪表可以交流、直流两用。实验室常用的T19型电流表和电压表就是吸引型电磁系仪表。

电磁系仪表的特点既可测量直流,又可测量交流,还可直接测量较大电流,过载能力强,结构简单,制造成本低。但其标度尺刻度不均匀,易受外磁场影响,常采用磁屏蔽或无定位结构来提高抗干扰能力。

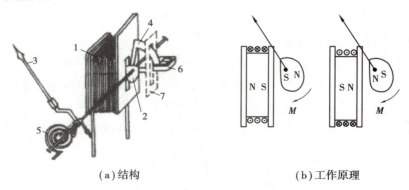

(a)结构   (b)工作原理

图1.3.8 吸引型电磁系仪表的结构及工作原理

1—固定线圈;2—动铁片;3—指针;4—扇形铝片;5—游丝;6—永久磁铁;7—磁屏

(2)电磁系电流表和电压表

电磁系电流表:由电磁系测量机构组成,由于电磁系电流表的固定线圈直接串接在被测电

路中,所以,要制造不同量程的电流表时,只要改变线圈的线径和匝数即可。因此,测量线路十分简单。

电磁系电流表一般制成单量程,且最大量程不超过 200 A。这是因为电流太大时,靠近仪表的导线产生的磁场会引起仪表较大的误差,且仪表端钮如果与导线接触不良时,会严重发热而酿成事故。因此,在测量较大的交流电流时,仪表须与电流互感器配合使用。

电磁系电压表:由电磁系测量机构与分压电阻串联组成。作为电压表,一般要求通过固定线圈的电流很小,但为了获得足够的转矩,又必须有一定的励磁安匝数,所以固定线圈的匝数一般较多,并用较细的漆包线绕制。

电磁系电压表都做成单量程的,最大量程在 600 V。要测量更高的交流电压时,仪表要与电压互感器配合使用。

3. 电动系仪表

(1)电动系仪表的结构和工作原理

电动系仪表的结构如图 1.3.9 所示,其测量机构的固定部分是两个固定线圈。固定线圈分成两个的目的是可获得较均匀的磁场,同时又便于改换电流量程。电动系仪表的活动部分包括可动线圈、指针、阻尼扇等,它们均固定在转轴上。反作用力矩由游丝产生,游丝同时又是引导电流的元件。仪表的阻尼由空气阻尼装置产生。若把固定线圈绕在铁芯上,就构成了铁磁电动系仪表。

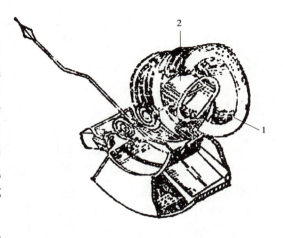

当固定线圈通入直流时,便在线圈中产生磁场(其磁感应强度为 B_1),若活动线圈的电流为 I_2,则可动线圈在磁场中将受电磁力 F 的作用而产生偏转。

图 1.3.9　电动系仪表的结构
1—固定线圈;2—可动线圈

如果电流 I_1 的方向和 I_2 的方向同时改变,则电磁力 F 的方向不会改变。也就是说,可动线圈所受到转动力矩的方向不会改变。因此电动系仪表同样也可用于交流。

电动系仪表的优点:

①准确度高。由于这种仪表内没有铁磁物质,不存在磁滞误差,故比电磁系仪表准确度高,可达 0.1 级。

②交流、直流两用,并且能测量非正弦电流的有效值。

③能构成多种仪表,测量多种参数。例如,将测量机构中的固定线圈和可动线圈串联起来,在标度尺上按电流刻度,就得到电动系电流表。如将固定线圈和可动线圈与分压电阻串联,然后在标度尺上按电压刻度,就组成电动系电压表。另外,还能组成电动系功率表、电动系相位表等。

④电动系功率表的标度尺刻度均匀。

电动系仪表的缺点:

①仪表读数易受外磁场影响。这是因为由固定线圈所产生的工作磁场很弱。为了抵御外磁场的影响,线圈系统通常都采用磁屏蔽罩或无定位结构,也可直接采用铁磁电动系测量

机构。

②本身消耗功率大。

③过载能力小。可动线圈的电流要经过游丝,如果电流太大,游丝易失去弹性或烧断。

④电动系电流表、电压表的标度尺刻度不均匀。这是由于其指针偏转角与被测电流或电压的平方成正比,电动系电流表、电压表的标度尺刻度具有平方规律的特性。

(2)电动系功率表

电动系功率表的设计思想是在两个固定线圈输入负载电路的电流;同时将串有附加电阻 R 的活动线圈并联于负载两端,使活动线圈电流 I_V 与负载电压成正比,如图 1.3.10 所示为电动系功率表的测量电路。

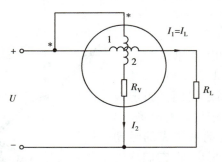

图 1.3.10　电动系功率表的测量电路

电动系功率表接线时,必须使动线圈(电压线圈)中的电流与被测电路端电压成正比,使固定线圈(电流线圈)通过负载电流。

为了减少测量误差,电动系功率表有两种连接方式。

当电路负载为高阻抗负载时,采用如图 1.3.11(a)所示的接法,仪表电压等于负载电压加上仪表电流线圈的电压降(称为功率表电压线圈前接);当电路的负载为低阻抗负载时,采用如图 1.3.11(b)所示的接法,仪表电流线圈的电流等于负载电流加上电压线圈的电流(称为功率表电压线圈后接)。

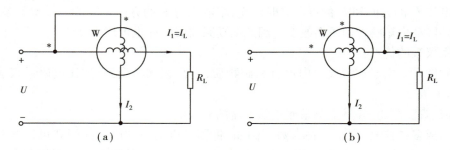

图 1.3.11　电动系功率表的两种接线方式

在电动系功率表中,如果电流都从同名端(用"＊""＋""－"表示)流入或从同名端流出,且 $\Phi < |90°|$ 时,仪表指针就正向偏转。如果电流线圈的电流方向从同名端流入,电压线圈中的电流方向从同名端流出,且 $\Phi > |90°|$ 时,仪表指针就反向偏转。

1.4　常用电工仪器仪表的使用

1.4.1　指针式万用表

1. 指针式万用表的按键说明

万用表是电类专业常用的一种仪表,种类繁多,可分为指针式和数字式两大类。万用表是一种多量程、多功能、便于携带的电工仪表。一般万用表可以用来测直流电压、直流电流、交流电压、交流电流、电阻等参数。有的万用表还可以用来测量电容、电感以及二极管、晶体管的某些参数等。万用表主要通过拨动其挡位/量程选择开关等进行不同电参数的测量。由于万用表具有许多优点,所以它是电气工程人员在测试维修工作中必备的电工仪表之一。万用表的表盘如图1.4.1所示。

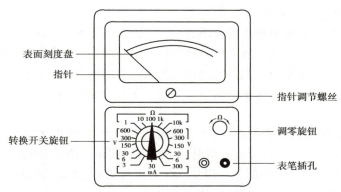

图 1.4.1　万用表的表盘

2. 指针式万用表的基本使用方法

万用表的种类和结构是多种多样的,使用时,只有掌握正确的方法,才能确保测试结果的准确性,才能保证人身与设备的安全。

(1)插孔和转换开关的使用

首先要根据测试目的选择插孔或转换开关的位置,由于使用时测量电压、电流和电阻等交替进行,因此一定不要忘记换挡。切不可用测量电流或者测量电阻的挡位去测量电压。如果用测量直流电流或直流电阻的挡位去测量220 V的交流电压,万用表则会马上被烧坏。

(2)测试表笔的使用

万用表有红、黑表笔,如果位置接反、接错,将会带来测试错误或烧坏表头的可能性。一般红表笔接"+",黑表笔接"-"。表笔一定要严格按颜色和正负插入插孔,测直流电压或直流电流时,一定要注意正负极性。测电流时,表笔与电路串联;测电压时,表笔与电路并联,不能搞错。

(3)正确读数

万用表使用前应检查指针是否在零位上,如不在零位上可调节表盖上的机械调零器调至零位。万用表有多条标尺,一定要认清对应的读数标尺,不能把交流标尺和直流标尺任意混用,更不能看错。万用表同一测量项目有多个量程,例如直流电压量程有 1 V,10 V,15 V,25 V,100 V,500 V 等,量程选择应使指针在满刻度的 2/3 附近。测电阻时,应将指针指向该挡中心电阻值附近,这样才能测量得准确。

3. 指针式万用表使用的注意事项

万用表是比较精密的仪器,如果使用不当,不仅造成测量不准确且极易损坏。只要我们掌握了万用表的使用方法和注意事项,谨慎从事,那么万用表就经久耐用。使用万用表应注意以下事项:

①使用万用表之前,应充分了解各转换开关、专用插孔、测量插孔以及相应附件的作用,了解其刻度盘的读数。

②万用表一般应水平放置,在干燥、无振动、无强磁场的条件下使用。

③测量电流与电压不能旋错挡位。如果误用万用表的电阻挡或电流挡去测电压,万用表就极易被烧坏。万用表不用时,最好将挡位旋至交流电压最高挡,避免因使用不当而损坏。

④测量直流电压和直流电流时,注意" + "" − "极性,不要接错。如发现指针反转,应立即调换表笔,以免损坏指针及表头。

⑤如果不知道待测电压或电流的大小,应先选用最高挡,而后再选用合适的挡位来测试,以免表针偏转过度而损坏表头。所选用的挡位越接近被测值,测量的数值就越准确。

⑥不允许带电测量电阻值。测量连接在电路中的电阻时,应先将电路的电源断开,如果电阻两端还与其他元件相连,应断开一端后再测量。如果电路中有电容器,应将电容器放电后再测。

⑦测量电阻时,如将两支表笔短接,调零旋钮调至最大,指针仍然达不到零点,这种现象通常是表内电池电压不足造成的,应换上新电池方能准确测量。测量电阻时,不要用手触及元件裸露的两端(或两支表笔的金属部分),以免人体电阻与被测电阻并联,使测量结果不准确。

⑧万用表不用时,不要旋至电阻挡,因为表内有电池。如不小心易使两根表笔相碰而短路,不仅耗费电池,严重时甚至会损坏表头。

⑨测量完毕,应将量程选择开关调到最大电压挡,防止下次测量时不慎烧坏万用表。

1.4.2 数字式万用表

数字式万用表也是常用的测量仪表,它能对多种电量进行直接测量,并将测量结果以数字显示。

1. DT-830 型数字万用表的外形结构

DT-830 型数字万用表的面板如图 1.4.2 所示。

①液晶显示器:最大显示值为 1999 或 − 1999。仪表具有自动调零和自动显示极性的功能。如果被测电压或电流的极性为负,就在显示值前面出现" − "。超量程时显示"1"或" − 1",视被测量的极性而定。小数点由量程开关进行同步控制,使小数点左移或右移。

②电源开关:在字母"POWER"(电源)下边注有"OFF"(关)和"ON"(开)。把电源开关拨至"ON",接通电源,即可使用仪表。测量完毕应拨到"OFF",以免空耗电池。

③量程开关为 6 刀 28 掷,可同时完成测试功能和量程的选择。

④h_{EF}插孔:采用四芯插座,上面标有 B,C,E,其中 E 孔共有两个,在内部连通。测量晶体三极管值 h_{FE} 时,应将 3 个电极分别插入 B,C,E 孔,发射极随便插入哪个孔都行。

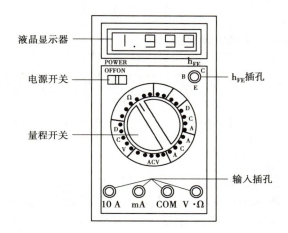

液晶显示器

电源开关

量程开关

POWER

h_{FE}

OFFON

Ω

DCA

ACV

DCV

h_{FE}插孔

B C
E

输入插孔

10 A　mA　COM　V·Ω

图 1.4.2　DT-830 型数字万用表的面板

⑤输入插孔:共有 4 个,分别标有"10 A""mA""COM"和"V·Ω"。在"V·Ω"与"COM"之间标有"MAX750 V—1000 V"字样,表示从这两个插孔输入的交流电压不得超过 750 V(有效值),直流电压不得超过 1 000 V。另外在"mA"与"COM"之间、"10 A"与"mA"之间还标有表示输入的交流、直流电流最大允许值。

⑥电池盒,电池盒位于后盖的下方。在标有"OPEN"(打开)的位置,按箭头指示的方向拉出活动抽板,即可更换电他。为了检修方便,0.5 A 快速熔丝管也装在电池盒内。

2. DT-830 型数字万用表的主要技术指标

直流电压(DCV)分 5 挡:200 mV,2 V,20 V,200 V,1 000 V。

测量范围:0.1 mV ~1 000 V。

交流电压(ACV)分 5 挡:200 mV,2 V,20 V,200 V,750 V。

测量范围:0.1 mV ~750 V。

直流电流:(DCA)分 5 挡:200 μA,2 mA,20 mA,200 mA,10 A。

测量范围:0.1 μA ~10 A。

交流电流(ACA)分 5 挡,200 μA,2 mA,20 mA,200 mA,10 A。

电阻(Ω)分 6 挡:200 Ω,2 kΩ,20 kΩ,200 kΩ,2 MΩ,20 MΩ。

测量三极管的 h_{FE} 挡:

NPN:测量 NPN 型晶体三极管的 h_{FE} 值,测量范围 0 ~ 1 000;测试条件为 $V_{ce} = 2.8$ V,$I_B = 10$ mA。

PNP:测量 PNP 型晶体三极管的 h_{FE} 值,测量范围 0 ~ 1 000,测试条件同上。

线路通断检查:被测电路电阻小于(20 ± 10) Ω 时蜂鸣器发声。

附加挡:2 个。

直流电流(DCA):10 A。

交流电流(ACA):10 A。

时钟脉冲频率:40 kHz。

测量周期:0.4 s。

测量速率:2.5 次/s。

工作温度:0 ~ 40 ℃。

环境的相对湿度:<80%。

3. DT-830 型数字万用表的操作方法

(1)测量直流电压

电源开关拨至"ON"(下同),量程开关拨至"DCV"范围内的合适挡;红表笔接"V·Ω"孔,黑表笔接"COM"孔。

最大允许输入电压:1 000 V,可选择 200 mV,2 V,200 V 挡。

输入电阻:10 MΩ。

(2)测量交流电压

量程开关拨至"ACV"范围内的合适挡,表笔接法同上。

要求被测电压频率为 45～500 Hz,最大允许输入电压:750 V,输入阻抗等于输入电阻 10 MΩ 与输入电容(小于 100 pF)并联后的总阻抗。

(3)测量直流电流

量程开关拨至"DCA"范围内的合适挡(被测电流超过 200 mA 时应拨至 20 mA/10 A 挡)。红表笔接"mA"孔(<200 mA)或"10 A"孔(>200 mA),黑表笔接"COM"孔。

(4)测量交流电流

量程开关拨至"ACA"范围内的合适挡,表笔接法同(3)。

(5)测量电阻

量程开关拨至"Ω"范围内的合适挡,红表笔改接"V·Ω"孔。

200 Ω 挡的最大开路电压约 1.5 V,其余电阻挡约 0.75 V。电阻挡的最大允许输入电压为 250 V(DC 或 AC),是指操作人员误用电阻挡测量电压时仪表的安全值,绝不是表示可以带电测量电阻。

(6)测量二极管

量程开关拨至二极管挡。红表笔插入"V·Ω"孔,接二极管正极;黑表笔插入"COM"孔,接二极管负极。开路电压为 2.8 V(典型值),测试电流为 1±0.5 mA。测锗管应显示 0.150～0.300 V,测硅管应显示 0.550～0.700 V。

(7)测量三极管

根据被测管选择"PNP"或"NPN"挡,把管子的电极插入 h_{FE} 的对应孔内。

(8)检查线路通断

量程开关拨至蜂鸣器挡,红、黑表笔分别接"V·Ω"和"COM",若被测线路电阻低于规定值(20±10)Ω,蜂鸣器可发出声音,表示线路是通的。

利用蜂鸣器来检查线路,既迅速又方便,因为操作者不需读出电阻值,仅凭听觉即可作出判断。

4. 使用注意事项

①测量电压时,应将数字万用表与被测电路并联。数字万用表具有自动转换极性的功能,测直流电压时不必考虑正、负极性。但若误用交流电压挡去测量直流电压,或误用直流电压挡去测量交流电压,将显示"000",或在低位上出现跳数。

②测量晶体 h_{FE} 值时,由于工作电压仅为 2.8 V,且未考虑 V_{be} 的影响,因此,测量值偏高,只能是一个近似值。

③测交流电压时,应当用黑表笔去接触被测电压的低电位端(例如信号发生器的公共地

端或机壳),以消除仪表对地分布电容的影响,减少测量误差。

④数字万用表的输入阻抗很高,当两支表笔开路时,外界干扰信号会从输入端窜入,显示出没有变化规律的数字。

⑤测量电流时,应把数字万用表串联到被测电路中。如果电源内阻和负载电阻都很小,则应尽量选择较大的电流量程,以降低分流电阻值,减小分流电阻上的压降,提高测量准确度。

⑥严禁在测高压(220 V 以上)或大电流(0.5 A 以上)时拨动量程开关,以防止产生电弧,烧毁开关触点。

⑦测量焊在线路上的元件时,应当考虑与之并联的其他电阻的影响。必要时可焊下被测元件的一端再进行测量,对晶体三极管则需焊开两个极才能做全面检测。

⑧严禁在被测线路带电的情况下测量电阻,也不允许测量电池的内阻。在检查电器设备上的电解电容器时,应切断设备上的电源,并将电解电容上的正、负极短路一下,防止电容上积存的电荷经万用表泄放损坏仪表。

⑨仪表使用完毕,应将量程开关拨到最高电压挡,并关闭电源。若长期不用,还应取出电池,以免电池漏液。

1.4.3　兆欧表

在实际工作中,要测量电气设备绝缘性能的好坏,往往需要测量它的绝缘电阻。正常情况下,电气设备的绝缘电阻数值都非常大,通常在几兆欧甚至几百兆欧,远远大于万用表欧姆挡的有效量程。在此范围内,欧姆表刻度的非线性就会造成很大的误差。另外,由于万用表内的电池电压太低,而在低电压下测量的绝缘电阻不能真实反映在高电压下绝缘电阻值。因此,电气设备的绝缘电阻必须用一种本身具有高压电源的仪表进行测量。这种仪表就是兆欧表,俗称"摇表"。

1. 兆欧表的结构

兆欧表是一种专门用来测量电气设备绝缘电阻的便携式仪表。一般的兆欧表主要由手摇直流发电机、磁电系比率表以及测量线路组成。手摇直流发电机的额定电压主要有 500 V,1 000 V,2 500 V 等几种。发电机上装有离心调速装置,使转子能恒速转动。兆欧表的测量机构采用磁电系比率表,它的主要构造包括一个永久磁铁和两个固定在同一转轴上且彼此相差一定角度的线圈。电路中的电流通过无力矩的游丝分别引入两个线圈,使其中一个线圈产生转动力矩,另一个线圈产生反作用力矩。仪表气隙内的磁场是不均匀的,这样的结构可以使仪表可动部分的偏转角 α 与两个线圈中电流的比率有关,故称"磁电系比率表"。

整个兆欧表的内部构造如图 1.4.3 所示。

2. 兆欧表的工作原理

使用兆欧表时,被测电阻 R_X 接在"L"与"E"端钮之间。摇动直流发电机的手柄,发电机两端产生较高的直流电压,线圈 1 和线圈 2 同时通电。通过线圈 1 的电流 I_1 与气隙磁场相互作用产生转动力矩 M_1,通过线圈 2 的电流 I_2 也与气隙磁场相互作用产生反作用力矩 M_2。由于气隙磁场是不均匀的,所以转动力矩 M_1 不仅与线圈 1 的电流 I_1 成正比,而且还与线圈 1 所处的位置(用指针偏转角 α 表示)有关,即

$$M_1 = I_1 f_1(\alpha)$$
$$M_2 = I_2 f_2(\alpha)$$

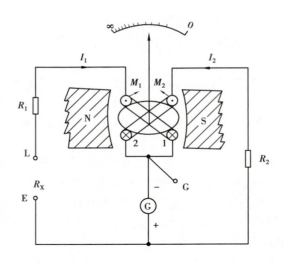

图 1.4.3　兆欧表内部构造图

同理:转动力矩 M_1 与反作用力矩 M_2 方向相反,当 $M_1 = M_2$ 时,可动部分平衡。此时

$$I_1 f_1(\alpha) = I_2 f_2(\alpha)$$

即

$$\frac{I_1}{I_2} = \frac{f_2(\alpha)}{f_1(\alpha)}$$

因而得到

$$\alpha = f\left(\frac{I_1}{I_2}\right)$$

由上式说明,兆欧表指针的偏转角 α 只取决于两个线圈电流的比值,与其他因素无关。所以在兆欧表中就能够克服手摇发电机电压不太稳定而对仪表指针偏转角所产生影响的缺点。由于 I_2 的大小一般不变,而 $I_1 = U/(R_1 + R_X)$,其大小随被测绝缘电阻 R_X 的变化而变化,所以可动部分的偏转角 α 能直接反映被测绝缘电阻的值。

特别地,当 $R_X = 0$ 时,相当于"L"与"E"两接线端短路。只要适当选择 R_1 的数值,就可使指针平衡,并指在欧姆"0"的位置。当 $R_X = \infty$ 时,相当于"L"与"E"两接线端开路,$I_1 = 0$。而 I_2 在气隙磁场中受力产生 M_2,根据左手定则,M_2 将使线圈 2 逆时针转动至最左边的"∞"位置。接通 R_X 后,开始时 $M_1 > M_2$,指针按 M_1 方向顺时针转动,但由于磁场不均匀,M_1 将逐渐减弱,M_2 逐渐增强,当 $M_1 = M_2$ 时,指针就停留在一定位置上,指示出被测电阻的大小。可见,兆欧表的标度尺为反向刻度,如图 1.4.4 所示。

图 1.4.4　兆欧表的标度尺

3.兆欧表的使用

（1）兆欧表的选择

选择兆欧表的原则,一是其额定电压一定要与被测电气设备或线路的工作电压相适应。二是兆欧表的测量范围应与被测绝缘电阻的范围相符合,以免引起大的读数误差。不同额定电压兆欧表的使用范围见表1.4.1。

表1.4.1　不同额定电压兆欧表的使用范围

测量对象	被测设备的额定电压/V	兆欧表的额定电压/V
线圈绝缘电阻	<500	500
	≥500	1 000
电力变压器、电机线圈绝缘电阻	≥500	1 000 ~ 2 500
发电机线圈绝缘电阻	≤380	1 000
电气设备绝缘电阻	<500	500 ~ 1 000
	≥500	2 500
绝缘子	—	2 500 ~ 5 000

如果用500 V以下兆欧表测量高压设备的绝缘电阻,则测量结果不能正确反映其工作电压下的绝缘电阻值。同样,也不能用电压太高的兆欧表去测量低压电气设备的绝缘电阻,以免破坏设备的绝缘性。

（2）兆欧表的接线

兆欧表有三个接线端钮,分别标有L(线路)、E(接地)和G(屏蔽),使用时应按测量对象的不同来选用。

当测量电力设备对地的绝缘电阻时,应将L端钮接到被测设备上,E端钮可靠接地即可。但当测量表面不干净或潮湿电缆的绝缘电阻时,为了准确测量其绝缘材料内部的绝缘电阻(即体积电阻),就必须使用G端钮。这样,绝缘材料的表面漏电流I_S沿绝缘体表面,经G端钮直接流回电源负极。而反映体积电阻的I_V则经绝缘电阻内部上接线端、线圈1回到电源负极。可见,G端钮的作用是屏蔽表面漏电电流。加接G端钮后的测量结果只反映了体积电阻的大小,因而大大提高了测量的准确度。

（3）兆欧表的检查

使用兆欧表前要先检查其是否完好。检查步骤:在兆欧表未接通被测电阻之前,摇动手柄使发电机达到120 r/min的额定转速,观察指针是否指在标度尺的"∞"位置;再将L端钮和E端钮短接,缓慢摇动手柄,观察指针是否指在标度尺的"0"位置。如果指针不能指在相应的位置,表明兆欧表有故障,必须检修后才能使用。

（4）使用兆欧表的注意事项

①测量绝缘电阻必须在被测设备和线路停电的状态下进行。对含有较大电容的设备,测量前应先进行放电,测量后也应及时放电,放电时间不得小于2 min,以保证人身安全。

②兆欧表与被测设备的连接导线不能用双股绝缘线或绞线,应用单股线分开单独连接,以避免线间电阻引起的误差。

③摇动时应由慢渐快至额定转速 120 r/min。在此过程中,若发现指针指零,则说明被测绝缘物发生了短路,应立即停止摇动手柄,避免表内线圈因发热而损坏。

④测量具有大电容设备的绝缘电阻,读数后不能立即停止摇动兆欧表,以防已充电的设备放电而损坏兆欧表。应在读数后一边降低手柄转速,一边拆去接地线。在兆欧表停止转动和被测设备充分放电之前,不能用手接触被测设备的导电部分。

⑤测量设备的绝缘电阻时,应记下测量时的温度、湿度、被测设备的状况等,以便分析测量结果。

第**2**章
电工与电路分析实验

实验 1　电流表、电压表内阻对测量的影响和修正

一、实验目的

①熟悉实验台上各类电源及各类测量仪表的布局和使用方法。
②掌握指针式电压表、电流表内阻的测量方法。
③熟悉电工仪表测量误差的计算方法。

二、实验设备

实验设备见表2.1.1。

表 2.1.1　实验设备表

序号	名称	型号与规格	数量	备注
1	可调直流稳压电源	0～30 V	二路	DG04
2	可调恒流源	0～500 mA	1	DG04
3	指针式万用表	MF-47 或其他	1	自备
4	可调电阻箱	0～9 999.9 Ω	1	DG09
5	电阻器	按需选择		DG09

三、实验原理

为了准确测量电路中实际的电压和电流,必须保证仪表接入电路后不会改变被测电路的工作状态。这就要求电压表的内阻为无穷大;电流表的内阻为零。而实际使用的指针式电工仪表都不能满足上述要求。因此,测量仪表一旦接入电路,就会改变电路原有的工作状态,这就导致误差的出现。误差的大小与仪表本身内阻的大小密切相关。只要测出仪表的内阻,即

可计算出由其产生的测量误差。以下介绍几种测量指针式仪表内阻的方法。

（1）用"分流法"测量电流表的内阻

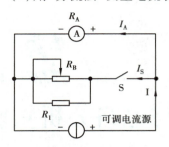

图 2.1.1　分流法测量电流表的内阻

如图 2.1.1 所示，A 为被测内阻为 R_A 的直流电流表。测量时先断开开关 S，调节电流源的输出电流 I，使 A 表指针满偏转。然后合上开关 S，并保持 I 值不变，调节电阻箱 R_B 的阻值，使电流表的指针指在 1/2 满偏转位置，此时有

$$I_A = I_S = \frac{I}{2}$$

$$R_A = \frac{R_B R_1}{R_B + R_1}$$

式中　R_1——固定电阻器之值；

　　　R_B——可由电阻箱的刻度值读出。

（2）用"分压法"测量电压表的内阻

如图 2.1.2 所示，V 为被测内阻 R_V 的电压表。测量时先将开关 S 闭合，调节直流稳压电源的输出电压，使电压表 V 的指针为满偏转。然后断开开关 S，调节 R_B 使电压表 V 的指示值减半。此时有

$$R_V = R_B + R_1$$

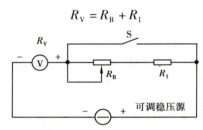

图 2.1.2　分压法测量电压表的内阻

电压表的灵敏度为

$$S = \frac{R_V}{U}$$

式中　U——电压表满偏时的电压值。

仪表内阻引起的测量误差（通常称为方法误差，而仪表本身结构引起的误差称为仪表基本误差）的计算如下。

①以图 2.1.3 所示电路为例，R_1 上的电压为

$$U_{R_1} = \frac{R_1}{R_1 + R_2} U$$

若 $R_1 = R_2$，则

$$U_{R_1} = \frac{1}{2} U$$

现用一内阻为 R_V 的电压表来测量 U_{R_1} 值，当 R_V 与 R_1 并联后，$R_{AB} = \dfrac{R_V R_1}{R_V + R_1}$，以此来替代上式中的 R_1，则得

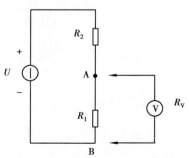

图 2.1.3　仪表内阻引起的测量误差

$$U'_{R_1} = \frac{\dfrac{R_V R_1}{R_V + R_1}}{\dfrac{R_V R_1}{R_V + R_1} + R_2} U$$

绝对误差为

$$\Delta U = U'_{R_1} - U_{R_1} = U \left(\frac{\dfrac{R_V R_1}{R_V + R_1}}{\dfrac{R_V R_1}{R_V + R_1} + R_2} - \frac{R_1}{R_1 + R_2} \right)$$

化简后得

$$\Delta U = \frac{-R_1^2 R_2 U}{R_V(R_1^2 + 2R_1 R_2 + R_2^2) + R_1 R_2(R_1 + R_2)}$$

若 $R_1 = R_2 = R_V$，则得

$$\Delta U = -\frac{U}{6}$$

相对误差

$$\Delta U = -\frac{U'_{R_1} - U_{R_1}}{U_{R_1}} \times 100\% = \frac{-\dfrac{U}{6}}{\dfrac{U}{2}} \times 100\% = -33.3\%$$

由此可见,当电压表的内阻与被则电路的电阻相近时,测量的误差是非常大的。

②伏安法测量电阻的原理为:测出流过被测电阻 R_x 的电流 I_R 及其两端的电压降 U_R,则其阻值 $R_x = \dfrac{U_R}{I_R}$。实际测量时,有两种测量线路,即:相对于电源而言,电流表 A(内阻为 R_A)接在电压表 V(内阻为 R_V)的内侧;A 接在 V 的外侧。两种线路如图 2.1.4(a),(b)所示。

由图 2.1.4(a)可知,只有当 $R_x \ll R_V$ 时,R_V 的分流作用才可忽略不计,A 的读数接近于实际流过 R_x 的电流值。图 2.1.4(a)的接法称为电流表的内接法。

由图 2.1.4(b)可知,只有当 $R_x \gg R_A$ 时,R_A 的分压作用才可忽略不计,V 的读数接近于 R_x 两端的电压值。图 2.1.4(b)的接法称为电流表的外接法。

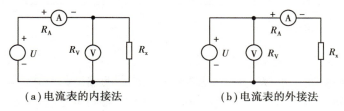

(a)电流表的内接法　　　　　　　　　　(b)电流表的外接法

图 2.1.4　伏安法测量电阻

实际应用时,应根据不同情况选用合适的测量线路,才能获得较准确的测量结果。以下举一实例。

在图 2.1.4 中,设:$U = 20$ V,$R_A = 100$ Ω,$R_V = 20$ kΩ。假定 R_x 的实际值为 10 kΩ。如果采用线路(a)测量,经计算,A、V 的读数分别为 2.96 mA 和 19.73 V,故

$R_x = U/I = (19.73 \div 2.96)$ kΩ ≈ 6.666 kΩ,相对误差为:$(6.666 - 10) \div 10 \times 100 \approx -33.3\%$

如果采用线路(b)测量,经计算,A、V的读数分别为1.98 mA和20 V,故

$R_x = U/I = (20 \div 1.98)\text{k}\Omega \approx 10.1\ \text{k}\Omega$,相对误差为:$(10.1 - 10) \div 10 \times 100 = 1\%$

四、实验内容

①根据"分流法"原理测定指针式万用表(MF-47型或其他型号)直流电流0.5 mA和5 mA挡量限的内阻,测量数据填入表2.1.2中。线路如图2.1.1所示。R_B可选用DG09中的电阻箱(下同)。

表2.1.2　分流法测内阻

被测电流表量限	S断开时表的读数/mA	S闭合时表的读数/mA	R_B/Ω	R_1/Ω	计算内阻 R_A/Ω
0.5 mA					
5 mA					

②根据"分压法"原理按图2.1.2接线,测定指针式万用表直流电压2.5 V和10 V挡量限的内阻,测量数据填入表2.1.3中。

表2.1.3　分压法测内阻

被测电压表量限	S闭合时表的读数/V	S断开时表的读数/V	$R_B/\text{k}\Omega$	$R_1/\text{k}\Omega$	计算内阻 $R_V/\text{k}\Omega$	灵敏度 $S/(\Omega \cdot \text{V}^{-1})$
2.5 V						
10 V						

③用指针式万用表直流电压10 V挡量限测量图2.1.3电路中R_1上的电压U'_{R1}之值,并计算测量的绝对误差与相对误差,测量数据填入表2.1.4中。

表2.1.4　测量数据表

U	R_2	R_1	$R_{10\ V}/\text{k}\Omega$	计算值 U_{R1}/V	实测值 U'_{R1}/V	绝对误差 ΔU	相对误差 $(\Delta U/U) \times 100\%$
10 V	10 kΩ	50 kΩ					

五、注意事项

①在开启DG04挂箱的电源开关前,应将两路电压源的输出调节旋钮调至最小(逆时针旋到底),并将恒流源的输出粗调旋钮拨到2 mA挡,输出细调旋钮应调至最小。接通电源后,再根据需要缓慢调节。

②当恒流源输出端接有负载时,如果需要将其粗调旋钮由低挡位向高挡位切换时,必须先将其细调旋钮调至最小。否则输出电流会突增,可能会损坏外接器件。

③电压表应与被测电路并接,电流表应与被测电路串接,并且都要注意正、负极性与量程的合理选择。

④实验内容①,②中,R_1的取值应与R_B相近。

⑤本实验仅测试指针式仪表的内阻。由于所选指针表的型号不同，因此本实验中所列的电流、电压量程及选用的 R_B，R_1 等均会不同。实验时应按选定的表型自行确定。

六、实验报告

①列表记录实验数据，并计算各被测仪表的内阻值。

②分析实验结果，总结应用场合。

③回答问题：

a. 根据实验内容①和②，若已求出 0.5 mA 挡和 2.5 V 挡的内阻，可否直接计算得出 5 mA 挡和 10 V 挡的内阻？

b. 用量程为 10 A 的电流表测实际值为 8 A 的电流时，实际读数为 8.1 A，求测量的绝对误差和相对误差。

④写出心得体会及其他。

实验 2　电路元件伏安特性的测绘

一、实验目的

①学会识别常用电路元件的方法。

②掌握线性电阻、非线性电阻元件伏安特性的测绘。

③掌握实验台上直流电工仪表和设备的使用方法。

二、实验设备

实验设备见表 2.2.1。

表 2.2.1　实验设备表

序号	名称	型号与规格	数量	备注
1	可调直流稳压电源	$0 \sim 30$ V	1	DG04
2	指针式万用表	FM-47 或其他	1	自备
3	直流数字毫安表	$0 \sim 200$ mA	1	D31
4	直流数字电压表	$0 \sim 200$ V	1	D31
5	二极管	IN4007	1	DG09
6	稳压管	2CW51	1	DG09
7	白炽灯	12 V，0.1 A	1	DG09
8	线性电阻器	200 Ω，510 Ω/8 W	1	DG09

三、实验原理

任何一个二端元件的特性都可用该元件上的端电压 U 与通过该元件的电流 I 之间的函数关系 $I = f(U)$ 来表示，即用 I-U 平面上的一条曲线来表征，这条曲线称为该元件的伏安特性曲线。

①线性电阻器的伏安特性曲线是一条通过坐标原点的直线,如图2.2.1中a曲线所示,该直线的斜率等于该电阻器的电阻值。

②一般的白炽灯在工作时灯丝处于高温状态,其灯丝电阻随着温度的升高而增大,通过白炽灯的电流越大,其温度越高,阻值也越大,一般灯泡的"冷电阻"与"热电阻"的阻值可相差几倍至十几倍,所以它的伏安特性如图2.2.1中b曲线所示。

③一般的半导体二极管是一个非线性电阻元件,其伏安特性如图2.2.1中c曲线所示。

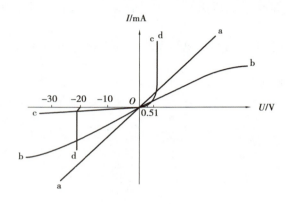

图 2.2.1　元件的伏安特性曲线

正向压降很小(一般的锗管为0.2～0.3 V,硅管为0.5～0.7 V),正向电流随正向压降的升高而急骤上升,而反向电压从零一直增加到几十伏时,其反向电流增加很小,可粗略地视为零。可见,二极管具有单向导电性,但反向电压加得过高,超过管子的极限值,则会导致管子击穿损坏。

④稳压二极管是一种特殊的半导体二极管,其正向特性与普通二极管类似,但其反向特性较特别,如图2.2.1中d曲线所示。在反向电压开始增加时,其反向电流几乎为零,但当电压增加到某一数值时(称为管子的稳压值,有各种不同稳压值的稳压管),电流将突然增加,以后它的端电压将基本维持恒定,当外加的反向电压继续升高时其端电压仅有少量增加。

注意:流过二极管或稳压二极管的电流不能超过管子的极限值,否则管子会被烧坏。

四、实验内容

1. 测定线性电阻器的伏安特性

按图2.2.2接线,调节稳压电源的输出电压 U,从0 V开始缓慢地增加,一直到10 V,记下相应的电压表和电流表的读数 U_R,I,见表2.2.2。

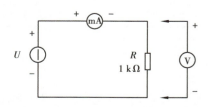

图 2.2.2　电阻器伏安特性的测定

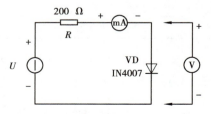

图 2.2.3　半导体二极管伏安特性的测定

表 2.2.2 线性电阻器的伏安特性测量数据表

U_R/V	0	2	4	6	8	10
I/mA						

2. 测定非线性白炽灯泡的伏安特性

将图 2.2.2 中的 R 换成一只 12 V,0.1 A 的灯泡,重复步骤 1。U_L 为灯泡的端电压。记下相应的电压表和电流表的读数 U_L,I,见表 2.2.3。

表 2.2.3 非线性白炽灯泡的伏安特性测量数据表

U_L/V	0.1	0.5	1	2	3	4	5
I/mA							

3. 测定半导体二极管的伏安特性

按图 2.2.3 接线,R 为限流电阻器。测二极管的正向特性时,其正向电流不得超过 35 mA,二极管 VD 的正向施压 U_{D+} 可在 0~0.75 V 取值。在 0.5~0.75 V 应多取几个测量点,填入表 2.2.4 中。测反向特性时,只需将图 2.2.3 中的二极管 VD 反接,且其反向施压 U_{D-} 可达 30 V,将实验数据填入表 2.2.5 中。

表 2.2.4 半导体二极管正向特性实验数据表

U_{D+}/V	0.10	0.30	0.50	0.55	0.60	0.65	0.70	0.75
I/mA								

表 2.2.5 半导体二极管反向特性实验数据表

U_{D-}/V	0	−5	−10	−15	−20	−25	−30
I/mA							

4. 测定稳压二极管的伏安特性

(1) 正向特性实验

将图 2.2.3 中的二极管换成稳压二极管 2CW51,重复实验内容 3 中的正向测量。U_{Z+} 为 2CW51 的正向施压,测量数据填入表 2.2.6 中。

表 2.2.6 稳压二极管正向特性实验数据表

U_{Z+}/V	
I/mA	

(2) 反向特性实验

将图 2.2.3 中的 R 换成 510 Ω,2CW51 反接,测量 2CW51 的反向特性。稳压电源的输出电压 U_0 从 0~20 V,测量 2CW51 两端的电压 U_{Z-} 及电流 I,由 U_{Z-} 可看出其稳压特性,测量数据填入表 2.2.7 中。

表 2.2.7　稳压二极管反向特性实验数据表

U_0/V	
U_{Z-}/V	
I/mA	

五、注意事项

①测二极管正向特性时,稳压电源输出应由小至大逐渐增加,应时刻注意电流表读数不得超过 35 mA。

②如果要测定 2AP9 的伏安特性,则正向特性的电压值应取 0,0. 10,0. 13,0. 15,0. 17,0. 19,0. 21,0. 24,0. 30(V),反向特性的电压值取 0,2,4,…,10(V)。

③进行不同实验时,应先估算电压值和电流值,合理选择仪表的量程,仪表的极性也不可接错。

六、实验报告

①根据各实验数据,分别在方格纸上绘制出光滑的伏安特性曲线。(其中二极管和稳压管的正、反向特性均要求画在同一张图中,正、反向电压可取不同的比例尺)

②根据实验结果,总结、归纳被测各元件的特性。

③回答问题:

a. 线性电阻与非线性电阻的概念是什么? 电阻器与二极管的伏安特性有何区别?

b. 在图 2.2.3 中,设 $U = 2$ V,$U_{D+} = 0.7$ V,则 mA 表读数为多少?

④写出心得体会及其他。

实验 3　基尔霍夫定律和叠加定理的实验

一、实验目的

①验证基尔霍夫定律的正确性,加深对基尔霍夫定律的理解。

②学会对电流、电压、电位的测量,验证电路中电位的相对性、电压的绝对性。

③验证线性电路叠加定理和齐次定理的正确性,加深对线性电路叠加定理和齐次性的理解。

④学会直流电压的测量方法,学会用电流插头测量各支路电流。

二、实验设备

实验设备见表 2.3.1。

表 2.3.1　实验设备表

序号	名称	型号与规格	数量	备注
1	可调直流稳压电源	0 ~ 30 V	二路	DG04
2	可调直流恒流电流	0 ~ 300 mA	一路	DG04
3	直流数字电压表	0 ~ 200 V	1	D31
4	电位、电压测定实验电路板		1	DG05

三、实验原理

1. 基尔霍夫定律

测量某电路的各支路电流及每个元件两端的电压,应能分别满足基尔霍夫电流定律(KCL)和电压定律(KVL),即对电路中的任一个节点而言,应有 $\sum I = 0$;对任何一个闭合回路而言,应有 $\sum U = 0$。

2. 叠加定理

在线性电路中,当有多个独立源共同作用时,通过每一个元件的电流或其两端的电压,可以看成是由每一个独立源单独作用时在该元件上所产生的电流或电压的代数和。

3. 齐次性定理

在线性电路中,当激励信号(某独立源的值)增加或减小 K 倍时,电路的响应(即在电路中各电阻元件上所建立的电流和电压值)也将增加或减小 K 倍。

只有线性电路才具有叠加性和齐次性;对于非线性电路,不具有这两个性质。

运用上述定律时必须注意各支路或闭合回路中电流的正方向,此方向可预先任意设定。

四、实验内容

1. 基尔霍夫定律的验证

实验电路如图 2.3.1 所示。

用 DG05 挂箱的"基尔霍夫定律/叠加原理"线路。

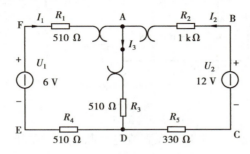

图 2.3.1　基尔霍夫定律实验电路图

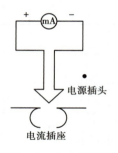

图 2.3.2 电流插头结构

①实验前先任意设定三条支路和三个闭合回路的电流正方向。图 2.3.1 中的 I_1,I_2,I_3 的方向已设定。三个闭合回路的电流正方向可设为 ADEFA,BADCB 和 FBCEF。

②分别将两路直流稳压源接入电路,令 $U_1=6$ V,$U_2=12$ V。

③熟悉电流插头的结构,如图 2.3.2 所示,将电流插头的两端接至数字毫安表的"＋""－"两端,将电流插头分别插入三条支路的三个电流插座中,读出并将电流值记入表 2.3.2 中。

④用直流数字电压表分别测量两路电源及电阻元件上的电压值,将电压值记入表 2.3.2 中。

表 2.3.2 电流、电压测量数据表

被测量	I_1/mA	I_2/mA	I_3/mA	U_1/V	U_2/V	U_{FA}/V	U_{AB}/V	U_{AD}/V	U_{CD}/V	U_{DE}/V
测量值										

以图 2.3.1 中的 A 点作为电位的参考点,分别测量 B,C,E,F,D 各点的电位值 ϕ;以图 2.3.1中的 D 点作为电位的参考点,分别测量 A,B,C,E,F 各点的电位值 ϕ;分别将测量结果记入表 2.3.3 中。

表 2.3.3 电位值测量数据表

电位参考点	ϕB	ϕC	ϕE	ϕF	ϕD
A					
电位参考点	ϕA	ϕB	ϕC	ϕE	ϕF
D					

2. 叠加原理的验证

实验线路如图 2.3.3 所示,用 DG05 挂箱的"基尔夫定律/叠加原理"线路。

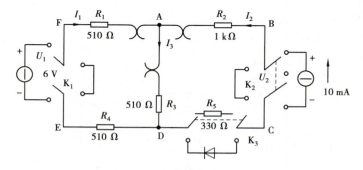

图 2.3.3 叠加原理电路

①分别选择 6 V 直流电压源和 10 mA 直流电流源,接入 U_1 和 U_2 处。

②令 U_1 电压源单独作用(将开关 K_1 投向 U_1 侧),电流源 U_2 作断路处理,用直流数字电压表和毫安表(接电流插头)测量各支路电流及各电阻元件两端的电压,数据记入表2.3.4中。

表 2.3.4　叠加原理测量表 1

实验内容	测量项目							
	I_1/mA	I_2/mA	I_3/mA	U_{AB}/V	U_{CD}/V	U_{AD}/V	U_{DE}/V	U_{FA}/V
U_1 单独作用								
U_2 单独作用								
U_1,U_2 共同作用								
$2U_1$ 单独作用								

③令 U_2 电流源单独作用(将开关 K_1 投向 U_1 短路侧,开关 K_2 投向 U_2 侧),重复实验步骤②的测量和记录,数据记入表 2.3.4 中。

④令 U_1 和 U_2 共同作用(开关 K_1 和 K_2 分别投向 U_1 和 U_2 侧),重复上述的测量和记录,数据记入表 2.3.4 中。

⑤将 U_1 的数值调至 +12 V,重复上述第 1 项的测量并记录,数据记入表 2.3.4 中。

⑥将 R_5(330 Ω)换成二极管 IN4007(即将开关 K_3 投向二极管 IN4007 侧),重复①—⑤的测量过程,数据记入表 2.3.5 中。

表 2.3.5　叠加原理测量表 2

实验内容	测量项目							
	I_1/mA	I_2/mA	I_3/mA	U_{AB}/V	U_{CD}/V	U_{AD}/V	U_{DE}/V	U_{FA}/V
U_1 单独作用								
U_2 单独作用								
U_1,U_2 共同作用								
$2U_2$ 单独作用								

五、注意事项

①测量时要防止稳压电源两个输出端碰线短路。

②测量电位时,用数字直流电压表测量,用负表棒(黑色)接参考电位点,用正表棒(红色)接被测各点。若数显表显示正值,则表明该点电位为正(即高于参考点电位);若数显表显示负值,则表明该点电位低于参考点电位。

③用指针式电压表或电流表测量电压或电流时,如果仪表指针反偏,则必须调换仪表极性,重新测量。此时指针正偏,可读得电压值或电流值。若用数显电压表或电流表测量,则可直接读出电压值或电流值。但应注意:所读得的电压值或电流值的正、负号应根据设定的电流参考方向来判断。

六、实验报告

①根据表 2.3.2 的数据,选定节点 A,验证 KCL 的正确性。

②根据表 2.3.2 的数据,选定实验电路中的任一个闭合回路,验证 KVL 的正确性。

③根据表 2.3.3 的数据,计算 U_{FA}/V、U_{AB}/V、U_{AD}/V、U_{CD}/V、U_{DE}/V 的数值,并与表 2.3.2 中的数据相比较,总结电位相对性和电压绝对性的结论。

④根据表 2.3.4 的数据,进行分析、比较、归纳、总结,验证线性电路的叠加性与齐次性。

⑤根据表 2.3.5 的数据,当有一个电阻器改为二极管时,叠加原理的叠加性与齐次性还成立吗? 为什么?

⑥写出心得体会及其他。

实验 4　有源二端网络等效参数和外特性的测量

一、实验目的

①初步掌握实验电路的设计思想和方法,能正确选择实验设备,然后利用自行设计的实验电路验证戴维南定理,加深对该定理的理解。

②掌握测量有源二端网络等效参数的方法。

③掌握二端网络外特性的测量方法

二、实验设备

实验设备见表 2.4.1。

表 2.4.1　实验设备表

序号	名称	型号与规格	数量	备注
1	可调直流稳压电源	0 ~ 30 V	1	DG04
2	可调直流恒流源	0 ~ 500 mA	1	DG04
3	直流数字电压表	0 ~ 200 V	1	D31
4	直流数字毫安表	0 ~ 200 mA	1	D31
5	万用表	—	1	自备
6	可调电阻箱	0 ~ 99 999.9 Ω	1	DG09
7	电位器	1 K/2 W	1	DG09
8	戴维南定理实验电路板	—	1	DG05

三、实验原理

任何一个线性含源网络,如果仅研究其中一条支路的电压和电流,则可将电路的其余部分看作一个有源二端网络(或称为含源一端口网络)。

戴维南定理:任何一个线性有源网络,总可以用一个电压源与一个电阻的串联来等效代替,如图 2.4.1(a)所示。此电压源的电动势 U_S 等于这个有源二端网络的开路电压 U_{OC},其等效内阻 R_0 等于该网络中所有独立源均置零(理想电压源视为短接,理想电流源视为开路)时的等效电阻,如图 2.4.1(b)所示。

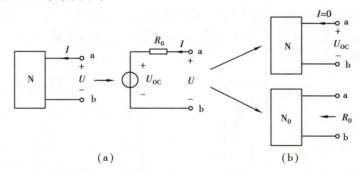

图 2.4.1　戴维南定理

诺顿定理:任何一个线性有源网络,总可以用一个电流源与一个电阻的并联组合来等效代替,如图 2.4.2(a)所示。此电流源的电流 I_S 等于这个有源二端网络的短路电流 I_{SC},其等效内阻 R_0 定义同戴维南定理,如图 2.4.2(b)所示。

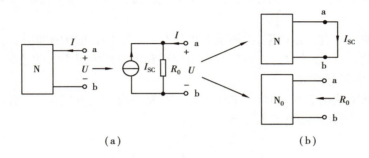

图 2.4.2　诺顿定理

其中,U_{OC} 和 R_0 或者 $I_{SC}(I_S)$ 和 R_0 称为有源二端网络的等效参数。戴维南等效电路或诺顿等效电路的参数测量,实际上就归结为有源二端网络端口开路电压、短路电流和等效电阻的测量。

有源二端网络等效参数的测量方法如下。

(1)开路电压 U_{OC} 的测量方法

①直接测量法。

当含源二端网络的等效内阻与测量电压表的内阻相比可忽略不计时,可以直接用电压表测量开路电压,如图 2.4.3 所示。

②零示法测。

在测量具有高内阻有源二端网络的开路电压时,用电压表直接测量会造成较大的误差。为了消除电压表内阻的影响,往往采用零示测量法,如图 2.4.4 所示。零示法测量原理是用一

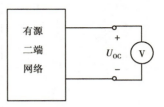

图 2.4.3　直接测量法测 U_{OC}

低内阻的稳压电源与被测有源二端网络进行比较,当稳压电源的输出电压与有源二端网络的开路电压相等时,电压表的读数将为"0"。然后将电路断开,测量此时稳压电源的输出电压,即为被测有源二端网络的开路电压。

（2）短路电流 I_{sc} 的测量方法

将二端网络端口短路，用电流表测量出其短路电流，如图 2.4.5 所示。有时一些含源网络在端口短路时风险较大，因此端口允许通过的电流不能超过其限定值，否则其短路电流的大小需要通过端口的伏安特性计算。

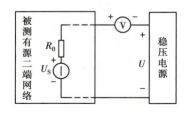

图 2.4.4　零示法测 U_{OC}　　　　图 2.4.5　短路电流测 I_{sc}

（3）含源电路等效电阻 R_0 的测量方法

①直接测量法。

将含源二端网络中的电源去掉，其余部分按原电路接好，用万用表或者伏安法测量该无源网络的等效电阻。

由于实际电源均含有一定内阻，并不能与电源分开，在去掉电源的同时，电源的内阻也无法保留下来。因此，这种方法仅适合电压源内阻较小和电流源内阻很大的情况。

②开路电压、短路电流法。

在有源二端网络输出端开路时，用电压表直接测其输出端的开路电压 U_{OC}，然后再将其输出端短路，用电流表测其短路电流 I_{sc}，则等效内阻为

$$R_0 = \frac{U_{\text{OC}}}{I_{\text{sc}}}$$

如果二端网络的内阻很小，将其输出端口短路则易损坏其内部元件，因此不宜用此法。

③半电压法。

如图 2.4.6 所示，先用电压表测量有源二端网络的开路电压，然后在其外部接一可变电阻，用电压表测量该电阻两端的电压，当负载电压等于被测网络开路电压的一半时，负载电阻（由电阻箱的读数确定）即为被测有源二端网络的等效内阻值 R_0。

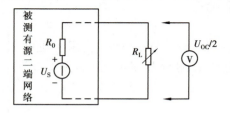

图 2.4.6　半电压法测 R_0

四、实验内容

根据实验室提供的实验电路，如图 2.4.7 所示，其中电压源 $U_{\text{S}} = (0 \sim 30\ \text{V})$、电流源 $I_{\text{S}} = (0 \sim 50\ \text{mA})$ 自行选取，构成被测有源二端网络。

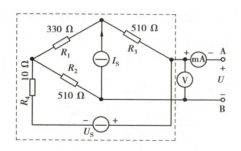

图 2.4.7　实验电路

1. 测定戴维南等效电路的参数 U_{OC},R_0

根据戴维南等效电路参数的测量方法,自行选取两种可行的实验方法,分别测量或计算出有源二端网络的开路电压 U_{OC} 和等效电阻 R_0,并将测量结果填入表 2.4.2 中。

表 2.4.2　测定戴维南等效电路的参数 U_{OC},R_0

开路电压 U_{OC}		等效电阻 R_0	
方法 1:	方法 2:	方法 1:	方法 2:
其中:$U_S=$　　　　　,$I_S=$			

2. 二端网络外特性的测量

有源二端网络端口电压随端口电流变化的关系曲线称为二端网络的外特性曲线。

按图 2.4.8 接入负载 R_L。改变 R_L 阻值,测量有源二端网络的外特性曲线,并将测量数据填入表 2.4.3 中。

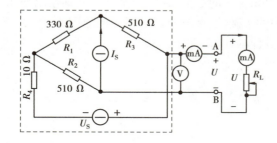

图 2.4.8　二端网络外特性的测量

表 2.4.3　二端网络外特性的测量数据表

电阻 R_L/Ω							
U/V							
I/mA							

验证戴维南定理:

将直流稳压电源和电阻箱分别调试为内容“1”中所测数据 U_{OC} 和 R_0,然后将该电阻与直流稳压电源相串联,再与负载 R_L 相连接,如图 2.4.9 所示,仿照内容"2"测其外特性,将测量数据填入表 2.4.4 中。

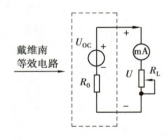

图 2.4.9　戴维南等效电路

表 2.4.4　验证戴维南定理测量数据表

电阻 R_L/Ω								
U/V								
I/mA								
其中: $U_{OC} =$	,$R_0 =$							

五、实验报告

①根据图 2.4.7 所示电路中 U_S 和 I_S 的取值,计算 U_{OC} 和 R_0 的理论值,并与测量值进行比较,分析误差及主要误差来源。

②根据表 2.4.3 和表 2.4.4 的数据,在同一坐标下分别绘出图 2.4.8 和图 2.4.9 曲线,加以比较,验证戴维南定理的正确性,并分析产生误差的原因。

③写出心得体会及其他。

实验 5　最大功率传输条件测定

一、实验目的

①掌握负载获得最大传输功率的条件。
②了解电源输出功率与效率的关系。

二、实验设备

实验设备见表 2.5.1。

表 2.5.1　实验设备表

序号	名称	型号与规格	数量	备注
1	直流电流表	0 ~ 200 mA	1	D31
2	直流电压表	0 ~ 200 V	1	D31
3	直流稳压电源	0 ~ 30 V	1	DG04
4	实验线路	—	1	DG05
5	元件箱	—	1	DG09

三、实验原理

1. 电源与负载功率的关系

图 2.5.1 可视为由一个电源向负载输送电能的模型，R_0 可视为电源内阻和传输线路电阻的总和，R_L 为可变负载电阻。负载 R_L 上消耗的功率 P 可由下式表示：

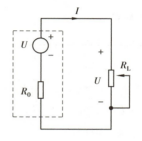

$$P = I^2 R_L = \left(\frac{U}{R_0 + R_L} \right)^2 R_L$$

图 2.5.1　最大功率传输定理

当 $R_L = 0$ 或 $R_L = \infty$ 时，电源输送给负载的功率均为零。而以不同的 R_L 值代入上式可求得不同的 P 值，其中必有一个 R_L 值使负载能从电源处获得最大的功率。

负载获得最大功率的条件：

根据数学求最大值的方法，令负载功率表达式中的 R_L 为自变量，P 为应变量，并使 $\dfrac{\mathrm{d}P}{\mathrm{d}R_L} = 0$，即可求得最大功率传输的条件：

$$\frac{\mathrm{d}P}{\mathrm{d}R_2} = 0，即 \frac{\mathrm{d}P}{\mathrm{d}R_L} = \frac{\left[(R_0 + R_L)^2 - 2R_L (R_0 + R_L) \right] U^2}{(R_0 + R_L)^4}$$

令 $(R_0 + R_L)^2 - 2R_L (R_0 + R_L) = 0$，解得：$R_L = R_0$

当满足 $R_L = R_0$ 时，负载从电源获得的最大功率为

$$P_{\mathrm{MAX}} = \left(\frac{U}{R_0 + R_L} \right)^2 R_L = \left(\frac{U}{2R_L} \right)^2 R_L = \frac{U^2}{4R_L}$$

这时，称此电路处于"匹配"工作状态。

2. 匹配电路的特点及应用

在电路处于"匹配"状态时，电源本身要消耗一半的功率。此时电源的效率只有 50%。显然，这对电力系统的能量传输过程是绝对不允许的。发电机的内阻是很小的，电路传输的最主要指标是要高效率送电，最好是 100% 的功率均传送给负载。为此负载电阻应远大于电源的内阻，即不允许运行在匹配状态。

而在电子技术领域里却完全不同。一般的信号源本身功率较小，且都有较大的内阻。而负载电阻（如扬声器等）往往是较小的定值，且希望能从电源获得最大的功率输出，而电源的

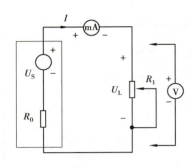

图 2.5.2　最大功率传输

效率往往不予考虑。通常设法改变负载电阻,或者在信号源与负载之间加阻抗变换器(如音频功放的输出级与扬声器之间的输出变压器),使电路处于工作匹配状态,以使负载能获得最大的输出功率。

四、实验内容

①按图 2.5.2 接线,负载 R_L 取自元件箱 DG09 的电阻箱。

②按表 2.5.2 所列内容,令 R_L 在 $0 \sim 1\ k\Omega$ 内变化时,分别测出 U_O,U_L 及 I 的值,表中 U_O,P_O 分别为稳压电源的输出电压和功率,U_L,P_L 分别为 R_L 两端的电压和功率,I 为电路的电流。在 P_L 最大值附近应多测几点。

表 2.5.2　测量数据表

				$1\ k\Omega$	∞
$U_S = 10\ V$ $R_{01} = 100\ \Omega$	R_L/Ω				
	U_O/V				
	U_L/V				
	I/mA				
	P_O/W				
	P_L/W				
$U_S = 15\ V$ $R_{02} = 300\ \Omega$	R_L/Ω			$1\ k\Omega$	∞
	U_O/V				
	U_L/V				
	I/mA				
	P_O/W				
	P_L/W				

五、实验报告

①整理实验数据,分别画出下列两种不同内阻下的各关系曲线:

$I \sim R_L$,$U_O \sim R_L$,$U_L \sim R_L$,$P_O \sim R_L$,$P_L \sim R_L$

②根据实验结果,说明负载获得最大功率的条件是什么。

③回答问题:

a. 电力系统进行电能传输时为什么不能处于"匹配"工作状态?

b. 实际应用中,电源的内阻是否随负载而变?

c. 电源电压的变化对最大功率传输的条件有无影响?

实验 6　无源单口网络元件参数的测量与研究

一、实验目的

①了解和掌握无源单口网络的等效参数的多种测量方法。
②学会用交流电压表、交流电流表和功率表测量元件的交流等效参数的方法。
③学习自拟实验方案,加强实验技能的培养。

二、实验设备

实验设备见表 2.6.1。

表 2.6.1　实验设备表

序号	名称	型号与规格	数量	备注
1	交流电压表	$0 \sim 500$ V	1	D33
2	交流电流表	$0 \sim 5$ A	1	D32
3	功率表	—	1	D34
4	自耦调压器	—	1	DG01
5	镇流器(电感线圈)	与 40 W 日光灯配用	1	DG09
6	电容器	1 μF,4.7 μF/500 V	1	DG09
7	白炽灯	15 W /220 V	3	DG08

三、实验原理

在正弦交流电路中,理想电阻、电容和电感元件的电阻和电抗分别为 R、$X_C = 1/\omega C$、$X_L = \omega L$,它们是随电路的频率而变化的。实际的电容元件由于其漏电损耗很小,故实验时通常可以将其视为理想电容。但实际电感器一定含有一些电阻,因此其等效电路可以视为一个理想电感器和一个电阻的串联电路。

图 2.6.1 分别为电阻器 R、电容器 C 和电感器的等效电路,下面介绍几种常用的测量元件参数的方法。

图 2.6.1　电阻器 R、电容器 C 和电感器的等效电路

1. 直流交流法

对电感性元件:在电感器两端加一直流电压 U_1,测量其电流 I_1,则

$$r = \frac{U_1}{I_1}$$

在电感器两端加交流电压,测量其电压和电流的有效值 U_2,I_2,则

$$Z = \frac{U_2}{I_2} = \sqrt{r^2 + (\omega L)^2}$$

$$L = \sqrt{\frac{\left(\frac{U_2}{I_2}\right)^2 - r^2}{\omega^2}}$$

2. 测交流等效参数的三表法

正弦交流信号激励下的元件值或阻抗值,可以用交流电压表、交流电流表及功率表分别测量出元件两端的电压 U、流过该元件的电流 I 和它所消耗的功率 P,然后通过计算得到所求的各值,这种方法称为三表法,是用以测量 50 Hz 交流电路参数的基本方法。

计算的基本公式如下:

阻抗的模

$$|Z| = \frac{U}{I}$$

电路的功率因数

$$\cos\varphi = \frac{P}{UI}$$

等效电阻

$$R = \frac{P}{I^2} = |Z|\cos\varphi$$

等效电抗

$$X = |Z|\sin\varphi$$

如果被测元件是一个元件,则

$$R = \frac{P}{I^2} = |Z|\cos\varphi, L = \frac{|Z|\sin\varphi}{\omega}, C = \frac{1}{\omega|Z|\sin\varphi}$$

如果被测元件是一个无源二端网络,则

$$R_0 = \frac{P}{I^2}, Z = \frac{U}{I}, X_0 = \sqrt{Z^2 - R_0^2}, \varphi = \arctan\frac{X_0}{R_0}$$

此时需要判断待测二端网络的性质是容性还是感性,当无法直接进行判别时可用以下方法来进行:

①在被测二端网络两端并接一只适当容量的试验电容,若端口电流增加,则二端网络为容性,反之为感性。

②在被测二端网络外再串联一个适当容量的试验电容,若被测端口阻抗的端电压下降,则二端网络为容性,端压上升则为感性。

③利用示波器测量二端网络的电流与电压之间的相位关系,若 i 超前于 u,为容性;i 滞后于 u,则为感性。

此外,还可以用谐振法或功率因数表的读数等方法判断二端网络的性质。

当二端网络的性质已经确定以后,则可进一步求出等效电感或者电容的参数值:

$$L = \frac{1}{2\pi f} X_0$$

$$C = \frac{1}{2\pi f X_0}$$

本实验所用的功率表为智能交流功率表,其电压接线端应与负载并联,电流接线端应与负载串联。

四、实验内容

①选用 15 W 白炽灯(R)、4.7 μF 电容器(C)和 40 W 日光灯镇流器(L)的等效参数。自行选择实验方案并画出实验电路,将有关测试数据填入表 2.6.2 中。

表 2.6.2　测量结果 1

被测阻抗	测量值			元件等效参数(计算值)			
	U/V	I/A	P/W	R/Ω	L/mH	$C/\mu F$	$\cos \varphi$
15 W 白炽灯 R							
电容器 C							
电感线圈 L							

②按图 2.6.2(a)接线,负载分别为 R-C 串联、R-L 串联电路,完成电路的测量并将测量结果填入表 2.6.3 中。

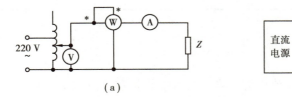

(a)　　　　　　　　　　　(b)

图 2.6.2　单一 R,C,L 元件的测试电路

表 2.6.3　测量结果 2

被测元件连接方式	测量值			电路等效参数(计算值)					
	U/V	I/A	P/W	Z/Ω	R/Ω	X/Ω	L/mH	$C/\mu F$	$\cos \varphi$
(R-C 串联电路图)									

续表

被测元件连接方式	测量值			电路等效参数(计算值)					
	U/V	I/A	P/W	Z/Ω	R/Ω	X/Ω	L/mH	$C/\mu F$	$\cos\varphi$
R L C									

③验证用串、并试验电容法判别负载性质的正确性。

实验线路同图 2.6.2(a),但不必接功率表,按表 2.6.4 内容进行测量和记录。

表 2.6.4 测量结果 3

被测元件	串 1 μF 电容		并 1 μF 电容	
	串前端电压/V	串后端电压/V	并前电流/A	并后电流/A
R(三只 15 W 白炽灯)				
C(4.7 μF)				
L(1 H)				

五、注意事项

①本实验直接用市电 220 V 交流电源供电,实验中要特别注意人身安全,不可用手直接触摸通电线路的裸露部分,以免触电。

②自耦调压器在接通电源前,应将其手柄置在零位上,调节时,使其输出电压从零开始逐渐升高。每次改接实验线路,都必须先将其旋柄慢慢调回零位,再断电源。必须严格遵守这一安全操作规程。

③实验前应详细阅读智能交流功率表的使用说明书,熟悉其使用方法。

六、实验报告

①根据实验内容所得表 2.6.2、表 2.6.3 的测试数据,进行元件参数的各项计算,实验报告必须有计算过程,并将计算结果填入对应表格。

②根据实验内容③的观察测量结果,判定负载的性质;并分别作出等效电路图,从理论上进行分析说明该结论的正确性。

③总结实验中的心得体会,并提出实验改进意见。

实验 7　无功补偿电路的设计(综合性实验)

一、实验目的

①深刻理解有功功率、无功功率和视在功率的概念。
②了解电力系统中进行无功补偿的原因和意义。
③掌握日光灯线路的工作原理和接线,掌握并联电容进行无功补偿的原理。
④掌握提高电路功率因数的方法。

二、实验设备

实验设备见表 2.7.1。

表 2.7.1　实验设备表

序号	名称	型号与规格	数量	备注
1	交流电压表	0 ~ 500 V	1	
2	交流电流表	0 ~ 5 A	1	
3	功率表		1	DGJ-07
4	自耦调压器		1	
5	镇流器、启辉器	与 40 W 灯管配用	各 1	DGJ-04
6	日光灯灯管	40 W	1	屏内
7	电容器	1 μF,2.2 μF,4.7 μF/500 V	各 1	DGJ-05

三、实验原理

1. 无功补偿的意义和方法

在交流电路中,无源二端网络吸收的有功功率并不等于端口电压与电流的乘积 UI,而是等于 $UI\cos\varphi$,其中 $\cos\varphi$ 称为负载的功率因数,φ 是负载电压与电流的相位差,称为功率因数角。在电压相同的情况下,线路传输一定的有功功率,如果功率因数太低,则所需电流就越大,传输线路上的损耗也就越大;若将功率因数提高(如 $\cos\varphi = 1$),所需电流就可小些。这样既可提高供电设备的利用率,又可减少线路的能量损失。所以,功率因数的大小关系到电源设备及输电线路能否得到充分利用。

电网中的电力负荷如电动机、变压器等,大部分属于感性负荷,在运行过程中电感与外界交换能量本身需要一定的无功功率,因此功率因数比较低($\cos\varphi < 0.5$)。在电网中安装无功补偿设备以后,可以提供感性负载所消耗的无功功率,减少了电网电源向感性负荷提供、由线路输送的无功功率,由于减少了无功功率在电网中的流动,因此可以降低线路和变压器因输送无功功率造成的电能损耗,这就是无功补偿。并联电容器是无功补偿领域中应用非常广泛的无功补偿装置。

2. 日光灯电路原理

日光灯电路如图 2.7.1 所示,图中 A 是日光灯管,L 是镇流器,S 是启辉器。灯管为一根均匀涂有荧光物质的玻璃管,管内充有少量水银蒸气和惰性气体,灯管两端装有灯丝电极。镇流器为一个铁芯线圈,其作用是日光灯启辉时,产生高压将灯管点亮;在日光灯工作时,限制电流。启辉器是一个充有氖气的玻璃泡并装有两个电极(双金属片和定片)。

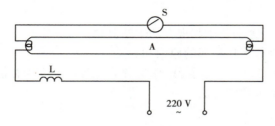

图 2.7.1　日光灯电路

灯管在工作时,可以认为是一个电阻负载。镇流器是铁芯线圈,可以认为是一个电感很大的感性负载。二者串联成一个 RL 电路。当接通电源后,启辉器内的双金属片和定片之间的气隙被击穿,连续发生火花,使双金属片受热伸张而与定片接触,于是灯管的灯丝接通。灯丝遇热后发射电子,这时双金属片逐渐冷却而与定片分开。镇流器线圈因灯丝电路突然断开而感应出很高的感应电动势,它和电源电压串联在灯管的两端,使管内气体电离产生光放电而发光。这时,启辉器停止工作。电源电压大部分降在镇流器上,镇流器起降压限流作用。30 W或 40 W 的灯管点亮后的管压降仅有 100 V 左右。

日光灯电路分析:

镇流器是一个铁芯线圈,简化分析时可用一个无铁芯的电感和电阻串联的电路来等效。

如图 2.7.2 所示为日光灯的等效电路图,U_R 为灯管两端电压,U_L 为镇流器的电压。镇流器在工作时,用 R_1 来代替其有功功率损耗,则整个日光灯电路的有功功率为

$$P = UI \cos \varphi_1 \qquad (\cos \varphi_1 \text{ 为电路的功率因数})$$

上式又可以写成:

$$\cos \varphi_1 = \frac{P}{UI} = \frac{P}{S}$$

因此,测出电路的电压、电流和有功功率的数值后,即可求得电路的功率因数 $\cos \varphi_1$。

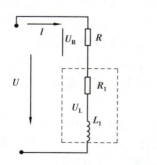

图 2.7.2　日光灯的等效电路图

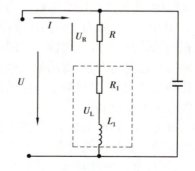

图 2.7.3　并联电容器提高功率因素

对于功率因数较低的感性负载,可以并联适量的电容器以提高电路的功率因数,如图 2.7.3所示,假定功率因数从 $\cos \varphi_1$ 提高到 $\cos \varphi$,所需并联电路器的电容量可按下式计算

$$C = \frac{P}{\omega U^2}(\tan \varphi_1 - \tan \varphi)$$

式中　P——电路所消耗的有功功率,W。

四、实验内容

①日光灯线路接线与测量。

日光灯线路接线如图 2.7.4 所示。

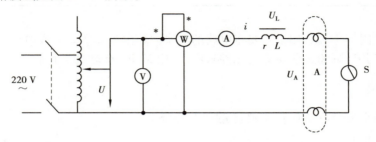

图 2.7.4　日光灯电路接线

按图 2.7.4 接线。经指导教师检查后接通实验台电源,调节自耦调压器的输出,使其输出电压缓慢增大,直到日光灯管启辉点亮为止,记下电压表、电流表和功率表三表的指示值,并填入表 2.7.2 中。然后将电压调至 220 V,测量功率 P,电流 I,电压 U,U_L,U_A 等值,验证电压与电流的相量关系,并计算电路的功率因数和镇流器的电阻 r。

表 2.7.2　测量数据 1

	测量数值					计算值	
	P/W	I/A	U/V	U_L/V	U_A/V	r/Ω	$\cos \varphi$
启辉值							
正常工作值							

②并联电路——电路功率因数的改善。

按图 2.7.5 组成实验线路,在日光灯电路两端并联电容器组。

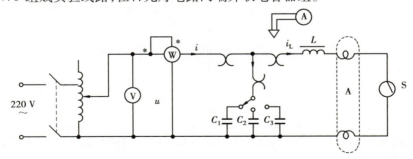

图 2.7.5　电路功率因素的提高

经指导教师检查后,接通实验台电源,将自耦调压器的输出调至 220 V,记录功率表、电压表读数。通过一只电流表和三个电流插座分别测得三条支路的电流,改变电容值,进行三次重复测量,并将数据记入表 2.7.3 中。

51

表 2.7.3　测量数据 2

电容值 /μF	测量数值					计算值	
	P/W	U/V	I/A	I_L/A	I_C/A	I'/A	$\cos \varphi$
1							
2.2							
4.7							

③根据实验内容①、②，如果需要将电路的功率因数由表 2.7.2 的数值提高到 0.85 左右，设计相应的电路并计算和选取相应的元件参数，并用 Multisim 软件进行验证。

五、注意事项

①本实验用交流市电 220 V，务必注意用电安全。
②功率表要正确接入电路。
③线路接线正确，日光灯不能启辉时，应检查启辉器及其接触是否良好。

六、实验报告

①完成数据表格中的计算，进行必要的误差分析。
②完成实验内容③。
③回答以下问题：
a. 改善电路功率因数的意义和方法分别有哪些？
b. 在本实验中，为了改善电路的功率因数，常在感性负载上并联电容器，此时增加了一条电流支路，电路的总电流是增大还是减小？此时感性元件上的电流和功率是否改变？为什么？
c. 在日常生活中，当日光灯上缺少了启辉器时，人们常用一根导线将启辉器的两端短接一下，然后迅速断开，使日光灯点亮（DG09 实验挂箱上有短接按钮，可用它代替启辉器做一下试验），或用一只启辉器去点亮多只同类型的日光灯，这是为什么？
d. 提高线路功率因数为什么只采用并联电容器法，而不用串联法？所并的电容器是否越大越好？为什么？

实验 8　三相交流电路电压、电流和功率的测量

一、实验目的

①掌握三相负载作星形连接、三角形连接的方法，验证这两种接法下线电压、相电压及线电流、相电流之间的关系。
②充分理解三相四线供电系统中中性线的作用。

二、实验设备

实验设备见表 2.8.1。

表 2.8.1 实验设备表

序号	名称	型号与规格	数量	备注
1	交流电压表	0～500 V	1	D33
2	交流电流表	0～5 A	1	D32
3	万用表	—	1	自备
4	三相自耦调压器	—	1	DG01
5	三相灯组负载	220 V,15 W 白炽灯	9	DG08

三、实验原理

1. 三相负载电流、电压的测量

线电压:三相电路中,每两条端线之间的电压称为线电压。

线电流:三相电路中,端线电流称为线电流。

相电压:三相电路中,端线与中性点之间的电压称为相电压。

相电流:三相电路中,负载中所通过的电流称为相电流。

如图 2.8.1 所示的连接中,U_{UV},U_{VW},U_{WU} 为线电压;U_{UN},U_{VN},U_{WN} 为相电压;I_A,I_B,I_C,I_N 为线电流;I_{AO},I_{BO},I_{CO} 为相电流。

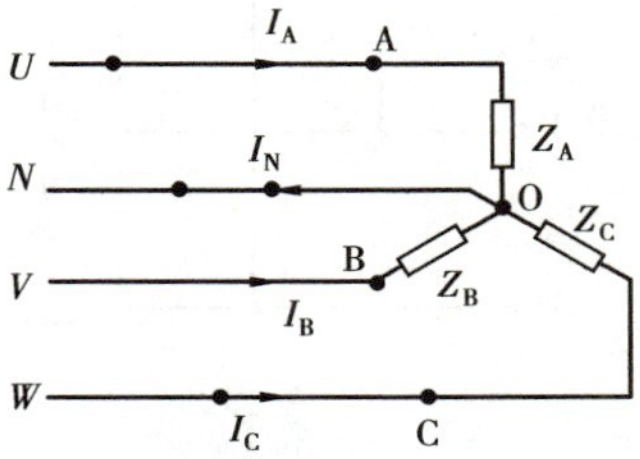

①三相负载可接成星形(又称"Y"接)或三角形(又称"△"接)。当三相对称负载作 Y 形连接时,线电压 U_L 是相电压 U_P 的 $\sqrt{3}$ 倍。线电流 I_L 等于相电流 I_P,即

$$U_L = \sqrt{3}\,U_P, \quad I_L = I_P$$

在这种情况下,流过中性线的电流 $I_0 = 0$,所以可以省去中线。

图 2.8.1 三相负载的连接

当对称三相负载作△形连接时,有 $I_L = \sqrt{3}\,I_P$,$U_L = U_P$。

②不对称三相负载作 Y 连接时,必须采用三相四线制接法,即 Y_0 接法。而且中线必须牢固连接,以保证三相不对称负载的每相电压维持对称不变。

倘若中线断开,会导致三相负载电压的不对称,致使负载轻的那一相的相电压过高,使负载遭受损坏;负载重的一相相电压又过低,使负载不能正常工作。尤其是对三相照明负载,无条件地一律采用 Y_0 接法。

③当不对称负载作△接时,$I_L \neq \sqrt{3}\,I_P$,但只要电源的线电压 U_L 对称,加在三相负载上的电压仍是对称的,对各相负载工作没有影响。

2. 三相负载功率的测量

①对于三相四线制供电的三相星形连接的负载(即 Y_0 接法),可分别用一只功率表测量各相的有功功率 P_A,P_B,P_C,则三相负载的总有功功率 $\sum P = P_A + P_B + P_C$。这就是一瓦特表法,如图 2.8.2 所示。若三相负载是对称的,则只需测量一相的功率,再乘以 3 即得三相总的有功功率。

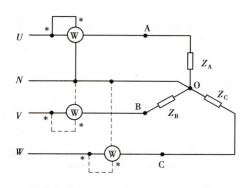

图 2.8.2 一瓦特表法(三相四线制)

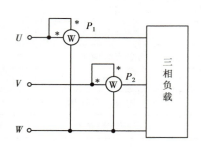

图 2.8.3 二瓦特表法(三相三线制)

②三相三线制供电系统中,不论三相负载是否对称,也不论负载是 Y 接还是△接,都可用二瓦特表法测量三相负载的总有功功率。测量线路如图 2.8.3 所示。若负载为感性或容性,且当相位差 $\varphi > 60°$ 时,线路中的一只功率表指针将反偏(数字式功率表将出现负读数),这时应将功率表电流线圈的两个端子调换(不能调换电压线圈端子),其读数应记为负值。而三相

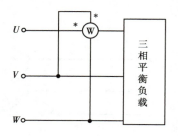

图 2.8.4 一瓦特表法(三相三线制)

总功率 $\sum P = P_1 + P_2$(P_1,P_2 本身不含任何意义)。

除去图 2.8.3 的 I_A,U_{AC} 与 I_B,U_{BC} 接法外,还有 I_B,U_{AB} 与 I_C,U_{AC} 以及 I_A,U_{AB} 与 I_C,U_{BC} 两种接法。

③对于三相三线制供电的三相对称负载,可用一瓦特表法测得三相负载的总无功功率 Q,测试原理线路如图 2.8.4 所示。

图示功率表读数的 $\sqrt{3}$ 倍,即为对称三相电路总的无功功率。除了此图给出的一种连接法(I_U,U_{VW})外,还有另外两种连接法,即接成(I_V,U_{UW})或(I_W,U_{UV})。

四、实验内容

1. 三相负载电压和电流的测量

(1)三相负载星形连接(三相四线制供电)

按图 2.8.5 线路连接实验电路,即三相灯组负载经三相自耦调压器接通三相对称电源。将三相调压器的旋柄置于输出为 0 V 的位置(即逆时针旋到底)。经指导教师检查合格后,方可开启实验台电源,然后调节调压器,使输出的三相线电压为 220 V,并按下述内容完成各项实验,分别测量三相负载的线电压、相电压、线电流、相电流、中线电流、电源与负载中点间的电压。将所测得的数据记入表 2.8.2 中,并观察各相灯组亮暗的变化程度,特别要注意观察中线的作用。

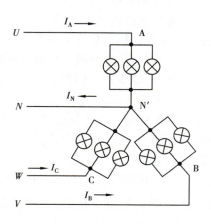

图 2.8.5 三相负载星形连接

表2.8.2　星形连接测量数据表

负载情况	开灯盏数			线电流/A			线电压/V			相电压/V			中性线电流 I_0/A	中点电压 U_{NO}/V
	A 相	B 相	C 相	I_A	I_B	I_C	U_{AB}	U_{BC}	U_{CA}	U_{A0}	U_{B0}	U_{C0}		
Y_0 接平衡负载	3	3	3											
Y 接平衡负载	3	3	3											
Y_0 接不平衡负载	1	2	3											
Y 接不平衡负载	1	2	3											

（2）负载三角形连接（三相三线制供电）

按图2.8.6改接线路，经指导教师检查合格后接通三相电源，并调节调压器，使其输出线电压为220 V（实际调至150 V左右即可），并按表2.8.3的内容进行测试。

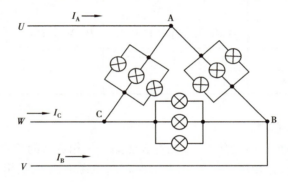

图2.8.6　三相负载三角形连接

表2.8.3　三角形连接测量数据表

负载情况	开灯盏数			线电压 = 相电压/V			线电流/A			相电流/A		
	A-B 相	B-C 相	C-A 相	U_{AB}	U_{BC}	U_{CA}	I_A	I_B	I_C	I_{AB}	I_{BC}	I_{CA}
三相平衡	3	3	3									
三相不平衡	1	2	3									

2. 三相负载功率的测量

（1）负载三相四线制连接

在图2.8.7所示电路中，用一瓦特表法测定三相对称 Y_0 接以及不对称 Y_0 接负载的总功率 $\sum P$。

实验时首先将瓦特表按图2.8.7接入 A 相进行测量，然后分别将瓦特表换接到 B 相和 C 相，再进行测量。测量过程中用电流表和电压表监视该相的电流和电压，不要超过功率表电压和电流的量程。

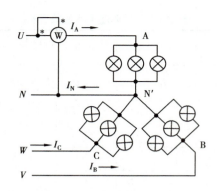

图 2.8.7　一瓦特表法测功率

测量通电前,需仔细检查电流,接通三相电源,调节调压器输出,使输出线电压为 150 V 左右,按表 2.8.4 的要求进行测量及计算。

表 2.8.4　功率测量数据表(一瓦特表法)

负载情况	开灯盏数			测量数据			计算值
	A 相	B 相	C 相	P_A/W	P_B/W	P_C/W	$\sum P/W$
Y_0 接对称负载	3	3	3				
Y_0 接不对称负载	1	2	3				

(2)负载三相三线制连接

以三相负载作三角形连接为例,用二瓦特表法测定三相负载的总功率。

按图 2.8.8 接线,将三相灯组负载接成△形接法,电源电压可适当降低,调至 150 V 左右,仔细检查电路,然后通电,按照表 2.8.5 要求进行测量和计算。

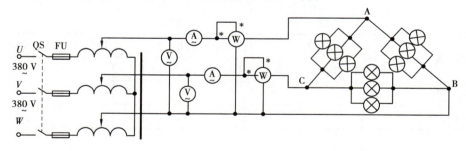

图 2.8.8　二瓦特表法测功率

表 2.8.5　功率测量数据表(二瓦特表法)

负载情况	开灯盏数			测量数据		计算值
	A 相	B 相	C 相	P_1/W	P_2/W	$\sum P/W$
△接不平衡负载	1	2	3			
△接平衡负载	3	3	3			

五、注意事项

①实验中电压、电流和功率的测量可同时进行。

②本实验采用三相交流市电,线电压为 380 V,实验时要注意人身安全,不可触及导电部件,防止意外事故发生。

③每次接线完毕,同组同学应自查一遍,然后由指导教师检查后,方可接通电源,必须严格遵守先断电、再接线、后通电;先断电、后拆线的实验操作原则。

④为避免烧坏灯泡,DG08 实验挂箱内设有过压保护装置。当任一相电压大于 245 V 时,即声光报警并跳闸。因此,在做 Y 接不平衡负载或缺相实验时,所加线电压应以最高相电压小于 240 V 为宜。

六、实验报告

①用实验测得的数据验证对称三相电路中的 $\sqrt{3}$ 关系。

②用实验数据和观察到的现象,总结三相四线供电系统中中性线的作用。

③不对称三角形连接的负载,能否正常工作?实验是否能证明这一点?

④选取表 2.8.2、表 2.8.3 中的电压和电流数据,进行功率的计算,将计算值与测量值进行比较,总结三相电路功率的测量方法。

⑤三相负载根据什么条件选择作星形或三角形连接?本次实验中为什么要通过三相调压器将 380 V 的市电线电压降为 220 V 的线电压使用?

⑥写出心得体会及其他。

实验 9　互感电路观测

一、实验目的

①学会互感电路同名端、互感系数以及耦合系数的测定方法。

②理解两个线圈相对位置的改变,以及用不同材料作线圈芯时对互感的影响。

二、实验设备

实验设备见表 2.9.1。

表 2.9.1　实验设备表

序号	名称	型号与规格	数量	备注
1	数字直流电压表	0 ~ 200 V	1	D31
2	数字直流电流表	0 ~ 200 mA	2	D31
3	交流电压表	0 ~ 500 V	1	D32
4	交流电流表	0 ~ 5 A	1	D32

续表

序号	名称	型号与规格	数量	备注
5	空心互感线圈	N_1 为大线圈 N_2 为小线圈	1 对	DG08
6	自耦调压器	—	1	DG01
7	直流稳压电源	0 ~ 30 V	1	DG04
8	电阻器	30 Ω/8 W 510 Ω/2 W	各 1 个	DG09
9	发光二极管	红或绿	1	DG09
10	粗、细铁棒，铝棒	—	各 1 根	
11	变压器	36 V/220 V	1	DG08

三、实验原理

1. 判断互感线圈同名端的方法

（1）直流法

如图 2.9.1 所示，当开关 S 闭合瞬间，若毫安表的指针正偏，则可断定"1""3"为同名端；若指针反偏，则"1""4"为同名端。

（2）交流法

如图 2.9.2 所示，将两个绕组 N_1 和 N_2 的任意两端（如 2、4 端）连在一起，在其中的一个绕组（如 N_1）两端加一个低电压，另一绕组（如 N_2）开路，用交流电压表分别测出端电压 U_{13}，U_{12} 和 U_{34}。若 U_{13} 是两个绕组端压之差，则 1，3 是同名端；若 U_{13} 是两绕组端电压之和，则 1，4 是同名端。

2. 两线圈互感系数 M 的测定

在图 2.9.2 的 N_1 侧施加低压交流电压 U_1，测出 I_1 及 U_2。根据互感电势 $E_{2M} \approx U_{Z0} = \omega M I_1$，可计算得互感系数为 $M = \dfrac{U_2}{\omega I_1} = \dfrac{U_2}{2\pi f I_1}$。

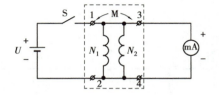

图 2.9.1　直流法判断互感线圈的同名端　　　　图 2.9.2　交流法判断互感线圈的同名端

3. 耦合系数 k 的测定

两个互感线圈耦合松紧的程度可用耦合系数 k 来表示

$$k = \frac{M}{\sqrt{L_1 L_2}}$$

如图 2.9.2 所示，先在 N_1 侧加低压交流电压 U_1，测出 N_2 侧开路时的电流 I_1；然后再在 N_2 侧加电压 U_2，测出 N_1 侧开路时的电流 I_2，求出各自的自感 L_1 和 L_2，即可算得 k 值。

四、实验内容

①分别用直流法和交流法测定互感线圈的同名端。

a. 直流法。

实验线路如图 2.9.3 所示。先将 N_1 和 N_2 两线圈的四个接线端子编以 1 号、2 号、3 号和 4 号。将 N_1，N_2 同心地套在一起，并放入细铁棒。U 为可调直流稳压电源，调至 10 V。流过 N_1 侧的电流不可超过 0.4 A（选用 5 A 量程的数字电流表）。N_2 侧直接接入 2 mA 量程的毫安表。将铁棒迅速地拨出和插入，观察毫安表读数正、负的变化，来判定 N_1 和 N_2 两个线圈的同名端。

b. 交流法。

交流法由于加在 N_1 上的电压仅为 2 V 左右，因此采用图 2.9.4 的线路来扩展调压器的调节范围。图中 W，N 为主屏上的自耦调压器的输出端，B 为 DG08 挂箱中的升压铁芯变压器，此处作降压用。将 N_2 放入 N_1 中，并在两线圈中插入铁棒。A 为 2.5 A 以上量程的电流表，N_2 侧开路。

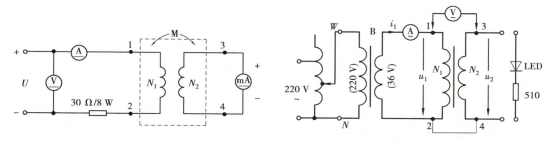

图 2.9.3　直流法测定互感线圈的同名端　　　图 2.9.4　交流法测定互感线圈的同名端

接通电源前，应首先检查自耦调压器是否调至零位，确认后方可接通交流电源，令自耦调压器输出一个很低的电压（约 12 V），使流过电流表的电流小于 1.4 A，然后用 0～30 V 量程的交流电压表测量 U_{13}，U_{12}，U_{34}，判定同名端。

拆去 2，4 连线，并将 2，3 相接，重复上述步骤，判定同名端。

②拆除 2，3 连线，测 U_1，I_1，U_2，计算出 M。

③将低压交流加在 N_2 侧，使流过 N_2 侧电流小于 1 A，N_1 侧开路，按步骤②测出 U_2，I_2，U_1。

④用万用表的 $R \times 1$ 挡分别测出 N_1 和 N_2 线圈的电阻值 R_1 和 R_2，计算 k 值。

⑤观察互感现象。

在图 2.9.4 的 N_2 侧接入 LED 发光二极管与 510 Ω 串联的支路。

a. 将铁棒慢慢地从两线圈中抽出和插入，观察 LED 亮度的变化及各电表读数的变化，记录现象。

b. 将两线圈改为并排放置，并改变其间距，以及分别或同时插入铁棒，观察 LED 亮度的变化及仪表读数。

c. 改用铝棒替代铁棒，重复 a，b 的步骤，观察 LED 的亮度变化，记录现象。

五、注意事项

①整个实验过程中,注意流过线圈 N_1 的电流不得超过 1.4 A,流过线圈 N_2 的电流不得超过 1 A。

②测定同名端及其他测量数据的实验中,都应将小线圈 N_2 套在大线圈 N_1 中,并插入铁芯。

③做交流实验前,首先要检查自耦调压器,要保证手柄置在零位。因实验时加在 N_1 上的电压只有 2~3 V,因此调节时要特别仔细、小心,要随时观察电流表的读数,不得超过规定值。

六、实验报告

①总结对互感线圈同名端、互感系数的实验测试方法。
②自拟测试数据表格,完成计算任务。
③解释实验中观察到的互感现象。
④用直流法判断同名端时,可否根据 S 断开瞬间毫安表指针的正、反偏来判断同名端?为什么?
⑤写出心得体会及其他。

实验 10　二端口网络测试

一、实验目的

①加深理解二端口网络的基本理论。
②掌握直流二端口网络传输参数的测量技术。

二、实验设备

实验设备见表 2.10.1。

表 2.10.1　实验设备表

序号	名称	型号与规格	数量	备注
1	可调直流稳压电源	0~30 V	1	DG04
2	数字直流电压表	0~200 V	1	D31
3	数字直流毫安表	0~200 mA	1	D31
4	二端口网络实验电路板	—	1	DG05

三、实验原理

对于任何一个线性网络,我们所关心的往往只是输入端口和输出端口的电压和电流之间的相互关系,并通过实验测定方法求取一个极其简单的等值二端口电路来替代原网络,此即为

"黑盒理论"的基本内容。

① 一个二端口网络两端口的电压和电流四个变量之间的关系，可以用多种形式的参数方程来表示。本实验采用输出口的电压 U_2 和电流 I_2 作为自变量，以输入口的电压 U_1 和电流 I_1 作为因变量，所得的方程称为二端口网络的传输方程，如图 2.10.1 所示的无源线性二端口网络（又称为四端网络）的传输方程为：

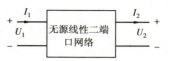

图 2.10.1　无源线性二端口网络

$$U_1 = AU_2 + BI_2$$
$$I_1 = CU_2 + DI_2$$

式中的 A,B,C,D 为二端口网络的传输参数，其值完全决定于网络的拓扑结构及各支路元件的参数值。这 4 个参数表征了该二端口网络的基本特性，它们的含义是：

$$A = \frac{I_{10}}{U_{20}} \quad (\text{令 } I_2 = 0, \text{即输出口开路时})$$

$$B = \frac{I_{1S}}{U_{2S}} \quad (\text{令 } U_2 = 0, \text{即输出口短路时})$$

$$C = \frac{I_{10}}{U_{20}} \quad (\text{令 } I_2 = 0, \text{即输出口开路时})$$

$$D = \frac{U_{1S}}{I_{2S}} \quad (\text{令 } U_2 = 0, \text{即输出口短路时})$$

由上可知，只要在网络的输入口加上电压，在两个端口同时测量其电压和电流，即可求出 A,B,C,D 四个参数，此即为双端口同时测量法。

② 若要测量一条远距离输电线构成的二端口网络，采用同时测量法就很不方便。这时可采用分别测量法，即先在输入口加电压，而将输出口开路和短路，在输入口测量电压和电流，由传输方程可得：

$$R_{10} = \frac{U_{10}}{I_{10}} = \frac{A}{C} \quad (\text{令 } I_2 = 0, \text{即输出口开路时})$$

$$R_{1S} = \frac{U_{1S}}{I_{1S}} = \frac{B}{D} \quad (\text{令 } U_2 = 0, \text{即输出口短路时})$$

然后在输出口加电压，而将输入口开路和短路，测量输出口的电压和电流。此时可得

$$R_{20} = \frac{U_{20}}{I_{20}} = \frac{D}{C} \quad (\text{令 } I_1 = 0, \text{即输入口开路时})$$

$$R_{2S} = \frac{U_{2S}}{I_{2S}} = \frac{B}{A} \quad (\text{令 } U_1 = 0, \text{即输入口短路时})$$

$R_{10}, R_{1S}, R_{20}, R_{2S}$ 分别表示一个端口开路和短路时另一端口的等效输入电阻，这 4 个参数中只有 3 个是独立的（因 $AD - BC = 1$）。至此，可求出 4 个传输参数：

$$A = \sqrt{R_{10}/(R_{20} - R_{2S})}, \quad B = R_{2S}A, \quad C = A/R_{10}, \quad D = R_{20}C$$

③ 二端口网络级联后的等效二端口网络的传输参数也可采用前述的方法之一求得。从理论推得两个二端口网络级联后的传输参数与每一个参加级联的二端口网络的传输参数之间有如下的关系：

$$A = A_1A_2 + B_1C_2 \qquad B = A_1B_2 + B_1D_2$$
$$C = C_1A_2 + D_1C_2 \qquad D = C_1B_2 + D_1D_2$$

四、实验内容

二端口网络实验线路如图 2.10.2 所示。将直流稳压电源的输出电压调到 10 V,作为二端口网络的输入。

按同时测量法分别测定两个二端口网络的传输参数 A_1,B_1,C_1,D_1 和 A_2,B_2,C_2,D_2,并列出它们的传输方程。

将测量数据填入表 2.10.2 中。

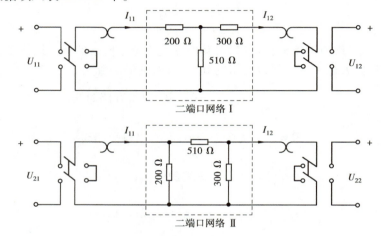

图 2.10.2　二端口网络实验线路图

表 2.10.2　测量数据 1

		测量值			计算值	
二端口网络 I	输出端开路 $I_{12} = 0$	U_{110}/V	U_{120}/V	I_{110}/mA	A_1	B_1
	输出端短路 $U_{12} = 0$	U_{11S}/V	I_{11S}/mA	I_{12S}/mA	C_1	D_1
		测量值			计算值	
二端口网络 II	输出端开路 $I_{22} = 0$	U_{210}/V	U_{220}/V	I_{210}/mA	A_2	B_2
	输出端短路 $U_{22} = 0$	U_{21S}/V	I_{21S}/mA	I_{22S}/mA	C_2	D_2

五、注意事项

①用电流插头插座测量电流时,要注意判别电流表的极性及选取适合的量程(根据所给的电路参数,估算电流表量程)。

②计算传输参数时,I,U 均取其正值。

六、实验报告

①完成对数据表格的测量和计算任务。
②列写参数方程。
③试述二端口网络同时测量法与分别测量法的测量步骤、优缺点及其适用情况。
④写出心得体会及其他。

实验11　三相鼠笼式异步电动机点动控制和自锁控制

一、实验目的

①通过对三相鼠笼式异步电动机点动控制和自锁控制线路的实际安装接线,掌握由电气原理图变换成安装接线图的知识。
②通过实验进一步加深理解点动控制和自锁控制的特点。

二、实验设备

实验设备见表2.11.1。

表2.11.1　实验设备表

序号	名称	型号与规格	数量	备注
1	三相交流电源	220 V	—	—
2	三相鼠笼式异步电动机	DJ24	1	—
3	交流接触器	—	1	D61-2
4	按钮	—	2	D61-2
5	热继电器	D9305d	1	D61-2
6	交流电压表	0~500 V	—	—
7	万用电表	—	1	自备

三、实验原理

①继电-接触控制在各类生产机械中获得广泛应用,凡是需要进行前后、上下、左右、进退等运动的生产机械,均采用传统的、典型的正、反转继电-接触控制。

交流电动机继电-接触控制电路的主要设备是交流接触器,其主要构造为:

a.电磁系统——铁芯、吸引线圈和短路环。

b.触头系统——主触头和辅助触头,还可按吸引线圈得电前后触头的动作状态,分动合(常开)、动断(常闭)两类。

c.消弧系统——在切断大电流的触头上装有灭弧罩,以迅速切断电弧。

d.接线端子、反作用弹簧等。

②在控制回路中常采用接触器的辅助触头来实现自锁和互锁控制。要求接触器线圈得电

后能自动保持动作后的状态,这就是自锁,通常用接触器自身的动合触头与启动按钮相并联来实现,以达到电动机的长期运行,这一动合触头称为"自锁触头"。使两个电器不能同时得电动作的控制,称为互锁控制,如为了避免正、反转两个接触器同时得电而造成三相电源短路事故,必须增设互锁控制环节。为操作的方便,也为防止因接触器主触头长期大电流的烧蚀而偶发触头粘连后造成的三相电源短路事故,通常在具有正、反转控制的线路中采用既有接触器的动断辅助触头的电气互锁,又有复合按钮机械互锁的双重互锁的控制环节。

③控制按钮通常用以短时通、断小电流的控制回路,以实现近、远距离控制电动机等执行部件的起、停或正、反转控制。按钮是专供人工操作使用。对于复合按钮,其触点的动作规律是:当按下时,其动断触头先断,动合触头后合;当松手时,则动合触头先断,动断触头后合。

④在电动机运行过程中,应对可能出现的故障进行保护。

采用熔断器作短路保护,当电动机或电器发生短路时,及时熔断熔体,达到保护线路、保护电源的目的。熔体熔断时间与流过的电流关系称为熔断器的保护特性,这是选择熔体的主要依据。

采用热继电器实现过载保护,使电动机免受长期过载之危害。其主要的技术指标是整定电流值,即电流超过此值的 20% 时,其动断触头应能在一定时间内断开,切断控制回路,动作后只能由人工进行复位。

⑤在电气控制线路中,最常见的故障发生在接触器上。接触器线圈的电压等级通常有 220 V 和 380 V 等,使用时必须认清,切勿疏忽,否则,电压过高易烧坏线圈,电压过低吸力不够,不易吸合或吸合频繁,这不但会产生很大的噪声,而且因磁路气隙增大,致使电流过大,从而烧坏线圈。此外,在接触器铁芯的部分端面嵌装有短路铜环,其作用是为了使铁芯吸合牢靠,消除颤动与噪声,若发现短路环脱落或断裂现象,接触器将会产生很大的振动与噪声。

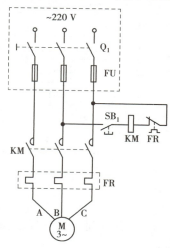

图 2.11.1　电动机点动控制线路

四、实验内容

认识各电器的结构、图形符号、接线方法:

抄录电动机及各电器铭牌数据;用万用电表 Ω 挡检查各电器线圈、触头是否完好。

三相鼠笼式异步电动机按 △ 接法:实验线路电源端接三相自耦调压器输出端 U,V,W,供电线电压为 220 V。

1.点动控制

按图 2.11.1 点动控制线路进行安装接线,接线时,先接主电路,即从 220 V 三相交流电源的输出端 U,V,W 开始,经接触器 KM 的主触头,热继电器 FR 的热元件到电动机 M 的三个线端 A,B,C,用导线按顺序串联起来。主电路连接完整无误后,再连接控制电路,即从 220 V 三相交流电源某输出端(如 V)开始,经过常开按钮 SB$_1$、接触器 KM 的线圈、热继电器 FR 的常闭触头到三相交流电源另一输出端(如 W)。显然这是对接触器 KM 线圈供电的电路。

接好线路,经指导教师检查后,方可进行通电操作。

①开启控制屏电源总开关,按启动按钮,调节调压器输出,使输出线电压为 220 V。

②按启动按钮 SB$_1$,对电动机 M 进行点动操作,比较按下 SB$_1$ 与松开 SB$_1$ 电动机和接触器的运行情况。

③实验完毕,按控制屏停止按钮,切断实验线路三相交流电源。

2. 自锁控制电路

按图 2.11.2 所示自锁控制线路进行接线,它与图 2.11.1 的不同点在于控制电路中多串联一只常闭按钮 SB_2,同时在 SB_1 上并联 1 只接触器 KM 的常开触头,它起自锁作用。

接好线路经指导教师检查后,方可进行通电操作。

①按控制屏启动按钮,接通 220 V 三相交流电源。

按启动按钮 SB_1,松手后观察电动机 M 是否继续运转。

按停止按钮 SB_2,松手后观察电动机 M 是否停止运转。

②按控制屏停止按钮,切断实验线路三相电源,拆除控制回路中自锁触头 KM,再接通三相电源,启动电动机,观察电动机及接触器的运转情况。从而验证自锁触头的作用。

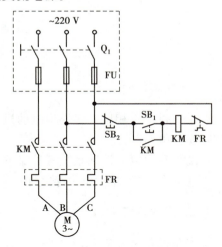

图 2.11.2　自锁控制线路

实验完毕,将自耦调压器调回零位,按控制屏停止按钮,切断实验线路的三相交流电源。

五、注意事项

①接线时合理安排挂箱位置,接线要求牢靠、整齐、清楚、安全。

②操作时要胆大、心细、谨慎,不许用手触及各电器元件的导电部分及电动机的转动部分,以免触电。

③通电观察继电器动作情况时,要注意安全,防止碰触带电部位。

六、实验报告

①画出电动机点动控制线路图,并简述工作过程。

②画出电动机自锁控制线路图,并简述工作过程。

③回答问题:

a. 点动控制线路与自锁控制线路从结构上看主要区别是什么？从功能上看主要区别是什么？

b. 自锁控制线路在长期工作后可能出现失去自锁作用。试分析产生的原因是什么。

c. 交流接触器线圈的额定电压为 220 V,若误接到 380 V 电源上会产生什么后果？反之,若接触器线圈电压为 380 V,而电源线电压为 220 V,其结果又如何？

d. 在主回路中,熔断器和热继电器热元件可否少用一只或两只？熔断器和热继电器两者能否只采用其中一种就可起到短路和过载保护作用？为什么？

实验 12　三相鼠笼式异步电动机正、反转控制

一、实验目的

①通过对三相鼠笼式异步电动机正、反转控制线路的安装接线，掌握由电气原理图接成实际操作电路的方法。

②加深对电气控制系统各种保护、自锁、互锁等环节的理解。

③学会分析、排除继电-接触控制线路故障的方法。

二、实验设备

实验设备见表 2.12.1。

表 2.12.1　实验设备表

序号	名称	型号与规格	数量	备注
1	三相交流电源	220 V	1	
2	三相鼠笼式异步电动机	DJ24	1	
3	交流接触器	JZC4-40	2	D61-2
4	按钮	—	3	D61-2
5	热继电器	D9305d	1	D61-2
6	交流电压表	0 ~ 500 V	1	
7	万用电表	—	1	自备

三、实验原理

在三相鼠笼式异步电动机正、反转控制线路中，通过相序的更换来改变电动机的旋转方向。本实验给出两种不同的正、反转控制线路如图 2.12.1 及图 2.12.2 所示，具有如下特点。

①电气互锁。为了避免接触器 KM_1（正转）、KM_2（反转）同时得电吸合造成三相电源短路，在 KM_1（KM_2）线圈支路中串接有 KM_1（KM_2）动断触头，它们保证了线路工作时 KM_1，KM_2 不会同时得电，如图 2.12.1 所示，以达到电气互锁目的。

②电气和机械双重互锁。除电气互锁外，可再采用复合按钮 SB_1 与 SB_2 组成的机械互锁环节，如图 2.12.2 所示，以求线路工作更加可靠。

③线路具有短路、过载、失压、欠压保护等功能。

四、实验内容

认识各电器的结构、图形符号、接线方法；抄录电动机及各电器铭牌数据；用万用电表 Ω挡检查各电器线圈、触头是否完好。

　　三相鼠笼式异步电动机按△接法;实验线路电源端接三相自耦调压器输出端 U,V,W,供电线电压为 220 V。

1. 接触器联锁的正、反转控制线路

按图 2.12.1 接线,经指导教师检查后,方可进行通电操作。

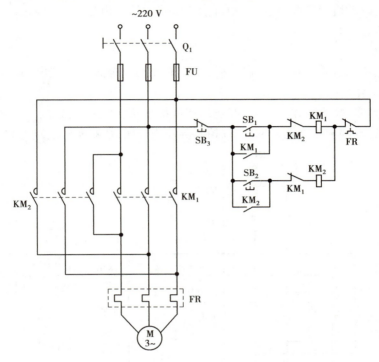

图 2.12.1　接触器联锁的正、反转控制线路

①开启控制屏电源总开关,按启动按钮,调节调压器输出,使输出线电压为 220 V。

②按正向启动按钮 SB_1,观察并记录电动机的转向和接触器的运行情况。

③按反向启动按钮 SB_2,观察并记录电动机和接触器的运行情况。

④按停止按钮 SB_3,观察并记录电动机的转向和接触器的运行情况。

⑤再按 SB_2,观察并记录电动机的转向和接触器的运行情况。

⑥实验完毕,按控制屏停止按钮,切断三相交流电源。

2. 接触器和按钮双重联锁的正、反转控制线路

按图 2.12.2 接线,经指导教师检查后,方可进行通电操作。

①按控制屏启动按钮,接通 220 V 三相交流电源。

②按正向启动按钮 SB_1,电动机正向启动,观察电动机的转向及接触器的动作情况。按停止按钮 SB_3,使电动机停转。

③按反向启动按钮 SB_2,电动机反向启动,观察电动机的转向及接触器的动作情况。按停止按钮 SB_3,使电动机停转。

④按正向(或反向)启动按钮,电动机启动后,再去按反向(或正向)启动按钮,观察有何情况发生。

⑤电动机停稳后,同时按正、反向两只启动按钮,观察有何情况发生。

⑥失压与欠压保护。

a. 按启动按钮 SB_1（或 SB_2）电动机启动后，按控制屏停止按钮，断开实验线路三相电源，模拟电动机失压（或零压）状态，观察电动机与接触器的动作情况，随后，再按控制屏上启动按钮，接通三相电源，但不按 SB_1（或 SB_2），观察电动机能否自行启动。

b. 重新启动电动机后，逐渐减小三相自耦调压器的输出电压，直至接触器释放，观察电动机是否自行停转。

⑦过载保护。

打开热继电器的后盖，当电动机启动后，人为地拨动双金属片模拟电动机过载情况，观察电机、热继电器动作情况。

注意：此项内容，较难操作且危险，有条件可由指导教师作示范操作。

实验完毕，将自耦调压器调回零位，按控制屏停止按钮，切断实验线路电源。

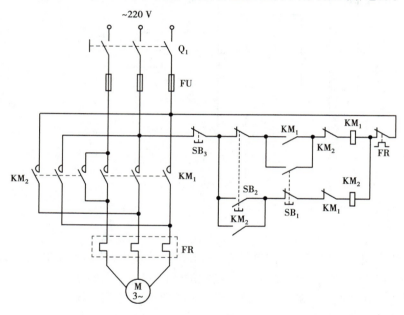

图 2.12.2　接触器和按钮双重联锁的正、反转控制线路

五、故障分析

①接通电源后，按启动按钮（SB_1 或 SB_2），接触器吸合，但电动机不转且发出"嗡嗡"声响；或者虽能启动，但转速很慢。这种故障大多是主回路一相断线或电源缺相。

②接通电源后，按启动按钮（SB_1 或 SB_2），若接触器通断频繁，且发出连续的劈啪声或吸合不牢，发出颤动声，此类故障原因可能是：

a. 线路接错，将接触器线圈与自身的动断触头串在一条回路上了。

b. 自锁触头接触不良，时通时断。

c. 接触器铁芯上的短路环脱落或断裂。

d. 电源电压过低或与接触器线圈电压等级不匹配。

六、实验报告

①分别画出电动机正、反转控制的两种电路,并简述其工作过程。

②回答问题:

a. 在电动机正、反转控制线路中,为什么必须保证两个接触器不能同时工作? 采用哪些措施可解决此问题? 这些方法有何利弊? 最佳方案是什么?

b. 在控制线路中,短路、过载、失压保护、欠压保护等功能是如何实现的? 在实际运行过程中,这几种保护有何意义?

实验 13　三相鼠笼式异步电动机 Y-△ 降压启动控制

一、实验目的

①进一步提高按图接线的能力。

②了解时间继电器的结构、使用方法、延时时间的调整及在控制系统中的应用。

③熟悉三相鼠笼式异步电动机 Y-△ 降压启动控制的运行情况和操作方法。

二、实验设备

实验设备见表 2.13.1。

表 2.13.1　实验设备表

序号	名称	型号与规格	数量	备注
1	三相交流电源	220 V	1	
2	三相鼠笼式异步电动机	DJ24	1	
3	交流接触器	JZC4-40	2	D61-2
4	时间继电器	ST3PA-B	1	D61-2
5	按钮	—	1	D61-2
6	热继电器	D9305d	1	D61-2
7	万用电表	—	1	自备
8	切换开关	三刀双掷	1	D62-2

三、实验原理

①按时间原则控制电路的特点是各个动作之间有一定的时间间隔,使用的元件主要是时间继电器。时间继电器是一种延时动作的继电器,它从接收信号(如线圈带电)到执行动作(如触点动作)具有一定的时间间隔。此时间间隔可按需要预先整定,以协调和控制生产机械的各种动作。时间继电器的种类通常有电磁式、电动式、空气式和电子式等。其基本功能可分

为两类,即通电延时式和断电延时式,有的还带有瞬时动作式的触头。

时间继电器的延时时间通常可在 0.4～80 s 调节。

②按时间原则控制三相鼠笼式异步电动机 Y-△降压自动换接启动的控制线路如图 2.13.1 所示。

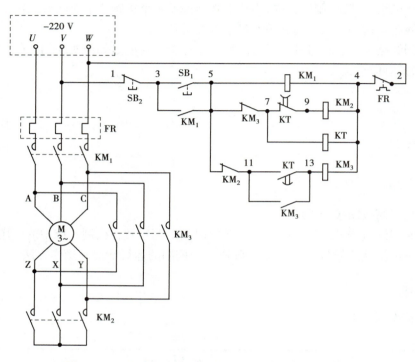

图 2.13.1　电动机 Y-△降压自动换接启动的控制线路

从主回路看,当接触器 KM₁ 和 KM₂ 主触头闭合,KM₃ 主触头断开时,电动机三相定子绕组作 Y 连接;而当接触器 KM₁ 和 KM₃ 主触头闭合,KM₂ 主触头断开时,电动机三相定子绕组作△连接。因此,所设计的控制线路若能先使 KM₁ 和 KM₂ 得电闭合,后经一定时间的延时,使 KM₂ 失电断开,而后使 KM₃ 得电闭合,则电动机就能实现降压启动后自动转换到正常工作运转。图 2.13.1 的控制线路能满足上述要求。该线路具有以下特点:

①接触器 KM₃ 与 KM₂ 通过动断触头 KM₃(5—7)与 KM₂(5—11)实现电气互锁,保证 KM₃ 与 KM₂ 不会同时得电,以防止三相电源的短路事故发生。

②依靠时间继电器 KT 延时动合触头(11—13)的延时闭合作用,保证在按下 SB₁ 后,使 KM₂ 先得电,并依靠 KT(7—9)先断,KT(11—13)后合的动作次序,保证 KM₂ 先断,而后再自动接通 KM₃,也避免了换接时电源可能发生的短路事故。

③本线路正常运行(△接)时,接触器 KM₂ 及时间继电器 KT 均处于断电状态。

④由于实验装置提供的三相鼠笼式电动机每相绕组额定电压为 220 V,而 Y/△换接启动的使用条件是正常运行时电机必须作△接,故实验时,应将自耦调压器输出端(U,V,W)电压调至 220 V。

四、实验内容

1. 时间继电器控制 Y-△自动降压启动线路

摇开 D61-2 挂箱的面板,观察空气阻尼式时间继电器的结构,认清其电磁线圈和延时动合、动断触头的接线端子。用手推动时间继电器衔铁模拟继电器通电吸合动作,用万用电表 Ω挡测量触头的通与断,以此来大致判定触头延时动作的时间。通过调节进气孔螺钉,即可整定所需的延时时间。

实验线路电源端接自耦调压器输出端(U,V,W),供电线电压为 220 V。

①按图 2.13.1 线路进行接线,先接主回路后接控制回路。要求按图示的节点编号从左到右、从上到下,逐行连接。

②在不通电的情况下,用万用电表 Ω挡检查线路连接是否正确,特别注意 KM_2 与 KM_3 两个互锁触头 $KM_3(5—7)$ 与 $KM_2(5—11)$ 是否正确接入。经指导教师检查后,方可通电。

③开启控制屏电源总开关,按控制屏启动按钮,接通 220 V 三相交流电源。

④按启动按钮 SB_1,观察电动机的整个启动过程及各继电器的动作情况,记录 Y-△换接所需时间。

⑤按停止按钮 SB_2,观察电机及各继电器的动作情况。

⑥调整时间继电器的整定时间,观察接触器 KM_2 和 KM_3 的动作时间是否相应地改变。

⑦实验完毕,按控制屏停止按钮,切断实验线路电源。

2. 接触器控制 Y-△降压启动线路

按图 2.13.2 线路接线,经指导教师检查后,方可进行通电操作。

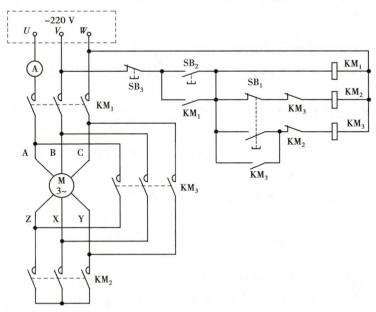

图 2.13.2　接触器控制 Y-△降压启动线路

①按控制屏启动按钮,接通 220 V 三相交流电源。

②按下按钮 SB_2,电动机作 Y 接法启动,注意观察启动时,电流表最大读数 $I_{Y启动}$ =

_____A。

③稍后,待电动机转速接近正常转速时,按下按钮 SB_2,使电动机为△接法并正常运行。

④按停止按钮 SB_3,电动机断电停止运行。

⑤先按按钮 SB_2,再按按钮 SB_1,观察电动机在△接法直接启动时的电流表最大读数 $I_{\triangle启动}$ = _____A。

⑥实验完毕,将三相自耦调压器调回零位,按控制屏停止按钮,切断实验线路电源。

3. 手动控制 Y-△降压启动控制线路

按图 2.13.3 线路接线。

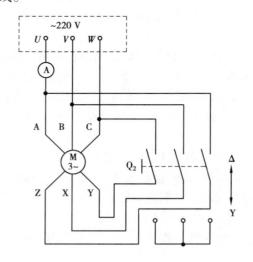

图 2.13.3　手动控制 Y-△降压启动控制线路

①开关 Q_2 合向上方,使电动机为△接法。

②按控制屏启动按钮,接通 220 V 三相交流电源,观察电动机在△接法直接启动时,电流表最大读数 $I_{\triangle启动}$ = _____A。

③按控制屏停止按钮,切断三相交流电源,待电动机停稳后,开关 Q_2 合向下方,使电动机为 Y 接法。

④按控制屏启动按钮,接通 220 V 三相交流电源,观察电动机在 Y 接法直接启动时,电流表最大读数 $I_{Y启动}$ = _____A。

按控制屏停止按钮,切断三相交流电源,待电动机停稳后,操作开关 Q_2,使电动机作 Y-△降压启动。

a. 先将 Q_2 合向下方,使电动机 Y 接,按控制屏启动按钮,记录电流表最大读数,$I_{Y启动}$ = _____A。

b. 待电动机接近正常运转时,将 Q_2 合向上方△运行位置,使电动机正常运行。

实验完毕后,将自耦调压器调回零位,按控制屏停止按钮,切断实验线路电源。

五、注意事项

①注意安全,严禁带电操作。

②只有在断电的情况下,方可用万用电表 Ω 挡来检查线路的接线正确与否。

六、实验报告

①画出接触器控制 Y-△降压启动线路图,并简述其工作过程。

②记录 Y-△启动时的 $I_{Y启动}$ 和 $I_{△启动}$ 值,比较其大小,说明 Y-△启动的优缺点。

③回答问题:

a. 采用 Y-△降压启动对三相鼠笼式异步电动机有何要求?

b. 控制回路中的一对互锁触头有何作用? 若取消这对触头会对 Y-△降压换接启动有何影响? 可能会出现什么后果?

c. 降压启动的自动控制线路与手动控制线路相比较,有哪些优点?

第 **3** 章
模拟电子技术实验

实验 1　常用电子仪器的使用

一、实验目的

①了解示波器、低频信号发生器和晶体管交流毫伏表的基本性能。
②掌握用示波器观察信号的波形，以及测量信号的幅度与频率的基本原理和方法。

二、实验设备

实验设备表 3.3.1。

表 3.3.1　实验设备表

序号	名称	型号与规格	数量	备注
1	模拟电路实验台	—	1	
2	示波器	YB4300 系列	1	
3	低频信号发生器	UTG9002C	1	
4	交流毫伏表	TH1912	2	
5	交流电压表	SH1912	2	
6	直流稳压电源	UTP3704S	1	
7	万用表	UT890D	1	

三、实验原理

示波器、低频信号发生器、晶体管交流毫伏表是电子线路实验中常用的三种基本测量仪器。示波器不仅可以测量信号的幅值参数和时间参数，还可以用于观察信号波形随时间变化的规律和研究电路的瞬态过程。示波器是时域测量仪器,它还可以用来测量信号的幅度、周期及波形上任何两点之间的时间参数和幅值参数。低频信号发生器作为被测量电路的信号源,可以产生各种指定参数的信号波形。晶体管交流毫伏表用来测量正弦信号有效值大小的仪器。在电子线路实验中,低频信号发生器和晶体管交流毫伏表均用于研究被测电路的稳态过程,是稳态测量仪器,而示波器可以测试电路的暂态过程。

实验仪器连接示意图如图 3.1.1 所示。仪器连接时注意接地并使其接触良好,仪器连接要采用屏蔽线或同轴电缆,在进行实验测量之前,仪器要先预热,以进入稳定的工作状态。

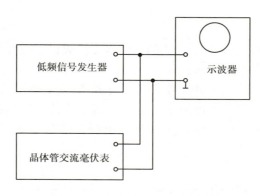

图 3.1.1　实验仪器连接示意图

1. 示波器

示波器是利用受电压信号控制的电子束扫描示波管的荧光屏,从而在示波管的荧光屏上显示出电压信号波形的电子仪器。常用的有单踪示波器(只能显示一个电压信号波形)和双踪示波器(能同时显示两个电压信号波形)。

示波器常用控制件主要有电源开关、亮度调节旋钮、聚焦调节旋钮、垂直位移(Y_1 位移、Y_2 位移)旋钮、垂直方式按钮、垂直灵敏度旋转开关、垂直灵敏度微调旋钮、耦合方式选择按钮、水平位移旋钮、扫描速度旋转开关、扫描速度微调旋钮、触发源选择按钮、内触发方式选择按钮等,不同品牌与型号的示波器有差异。

示波器的使用一般遵循示波器的初始设置、开机、接入被测信号、示波器工作调节、参数测量、善后处理等步骤。示波器使用完毕,将各个控制件置于初始位置,然后拆除探头和连线等,关闭电源开关直至电源指示灯灭。

2. 低频信号发生器

低频信号发生器是利用振荡电路和波形变换电路产生并输出电子信号的仪器。现代低频信号发生器往往都是多功能的,不仅可以输出各种波形的电信号,还具有某些测量功能,比如频率计和计数器等。另外其还具有比较完善的显示功能、功率输出、TTL 输出等。

SG1645/DF1631L 型功率函数发生器常用控制件主要有电源开关、输出幅度调节旋钮、衰减按钮、波形选择按钮、占空比调节旋钮、频率倍乘按钮、频率调节旋钮、计数器控制件组(内外侧选择按钮、外侧衰减按钮、被测频率信号输入端口)、直流偏置推拉式旋钮等。

低频信号发生器的使用主要包括初始设置、开机、工作调节、善后处理等环节。同样,低频信号发生器使用完毕,应将各控制件重新设置回初始位置,关闭电源开关直至电源指示灯灭。

3. 晶体管交流毫伏表

晶体管交流毫伏表是一种测量正弦交流电压有效值的指针式仪表。它与普通的交流电压表有三个明显的区别:一是它可以测量很微弱(mV 数量级)的交流电压信号(因为它的内部有放大电路);二是测量精度高;三是输入电阻很高,它的接入对被测电路影响很小。

DF2172/YB2172 型晶体管交流毫伏表常用控制件主要有电源开关、机械零点调整旋钮、量程选择旋钮、输入端口、输出端口。晶体管交流毫伏表的使用主要包括初始设置、开机、调零、测量、善后处理等步骤。仪器使用完毕,将量程选择旋钮置于最大(300 V)处,关闭电源开关,拆去探头。

4. 直流稳压电源

直流稳压电源是一种将电力公司提供的交流电变换成稳定的直流电压的电子仪器。一般来说,其输出的直流电压大小是可调节的。

DF1731SB2A 直流稳压电源常用控制件包括电源开关、主路输出电压调节旋钮、从路输出电压调节旋钮、两路电源连接方式控制按钮(两个)等。直流稳压电源的使用包括初始设置、开机、调节等步骤,在使用过程中应避免直流稳压电源"+""−"输出端短路,否则,可能会损坏仪器。

5. 万用表

万用表是一种最常用的电工仪表,准确地说,万用表只能测量电压(直流、交流)、电流(直流)、电阻,但是万用表的用途远远不止这些,其功能在工程实际中可以得到很大的扩展。万用表的主要控制件包括左旋钮、右旋钮、调零电位器等。万用表的使用过程中,特别需要注意测量对象与万用表挡位的对应,同时量程的选择也是需要特别注意的,用小量程测量大信号会损坏万用表的表头与表针。

四、实验内容

1. 用示波器观察信号波形

开启示波器电源,预热 3 ~ 5 min 后,调节面板上有关按钮,使其在荧光屏上显示细而清晰的亮点或亮线,通过以上调节熟悉辉度、聚焦、X 轴位移、Y 轴位移等示波器控制旋钮的作用。

将已稳定工作的低频信号发生器输出接到示波器 Y_1 轴输入端或 Y_2 轴输入端,当信号频率为 1 kHz,有效值为 5 V 的正弦波时,调节示波器有关旋钮使荧光屏上显示清晰、稳定、幅度适中的波形,通过以上调节熟悉稳定波触发方式等旋钮的功能。

调节扫描时间(T/CM 或者 Sec/Div)、扫描微调(微调)旋钮,使荧光屏上出现 2 ~ 5 个完整波形,以此熟悉旋钮的作用,然后在信号幅度不变的情况下,当频率分别为 100 Hz,1 kHz,10 kHz,100 kHz,调整旋钮使荧光屏上得到 2 ~ 5 个稳定波形时,观察扫描时间的变化,记录结果填入表 3.1.2 中。

表 3.1.2   扫描时间测量结果记录

信号频率/Hz	100	1 k	10 k	100 k
扫描时间 T/CM				

2. 测量信号电压

①信号发生器电压表指示值为 5 V 时,频率为 1 kHz,用示波器和晶体管交流毫伏表分别

测量当信号发生器输出衰减置于 0 dB,20 dB,40 dB,60 dB 时实际输出信号的大小,并将测量结果填入表 3.1.3 中。

表 3.1.3　不同衰减下信号电压测试结果记录

信号发生器输出			示波器测量结果		晶体管交流毫伏表测量结果	
表头	衰减	应输出值	峰-峰值	有效值	测试量程	测量值
5 V（参考）	0 dB					
	20 dB					
	40 dB					
	60 dB					

②检查信号发生器输出电压是否随频率变化。

当信号发生器输出衰减为 0 dB,晶体管交流毫伏表读数为 5 V 时,保持输出调节旋钮位置不变,改变信号频率,用晶体管交流毫伏表测量信号频率为 100 Hz,1 kHz,10 kHz,100 kHz 时输出电压的数值,将测量结果填入表 3.1.4 中。

表 3.1.4　信号电压与频率的变化关系测量结果记录

信号频率/Hz	100	1 k	10 k	100 k
测量值/V				
结论				

3. 用示波器测量信号频率

用示波器扫描时间可定量测量被观察信号频率,其测量的方法是:

在荧光屏上观察到清晰稳定的波形后,适当改变扫描时间,"扫描微调"置"校正"。测量被测信号,一个周期在 X 轴上所占的格数 n,根据扫描时间档级,t/div 或 T/CM 即可算出信号周期

$$T = \frac{t}{div \times n}$$

则被测信号的频率为

$$f = \frac{1}{T}$$

用此法测量信号发生器输出电压频率为 500 Hz,2 kHz,20 kHz,200 kHz 时,将实际测量结果填入表 3.1.5 中。实验测量的误差由以下公式计算

$$\Delta = \frac{f - f_0}{f_0} \times 100\%$$

表 3.1.5　信号频率的测量结果记录

信号频率 f_0/Hz	500			2 k			20 k			200 k		
示波器测量结果	T/CM	n	f	T/CM	n	f	T/CM	n	f	T/CM	n	f
测量误差/%												

五、思考题

①示波器观察信号频率时,为了达到下列要求应调节哪些控制旋钮?

a. 波形清晰,亮暗适当;

b. 波形位于屏幕中央部位,且大小控制在坐标刻度范围内;

c. 波形疏密适当而完整;

d. 波形稳定。

②用晶体管交流毫伏表测量被测电压时,为了提高测量准确度,应注意什么?

③用示波器观察信号时,在荧光屏上出现图 3.1.2 中所示情况,是由哪些控制旋钮不对引起的? 应如何正确调节?

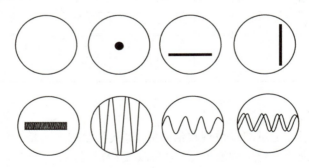

图 3.1.2　示波器波形示例

实验 2　基本电子元件的识别和测试

一、实验目的

①正确识别常用电子元器件:电阻器、电容器、晶体二极管、晶体三极管、场效应管、开关、电位器、电子管等。

②掌握常用电子元器件的基本测试方法和好坏的判断。

二、实验设备

实验设备见表 3.2.1。

表 3.2.1   实验设备表

序号	名称	型号与规格	数量	备注
1	模拟电路实验台	—	1	
2	交流毫伏表	TH1912	2	
3	交流电压表	SH1912	2	
4	直流稳压电源	UTP3704S	1	
5	万用表	UT890D	1	
6	晶体三极管	—	若干	
7	晶体二极管	—	若干	
8	电阻器	—	若干	
9	电容器	—	若干	

三、实验原理

1. 电阻器

电阻器是电气、电子设备中用得最多的基本元件之一,电阻常用字母"R"表示,基本单位"欧姆",记作"Ω",常用的单位有千欧姆($k\Omega$)、兆欧姆($M\Omega$)。电阻器主要用于控制和调节电路中的电流和电压,或用作消耗电能的负载。

电阻器有固定电阻和可变电阻之分,可变电阻常称作电位器。电阻器按材料分,有碳膜电阻、金属膜电阻和线绕电阻等不同类型;按功率分,有 1/16 W,1/8 W,1/4 W,1/2 W,1 W,2 W 等额定功率的电阻;按电阻值的精确度分,有精确度为 ±5%, ±10%, ±20% 等的普通电阻,还有精确度为 ±0.1%, ±0.2%, ±0.5%, ±1% 和 ±2% 等的精密电阻。电阻的类别可以通过外观的标记识别。

(1)固定电阻

①电阻器型号命名法。

电阻器的型号命名方法根据 GB/T 2470—1995 标准执行,见表 3.2.2。如图 3.2.1 所示为两种典型电阻器型号的命名法举例。

表 3.2.2　电阻器型号命名方法

第一部分:主称		第二部分:材料		第三部分:特征			第四部分:序号
符号	意义	符号	意义	符号	电阻器	电位器	
R	电阻器	T	碳膜	1	普通	普通	对主称、材料相同,仅性能指标、尺寸大小有区别,但基本不影响互换使用的产品时,给同一序号;若性能指标、尺寸大小明显影响互换时,则在序号后面用大写字母作为区别代号
		H	合成膜	2	普通	普通	
		S	有机实芯	3	超高频	—	
		N	无机实芯	4	高阻	—	
		J	金属膜(箔)	5	高温	—	
		Y	氧化膜	6	—	—	
		C	沉积膜	7	精密	精密	
		I	玻璃釉膜	8	高压	特殊函数	
		P	硼酸膜	9	特殊	特殊	
		U	硅酸膜	G	高功率		
W	电位器	X	线绕	T	可调	—	
		M	压敏	W	—	微调	
		G	光敏	D	—	多圈	
		R	热敏	B	温度补偿用	—	
				C	温度测量用	—	
				P	旁热式	—	
				W	稳压式	—	
				Z	正温度系数	—	

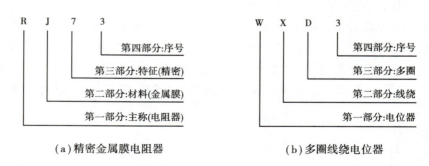

(a)精密金属膜电阻器　　　　(b)多圈线绕电位器

图 3.2.1　典型电阻器型号命名方法

②电阻值的标识方法。

按部颁标准规定,电阻值的标称值应为表 3.2.3 所列数字的 10^n 倍,其中,n 为正整数、负整数或零。电阻的阻值和允许偏差的标注方法常用的有 3 种:直标法、色标法和文字符号法。

表 3.2.3　电阻器(电位器、电容器)标称系列及误差表

系列	允许误差	电阻器的标称值
E24	Ⅰ级(±5%)	1.0,1.1,1.2,1.3,1.5,1.6,1.8,2.0,2.2,2.4,2.7,3.0,3.3,3.6,3.9,4.3,4.7, 5.1,5.6,6.2,6.8,7.5,8.2,9.1
E12	Ⅱ级(±10%)	1.0,1.2,1.5,1.8,2.2,2.7,3.3,3.9,4.7,5.6,6.8,8.2
E6	Ⅲ级(±20%)	1.0,1.5,2.2,3.3,4.7,6.8

a. 直标法。

将电阻的阻值和误差直接用数字和字母印在电阻上(无误差标示为允许误差 ±20%)。也有厂家采用习惯标记法,如:

3Ω3,表示电阻值为 3.3 Ω,允许误差为 ±15%;

1K8,表示电阻值为 1.8 kΩ,允许误差为 ±20%;

5M1,表示电阻值为 5.1 MΩ,允许误差为 ±10%。

b. 色标法。

将不同颜色的色环涂在电阻器上表示它们的标称值及允许误差,主要应用于圆柱形电阻器上,各种颜色所对应的数值见表 3.2.4。固定电阻器色环标志读数识别规则如图 3.2.2 所示。

表 3.2.4　电阻器色标符号意义

颜色	第一位数	第二位数	第三位数	倍乘数	允许误差	
棕	1	1	1	10^1	±1%	F
红	2	2	2	10^2	±2%	G
橙	3	3	3	10^3	—	
黄	4	4	4	10^4	—	
绿	5	5	5	10^5	±0.5%	D
蓝	6	6	6	10^6	±0.25%	C
紫	7	7	7	10^7	±0.1%	B
灰	8	8	8	10^8	±0.05%	A
白	9	9	9	10^9		
黑	0	0	0	10^0	—	
金	—	—	—	10^{-1}	±5%	J
银	—	—	—	10^{-2}	±10%	K
无色	—	—	—	—	±20%	M

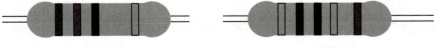

(a)普通电阻　　　　　　　　　　(b)精密电阻

图 3.2.2　固定电阻器色环标识法

色环标识法中,图 3.2.2(a)为普通电阻,左起第一环和第二环为有效数位,最后一位是允许的误差位,倒数第二位是倍率位;图 3.2.2(b)为精密电阻,左起第一环、第二环和第三环为有效数位,最后一位是允许的误差位,倒数第二位是倍率位。

例如:

红红棕金,表示 220 Ω ±5% ;

黄紫橙银,表示 47 kΩ ±10% ;

棕紫绿金棕,表示 17.5 Ω ±1% 。

c. 文字符号法。

例如:3M3K 或 3M3 表示 3.3 MΩ,K 表示允许误差为 ±10% 。电阻器允许误差与字母的对应关系见表 3.2.5。

表 3.2.4 电阻器误差标志符号表

允许误差/%	标志符号	允许误差/%	标志符号	允许误差/%	标志符号
±0.001	E	±0.1	B	±10	K
±0.002	Z	±0.2	C	±20	M
±0.005	Y	±0.5	D	±30	N
±0.01	H	±1	F		
±0.02	U	±2	G		
±0.05	W	±5	J		

③电阻器额定功率的识别。

电阻器的额定功率指电阻器在直流或交流电路中,长期连续工作所允许消耗的最大功率。有两种标识方法:2 W 以上的电阻,直接用数字印在电阻体上;2 W 以下的电阻,以自身体积大小来表示功率。在电路图上表示电阻功率时,采用如图 3.2.3 符号标识。

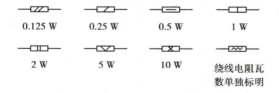

| 0.125 W | 0.25 W | 0.5 W | 1 W |

| 2 W | 5 W | 10 W | 绕线电阻瓦数单独标明 |

图 3.2.3 小功率电阻额定功率符号标识法

(2)可变式电阻器

可变式电阻器一般称为电位器,从形状上分有圆柱形、长方体形等多种形状;从结构上分有直滑式、旋转式、带开关式、带紧锁装置式、多连式、多圈式、微调式和无接触式等多种形式;从材料上分有碳膜、合成膜、有机导电体、金属玻璃釉和合金电阻丝等多种电阻体材料。碳膜电位器是较常用的一种。

电位器在旋转时,其相应的阻值依旋转角度而变化。变化规律有三种不同形式,如图 3.2.4所示。

X 型为直线型,其阻值按角度均匀变化。它适于作分压、调节电流等用。如在电视机中作场频调整。

Z 型为指数型,其阻值按旋转角度依指数关系变化(阻值变化开始缓慢,以后变快),它普遍使用在音量调节电路里。由于人耳对声音响度的听觉特性是接近于对数关系的,当音量从零开始逐渐变大的一段过程中,人耳对音量变化的听觉最灵敏,当音量大到一定程度后,人耳听觉逐渐变迟钝。所以音量调整一般采用指数式电位器,使声音变化听起来显得平稳、舒适。

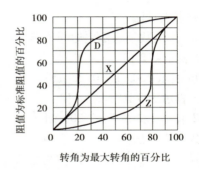

图 3.2.4　电位器旋转角与实际阻值变化关系曲线

D 型为对数型,其阻值按旋转角度依对数关系变化(即阻值变化开始快,以后缓慢),这种方式多用于仪器设备的特殊调节。在电视机中采用这种电位器调整黑白对比度,可使对比度更加适宜。电路中进行一般调节时,采用价格低廉的碳膜电位器;在进行精确调节时,宜采用多圈电位器或精密电位器。

2. 电容器

电容器也是组成电子电路的基本元件,在电路中所占比例仅次于电阻,利用电容器充电、放电和隔直流通交流的特性,在电路中用于隔直流、耦合交流、旁路交流、滤波、定时和组成振荡电路等。电容器用符号 C 表示。

(1)电容器型号命名方法

电容器型号命名方法参见 GB/T 2470—1995 及 GB/T 2691—2016,其基本内容见表 3.2.6。表中的规定对可变电容器和真空电容器不适用,对微调电容器仅适用于瓷介微调电容器。在某些电容器的型号中用 X 表示小型,用 M 表示密封,也有的用序号来区分电容器的形式、结构、外形尺寸等。CC1-1 型圆片形瓷介微调电容器的标识法如图 3.2.5 所示。

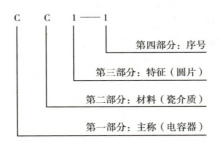

图 3.2.5　CC1-1 型圆片形瓷介微调电容器标识法

(2)电容器的单位

电容器的常用单位有毫法(mF)、微法(μF)、纳法(nF)和皮法(pF)等,它们与基本单位法拉(F)的换算关系如下:

1 mF(毫法或简称为 m)$= 10^{-3} \text{F}$　　　　$1 \mu\text{F}$(微法或简称为 μ)$= 10^{-6} \text{F}$

1 nF(纳法或简称为 n)$= 10^{-9} \text{F}$　　　　1 pF(皮法或简称为 p)$= 10^{-12} \text{F}$

(3)电容器的标示方法

不同型号的电容器的命名方法见表 3.2.6。国际电工委员会推荐的标示方法为:p,n,μ,m 表示法。其具体方法如下:

①数字表示法。

用 2～4 位数字表示电容量有效数字,再用字母表示数值的量级,如:

1p2 表示 1.2 pF;

220n 表示 220 nF = 0.22 μF;

3μ3 表示 3.3 μF;

2m2 表示 2.2 m F = 2 200 μF。

②数码表示法。

数码一般为三位数,前两位为电容量的有效数字,第三位是倍乘数,但第三位倍乘数是 9 时,表示 $\times 10^{-1}$,如:

102 表示 $10 \times 10^2 = 1\ 000$ pF;

223 表示 $22 \times 10^3 = 0.022$ μF;

474 表示 $47 \times 10^4 = 0.47$ μF;

159 表示 $15 \times 10^{-1} = 1.5$ pF。

表 3.2.6　电容器型号命名方法

第一部分:主称		第二部分:材料		第三部分:特征、分类						第四部分:序号
符号	意义	符号	意义	符号	意义					
					瓷介	云母	玻璃	电解	其他	
C	电容器	C	瓷介	1	圆片	非密封	—	箔式	—	对主称、材料相同,仅性能指标、尺寸大小有区别,但基本不影响互换使用的产品时,给同一序号;若性能指标、尺寸大小明显影响互换时,则在序号后面用大写字母作为区别代号
		Y	云母	2	管形	非密封	—	箔式	—	
		I	玻璃釉	3	叠片	密封	—	烧结粉固体	—	
		O	玻璃膜	4	独石	密封	—	烧结粉固体	—	
		Z	纸介	5	穿心	—	—	—	—	
		J	金属化纸	6	支柱	—	—	—	—	
		B	聚苯乙烯	7	—	—	—	无极性	—	
		L	涤纶	8	高压	高压	—	—	—	
		Q	漆膜	9	—	—	—	特殊	—	
		S	聚碳酸酯							
		H	复合介质							
		D	铝							
		A	钽	—						
		N	铌							
		G	合金							
		T	钛							
		E	其他							

③色标法。

电容器色标法原则上与电阻器色标法相同,标志的颜色符号与电阻器采用的相同,其单位是皮法(pF)。电解电容器的工作电压有时也采用颜色标志:6.3 V 用棕色,10 V 用红色,16 V 用灰色,而电容的色点应标在正极。

(4)电容器的主要参数

①电容器的标称容量和偏差。

固定电容器的容量标称值和允许误差见表3.2.7。

表 3.2.7　固定电容器的容量标称值和允许误差

类型	允许误差	容量标称值	
纸介、金属化纸介、低频无极性有机介质电容器	±5%	100 pF ~ 1 μF	1.0,1.5,2.2,3.3,4.7,6.3
	±10%	1 ~ 100 μF	1,2,4,6,8,10,15,20
	±20%	只取表中值	30,50,60,80,100
无极性高频有机薄膜介质、瓷介、云母等无机介质电容器	±5%	1.0,1.1,1.2,1.3,1.5,1.8,2.0,2.2,2.4,2.7,3.0,3.3,3.6,3.9,4.3,4.7,5.1,5.6,6.2,6.8,7.5,8.2,9.1	
	±10%	1.0,1.2,1.5,1.8,2.2,2.7,3.3,3.9,4.7,5.6,6.8,8.2	
	±20%	1.0,1.5,2.2,3.3,4.7,6.8	
铝、钽电解电容	±10% ~ ±20%	1.0,1.5,2.2,3.3,4.7,6.8	
	−20% ~ ±50%		
	−10% ~ ±100%		

②额定直流工作电压。

额定直流工作电压指在线路上能够长期、可靠地工作而不被击穿时所能承受的最大直流电压(又称耐压)。额定直流工作电压的大小与介质的种类和厚度有关。钽、铌、钛、固体铝电解电容器的直流工作电压,系指 +85 ℃ 条件下能长期正常工作的电压。如果电容器用在交流电路里,则应注意所加的交流电压的最大值(峰值)不能超过额定直流工作电压。

(5)电容器的主要种类和特点

电容器也有固定电容和可调电容之分;按电容器的介质材料分有瓷介、纸介、云母、涤纶、独石、铝电解、钽电解等类型。

①纸介电容器。用纸作介质,其温度系数大,稳定性差,损耗大,有较大的固有电感,只适合要求不高的低频电路。

②金属化纸介电容器。结构和性能与纸介电容器相近,但体积和损耗较后者小,内部纸介质击穿后有自愈作用。

③有机薄膜介质电容器。包括极性介质和非极性介质两类。极性介质电容器耐热和耐压性能好,常用的极性介质电容器有涤纶电容器(耐热性能好,但损耗较大,不宜用于高频)和聚碳酸酯电容器(性能优于涤纶电容器);非极性介质电容器损耗小,绝缘电阻高,广泛用于高频

电路和对容量要求精密、稳定的电路中,常用的非极性电容器有聚苯乙烯、聚丙烯、聚四氟乙烯等电容器。

④瓷介电容器。其介质材料为电容器陶瓷。其中高频瓷介电容器损耗小、稳定性好,可在高温下使用。低频瓷介电容器损耗大、稳定性差,但容量易做得大。独石电容器是一种多层结构的陶瓷电容器,具有体积小、容量大(低频独石电容器可达 $0.47\ \mu F$)、耐高温和性能稳定等特点。

⑤云母电容器。以云母作为介质的电容器具有很高的绝缘性能,即使在高频时使用也只有很小的介质损耗,其固有电感很小,工作频率高,工作电压也高。

⑥电解电容器。电解电容器的介质为很薄的氧化膜,故容量可做得很大。由于氧化膜有单向导电性,电解电容器一般有正负极性,使用中要注意把正极接到电路中高电位的一端。电解电容器的损耗大,性能受温度影响较大,漏电流随温度升高急剧增大。

电解电容器的主要品种有铝电解电容器、钽电解电容器和铌电解电容器。铝电解电容器价格便宜,最大容量可达几法拉,但性能较差,寿命短。钽电解电容器和铌电解电容器性能优于铝电解电容器,但价格较贵。

(6)电容器的检测

测量电容器的电容量要用电容表,有的万用表也带有电容挡。在通常情况下,电容用作滤波或隔直,电路中对电容量的精确度要求不高,故无须测量实际电容量。但是,在使用过程中应掌握电容的一般检测方法。

①测试漏电阻(适用于 $0.1\ \mu F$ 以上容量的电容)。

方法:用万用表的电阻挡($R \times 100$ 和 $R \times 1\ k$),将表笔接触电容器的两引线。刚接触时,由于电容充电电流大,表头指针偏转角度最大,随着充电电流减小,指针逐渐向 $R = \infty$ 方向返回,最后稳定处即漏电电阻值。一般电容器的漏电电阻为几百至几千兆欧,漏电电阻相对小的电容质量不好。测量时,若表头指针指到或接近欧姆零点,表明电容器内部短路。若指针不动,始终指在 $R = \infty$ 处,则意味着电容器内部断路或已失效。对于电容量在 $0.1\ \mu F$ 以下的小电容,由于漏电阻接近∞难以分辨,故不能用此法测漏电阻或判定好坏。

②电解电容器的极性检测。

电解电容器的正、负极性不允许接错,当极性接反时,可能因电解液的反向极化,引起电解电容器的爆裂。当极性标记无法辨认时,可根据正向连接时漏电电阻大、反向连接时漏电电阻相对小的特点判断极性。交换表笔前后两次测量漏电电阻,阻值大的一次,黑表笔接触的是正极,因为黑表笔与万用表内电池正极相接(采用数字万用表时,红表笔接电池正极)。但用这种办法有时并不能明显地区分正、反向电阻,所以使用电解电容时,要注意保护极性标记。

3.晶体二极管

(1)半导体分立器件型号命名方法

按照 GB/T 249—2017 标准,半导体分立器件型号命名方法见表 3.2.8。

(2)几种半导体二极管的主要参数

描述晶体二极管的参数有很多,最常见的有最大整流电流(I_F/mA)、正向压降(U_F/V,$I_F = I_{FM}$)、最高反向工作电压(U_{RM}/V)、反向击穿电压(U_{BR}/V)、反向工作峰值电压(U_{RM}/V)、截止频率(f/MHz)、结电容(C_J/pF)等。不同类型的二极管所需要描述的重点参数也不一样。表 3.2.9—表 3.2.11 分别给出了几种常见的半导体二极管的主要参数。

表 3.2.8　半导体分立器件型号命名方法

第一部分		第二部分		第三部分		第四部分	第五部分
用阿拉伯数字表示器件的电极数目		用汉语拼音字母表示器件的材料和极性		用汉语拼音字母表示器件的类别		用阿拉伯数字表示登记顺序号	用汉语拼音字母表示规格号
符号	意义	符号	意义	符号	意义		
2	二极管	A	N 型,锗材料	P	小信号管		
		B	P 型,锗材料	H	混频管		
		C	N 型,硅材料	V	检波管		
		D	P 型,硅材料	W	电压调整管和电压基准管		
		E	化合物或合金材料	C	变容管		
3	三极管	A	PNP 型,锗材料	Z	整流管		
		B	NPN 型,锗材料	L	整流堆		
		C	PNP 型,硅材料	S	隧道管		
		D	NPN 型,硅材料	K	开关管		
		E	化合物或合金材料	N	噪声管		
				F	限幅管		
				X	低频小功率晶体管 $(f_a < 3 \text{ MHz}, P_C < 1 \text{ W})$		
				G	高频小功率晶体管 $(f_a \geq 3 \text{ MHz}, P_C < 1 \text{ W})$		
				D	低频大功率晶体管 $(f_a < 3 \text{ MHz}, P_C \geq 1 \text{ W})$		
				A	高频大功率晶体管 $(f_a \geq 3 \text{ MHz}, P_C \geq 1 \text{ W})$		
				T	闸流管		
				Y	体效应管		
				B	雪崩管		
				J	阶跃恢复管		

表 3.2.9　国内外常用开关二极管

参数	额定正向整流电流 I_F/mA	反向电流 I_R/nA	正向压降 U_F/V	反向击穿电压 U_{RM}/V	结电容 C_J/pF	开关时间 t_n/ns
1S1555	—	500	1.4	35	1.3	—
1N4148	200	≤25	≤1	75	4	4

表 3.2.10　2AP 型检波二极管参数

参数		最大整流电流 I_F/mA	正向压降 U_F/V($I_F = I_{FM}$)	最高反向工作电压 U_{RM}/V	反向击穿电压 U_{BR}/V	截止频率 f/MHz
型号	2AP1	16	≤1.2	20	40	150
	2AP2	16		30	45	150
	2AP3	25		30	45	150
	2AP4	16		50	75	150
	2AP5	16		75	110	150
	2AP6	12		100	150	150
	2AP7	12		100	150	150
	2AP11	25	≤1	10	10	40
	2AP12	40		10	10	40
	2AP13	20		30	30	40
	2AP14	30		30	30	40
	2AP15	30		30	30	40
	2AP16	20		50	50	40
	2AP17	15		100	100	40
	2AP9	8	≤1	10	65	100

注:2AP 型检波二极管的结电容 C_j≤1 pF。

表 3.2.11　国内外常用硅整流二极管

参数		额定正向整流电流 I_F/A	正向不重复峰值电流 I_{FSM}/A	正向压降 U_F/V	反向电流 I_R/μA	反向工作峰值电压 U_{RM}/V
型号	1N4001	1	30	≤1	<5	50
	1N4002					100
	1N4003					200
	1N4004					400
	1N4005					600
	1N4006					800
	1N4007					1 000

续表

参数		额定正向整流电流 I_F/A	正向不重复峰值电流 I_{FSM}/A	正向压降 U_F/V	反向电流 I_R/μA	反向工作峰值电压 U_{RM}/V
型号	1N5400	3	150	≤0.8	<10	50
	1N5401					100
	1N5402					200
	1N5403					300
	1N5404					400
	1N5405					500
	1N5406					600
	1N5407					800
	1N5408					1 000

（3）半导体二极管的极性判别及选用

①半导体二极管的极性判别。

一般情况下，二极管有色点的一端为正极，如 2AP1 ~ 2AP7，2AP11 ~ 2AP17 等。如果是透明玻璃壳二极管，可直接看出极性，即内部连触丝的一头是正极，连半导体片的一头是负极。塑封二极管有圆环标志的是负极，如 IN4000 系列。无标记的二极管，则可用万用表电阻挡来判别正、负极，万用表电阻挡示意图如图 3.2.6 所示。

根据二极管正向电阻小、反向电阻大的特点，将万用表拨到电阻挡（一般用 R×100 或 R×1 k 挡。不要用 R×1 或 R×10 k 挡，因为 R×1 挡使用的电流太大，容易烧坏管子，而 R×10 k 挡使用的电压太高，可能击穿管子）。用表笔分别与二极管的两极相接，测出两个阻值。在所测得阻值较

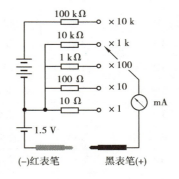

图 3.2.6　万用表欧姆挡示意图

小的一次，与黑表笔相接的一端为二极管的正极。同理，在所测得较大阻值的一次，与黑表笔相接的一端为二极管的负极。如果测得的正、反向电阻均很小，说明管子内部短路；若正、反向电阻均很大，则说明管子内部开路。在这两种情况下，管子就不能使用了。

②半导体二极管的选用。

通常小功率锗二极管的正向电阻值为 300 ~ 500 Ω，硅管为 1 kΩ 或更大些。锗管反向电阻为几十千欧，硅管反向电阻在 500 kΩ 以上（大功率二极管的数值要大得多）。正反向电阻差值越大越好。

点接触二极管的工作频率高，不能承受较高的电压和通过较大的电流，多用于检波、小电流整流或高频开关电路。面接触二极管的工作电流和能承受的功率都较大，但适用的频率较低，多用于整流、稳压、低频开关电路等方面。

选用整流二极管既要考虑正向电压,也要考虑反向饱和电流与最大反向电压。选用检波二极管时,要求工作频率高,正向电阻小,以保证较高的工作效率,特性曲线要好,避免引起过大的失真。

4. 晶体三极管

(1)常用小功率三极管的主要参数

三极管的主要参数包含集电极最大功耗(P_{CM})、特征频率(f_T)、集电极最大电流(I_{CM})、集电极最高电压(U_{CEO})、集电极穿透电流(I_{CBO})、放大倍数(h_{FE})、类型等。常用的小功率三极管的主要参数见表 3.2.12。

表 3.2.12 常用小功率三极管的主要参数

参数 型号	P_{CM} /mW	f_T/MHz	I_{CM}/mA	U_{CEO}/V	I_{CBO}/μA	h_{FE}/min	极性
3DG4A	300	200	30	15	0.1	20	NPN
3DG4B	300	200	30	15	0.1	20	NPN
3DG4C	300	200	30	30	0.1	20	NPN
3DG4D	300	300	30	15	0.1	30	NPN
3DG4E	300	300	30	30	0.1	30	NPN
3DG4F	300	250	30	20	0.1	30	NPN
3DG6	100	250	20	20	0.01	25	NPN
3DG6B	300	200	30	20	0.01	25	NPN
3DG6C	100	250	20	20	0.01	20	NPN
3DG6D	100	300	20	20	0.01	25	NPN
3DG6E	100	250	20	40	0.01	60	NPN
3DG12B	700	200	300	45	1	20	NPN
3DG12C	700	200	300	30	1	30	NPN
3DG12D	700	300	300	30	1	30	NPN
3DG12E	700	300	300	60	1	40	NPN
2SC1815	400	80	150	50	0.1	20 ~ 700	NPN
JE9011	400	150	30	30	0.1	28 ~ 198	NPN
JE9013	500	—	625	20	0.1	64 ~ 202	NPN
JE9014	450	150	100	45	0.05	60 ~ 1 000	NPN
8085	800	—	800	25	0.1	55	NPN
3CG14	100	200	15	35	0.1	40	PNP
3CG14B	100	200	20	15	0.1	30	PNP
3CG14C	100	200	15	25	0.1	25	PNP

续表

型号＼参数	P_{CM}/mW	f_T/MHz	I_{CM}/mA	U_{CEO}/V	I_{CBO}/μA	h_{FE}/min	极性
3CG14D	100	200	15	25	0.1	30	PNP
3CG14E	100	200	20	25	0.1	30	PNP
3CG14F	100	200	20	40	0.1	30	PNP
2SA1015	400	80	150	50	0.1	70 ~ 400	PNP
JE9012	600	—	500	50	0.1	60	PNP
JE9015	450	100	450	45	0.05	60 ~ 600	PNP
3AX31A	100	0.5	100	12	12	40	PNP
3AX31B	100	0.5	100	12	12	40	PNP
3AX31C	100	0.5	100	18	12	40	PNP
3AX31D	100	—	100	12	12	25	PNP
3AX31E	100	0.015	100	24	12	25	PNP

（2）三极管管型和管极的判别

①管型的判别。

一般，管型是 NPN 还是 PNP 应从管壳上标注的型号来辨别。依照部颁标准，三极管型号的第二位（字母），A，C 表示 PNP 管，B，D 表示 NPN 管，例如：

3AX 为 PNP 型低频小功率管，3BX 为 NPN 型低频小功率管；

3CG 为 PNP 型高频小功率管，3DG 为 NPN 型高频小功率管；

3AD 为 PNP 型低频大功率管，3DD 为 NPN 型低频大功率管；

3CA 为 PNP 型高频大功率管，3DA 为 NPN 型高频大功率管。

此外有国际流行的 9011 ~ 9018 系列高频小功率管，除 9012 和 9015 为 PNP 管外，其余均为 NPN 型管。

②管极的判别。

常用中小功率三极管有金属圆壳和塑料封装（半柱型）等外形，图 3.2.7 介绍了三种典型的外形和管极排列方式。

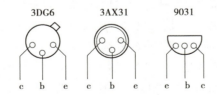

图 3.2.7　常用三极管外形及管极排列方式

三极管内部有两个 PN 结，可用万用表电阻挡分辨 e，b，c 三个极。在型号标注模糊的情况下，也可用此法判别管型。

a. 基极的判别。

判别管极时应首先确认基极。对于 NPN 管,用黑表笔接假定的基极,用红表笔分别接触另外两个极,若测得的电阻都小,为几百欧或几千欧;而将黑、红两表笔对调,测得电阻均较大,在几百千欧以上,此时黑表笔接的就是基极。PNP 管情况正相反,测量时两个 PN 结都正偏的情况下,红表笔接基极。

实际上,小功率管的基极一般排列在三个管脚的中间,可用上述方法,分别将黑、红表笔接基极,既可测定三极管的两个 PN 结是否完好(与二极管 PN 结的测量方法一样),又可确认管型。

b. 集电极和发射极的判别。

确定基极后,假设余下管脚之一为集电极 c,另一为发射极 e,用手指分别捏住 c 极与 b 极(即用手指代替基极电阻 R_b)。同时,将万用表两表笔分别与 c、e 接触,若被测管为 NPN,则用黑表笔接触 c 极、用红表笔接 e 极(PNP 管相反),观察指针偏转角度;然后再设另一管脚为 c 极,重复以上过程,比较两次测量指针的偏转角度,大的一次表明 I_C 大,管子处于放大状态,相应假设的 c、e 极正确。

(3)三极管性能的简易测量

①用万用表电阻挡测 I_{CEO} 和 β。

基极开路,万用表黑表笔接 NPN 管的集电极 c、红表笔接发射极 e(PNP 管相反),此时 c、e 间电阻值大则表明 I_{CEO} 小,电阻值小则表明 I_{CEO} 大。

用手指代替基极电阻 R_b,用上法测 c,e 间电阻,若阻值比基极开路时小得多,则表明 β 值大。

②用万用表 h_{FE} 挡测 β。

有的万用表有 h_{FE} 挡,按表上规定的极型插入三极管即可测得电流放大系数 β,若 β 很小或为零,表明三极管已损坏,可用电阻挡分别测两个 PN 结,确认是否有击穿或断路。

(4)半导体三极管的选用

选用晶体管一要符合设备及电路的要求,二要符合节约的原则。根据用途的不同,一般应考虑以下几个因素:工作频率、集电极电流、耗散功率、电流放大系数、反向击穿电压、稳定性及饱和压降等。这些因素又具有相互制约的关系,在选管时应抓住主要矛盾,兼顾次要因素。

低频管的特征频率 f_T 一般在 2.5 MHz 以下,而高频管的 f_T 都从几十兆赫到几百兆赫其至更高。选管时应使 f_T 为工作频率的 3~10 倍。原则上讲,高频管可以代换低频管,但是高频管的功率一般都比较小,动态范围窄,在代换时应注意功率条件。

一般希望 β 选大一些,但也不是越大越好。β 太高了容易引起自激振荡,何况一般 β 高的管子工作多不稳定,受温度影响大。通常 β 多选 40~100,但低噪声高 β 值的管子(如 1815、9011~9015 等),β 值达数百时温度稳定性仍较好。另外,对整个电路来说还应该从各级的配合来选择 β。例如前级用 β 高的,后级就可以用 β 较低的管子;反之,前级用 β 较低的,后级就可以用 β 较高的管子。

集电极—发射极反向击穿电压 U_{CEO} 应选大于电源电压。穿透电流越小,对温度的稳定性越好。普通硅管的稳定性比锗管好得多,但普通硅管的饱和压降较锗管大,在某些电路中会影响电路的性能,应根据电路具体情况选用,选用晶体管的耗散功率时应根据不同电路的要求留有一定的余量。

对高频放大、中频放大、振荡器等电路用的晶体管,应选用特征频率 f_T 高、极间电容较小的晶体管,以保证在高频情况下仍有较高的功率增益和稳定性。

四、实验内容

①认识各种元件的外形,要求能很快识别出元件。

②取 6～10 个色环电阻,根据色环计算出电阻阻值大小并用万用表测量对比,将测量与确定的数值填入表 3.2.13 中。

表 3.2.13　色环电阻阻值测试结果

序号	1	2	3	4	5	6	7	8	9	10
万用表										
色环										

③辨认电容元件及其特征,电解电容器的管脚辨认。

④选用 5～8 个二极管,测试管脚功能,判别性能优劣,掌握测试方法。

⑤选用 3～5 个三极管,判别管脚、类型和其性能的优劣。

判别晶体管的类型和基极;

判别晶体管的集电极;

判别晶体管的性能优劣。

特别需要注意以下两点:

a. 测量时万用表应位于 R×100 或 R×1 kΩ 挡,切勿放在低欧或高欧挡以防晶体管损坏。

b. 在使用欧姆挡时,万用表的黑表笔为正极性,红表笔为负极性,切勿与万用表上所标的极性符号相混淆。

五、思考题

①结合实验原理、实验内容体会各种元件的功能及特征。

②如何测量在线电子元件的数值和判断元件的好坏?

实验 3　基本共射放大电路的测试

一、实验目的

①熟悉放大器静态工作点的意义和电路参数对静态工作点的影响,掌握静态工作点的调整和测量方法。

②掌握放大器电压放大倍数的测量方法及电路参数对放大倍数和动态范围的影响。

③进一步熟悉常用电子仪器的使用方法。

二、实验设备

实验设备见表 3.3.1。

表 3.3.1 实验设备表

序号	名称	型号与规格	数量	备注
1	模拟电路实验台	—	1	
2	示波器	YB4300 系列	1	
3	低频信号发生器	UTG9002C	1	
4	交流毫伏表	TH1912	2	
5	交流电压表	SH1912	2	
6	直流稳压电源	UTP3704S	1	
7	万用表	UT890D	1	
8	共射放大电路实验板	—	—	自制

三、实验原理

1. 实验电路

如图 3.3.1 所示的电路称为基本共射放大电路,它是本实验的典型电路之一。基本共射放大电路是由硅 NPN 晶体组成阻容耦合单级放大器,其放大特性由电路的参数决定。

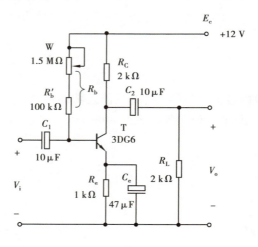

图 3.3.1 基本共射放大电路

稳定的静态工作点是放大电路放大特性稳定的重要保证,但电路参数对放大器静态工作点影响的因素很多。当晶体管确定之后,电源电压的波动、集电极负载电阻 R_C、基极偏置电流 I_B 等因素的变化都会引起静态工作点的改变,而且环境温度的改变也会引起放大电路静态工作点的变化,从而引起放大电路放大特性的改变。为了提高放大电路的稳定性,特别是放大电路静态工作点的稳定性,将如图 3.3.1 所示的基本共射放大电路改进为如图 3.3.2 所示的分压偏置式共射放大电路。

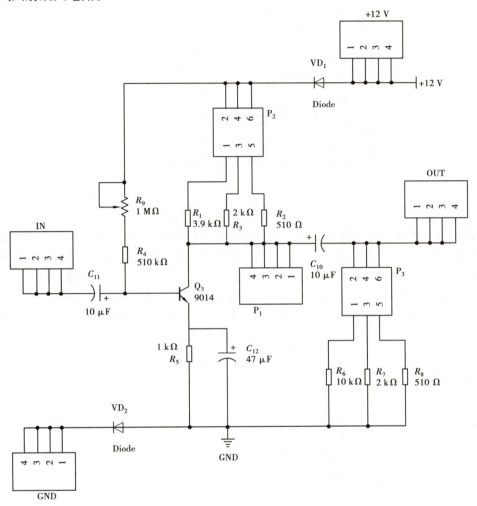

图 3.3.2　分压偏置式共射放大电路

2. 电路静态分析

恰当的静态工作点是保证放大电路有效放大的前提,分析与估算放大电路的静态工作点是非常必要的。以图 3.3.1 所示的基本共射放大电路为例,其静态工作点描述为:

$$V_{BEQ} = 0.7\ V(锗为\ 0.3\ V)$$

$$I_{BQ} = \frac{E_C - V_{BEQ}}{R_B + (1 + \beta) R_E}$$

$$I_{CQ} = \beta I_{BQ}$$

$$V_{CEQ} = E_C - I_{CQ}(R_C + R_E)$$

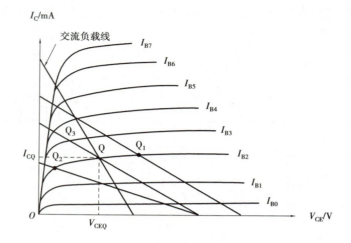

图 3.3.3　电路参数对工作点的影响

但静态工作点 Q 受很多因素的影响:当集电极负载电阻 R_C 增大时,直流负载线的斜率减小,工作点由 Q 点移到 Q_2 点;当电源电压 E_C 增加到 E'_C 时,直流负载线平移,静态工作点移到 Q_1 的位置;当直流偏置电阻 R_B 变化使基极电流 I_B 增加到 I_{B3} 时,工作点将沿直流负载线移到 Q_3 点;当电路环境温度升高时,都会引起 V_{BEQ} 降低而 β、I_{CEO} 增加,从而引起静态工作点 Q 向上移。同时,由于外接负载的影响,使集电极有效负载电阻减小,因而交流负载线斜率比直流负载线的斜率大,使放大器的有效电源电压降低,即

$$E''_C = \frac{E_C R_L + V_{CEQ} R_C}{R_L + R_C}$$

式中　R_L——外接负载电阻;

　　　E_C——电源电压;

　　　R_C——集电极负载电阻。

由此可见,这使放大器的输出动态范围比无外接负载时减小了。因此,要得到较大的放大器输出动态范围,必须合理选择外接负载的大小。

3. 电路动态分析

电路的动态参数包括电压放大倍数 A_u、输入电阻 r_i、输出电阻 r_o、失真度 D 和功耗 P_C 等参数,不同的电路形式,动态参数有所不同。对如图 3.3.1 所示的固定偏置共射基本放大电路而言,其主要的动态参数如下。

(1)电压放大倍数

放大器的电压放大倍数为

$$A_V = \frac{V_o}{V_i}$$

式中　V_o——放大器输出电压有效值;

　　　V_i——放大器输入电压有效值。

根据理论分析,放大器的电压放大倍数可用下式计算:

$$A_V = -\frac{\beta R'_L}{r_{be}}$$

式中 R_L ——放大器集电极有效负载电阻,其值 $R'_L = R_C // R_L$;

  r_{be} ——晶体管基极-发射极之间的等效小信号交流电阻:

$$r_{be} = r'_{bb} + (1 + \beta) \frac{26(\text{mV})}{I_{EQ}(\text{mA})}$$

忽略晶体管基区等效电阻 r'_{bb} 的影响,则放大器的电压放大倍数近似为

$$A_V = - \frac{I_{EQ}(\text{mA})}{26(\text{mV})} R'_L$$

由此可见,R_L,R_C,I_{EQ} 的变化将引起 A_V 产生相应的变化。

(2)输入电阻

电路的等效交流输入电阻为

$$r_i = R_B // r_{be}$$

由于 $R_B \gg r_{be}$,所以输入电阻可简化为

$$r_i \approx r_{be}$$

(3)输出电阻

固定偏置共射基本放大电路的输出电阻为

$$r_o = R_C // r_{ce} \approx R_C$$

(4)失真度

失真度的计算与测量比较复杂,一般情况下只需要定性地分析与比较。对于基本共射放大器而言,引起的失真主要有非线性失真和频率失真两种,其中非线性失真主要是放大电路的静态工作点的选择不当引起的饱和失真和截止失真两种,而频率失真主要是放大电路对不同频率信号的放大能力不同而引起的,主要包含幅-频失真和相-频失真两种。

四、实验内容

①检查电路。

按照实验电路检查实验板,若电路无误,方可接通电源。为保证工作在放大区的晶体管发射结为正向偏置,集电结为反向偏置,电源电压极性的正确连接是至关重要的。

②研究 R_b 对静态工作点和放大倍数的影响。

a. 取 $R_C = 2 \text{ k}\Omega$,不外接负载 R_L,调节 W 使 $I_{CQ} = 2 \text{ mA}$,用万用表直流电压挡分别测量晶体管各极对地的电压;然后,在放大器输入端输入频率为 $f = 1 \text{ kHz}$,有效值为 $1 \sim 10 \text{ mV}$ 的正弦波信号 V_i,用示波器观察放大器输出信号 V_o 的波形,适当调节 V_i 的大小使 V_o 不产生失真;用晶体管电压表分别测量 V_i 和 V_o 的数值,计算电压放大倍数 A_V;再用示波器测量放大器的输出动态范围 V_{OP-P},描绘输入和输出信号波形。将以上测量结果填入表 3.3.2 中。

表 3.3.2 基本放大电路的参数测试

被测参数	V_{CQ}/V	V_{EQ}/V	V_{CEQ}/V	V_{BQ}/V	I_{CQ}/mA	V_i/V	V_o/V	A_V	V_{OP-P}/V
测量结果									

b. 保持输入信号 V_i 不变,调节 W 使工作电流 I_{CQ} 为最大和最小时,用示波器观察输入信号 V_o 波形,若产生了失真,分别说明失真的类型,并描绘出波形。适当调节输入信号 V_i 的大

小,使 V_o 不产生失真,分别重复 a 的测量,并将测量结果填入表 3.3.3 中。

表 3.3.3　基极偏置对放大电路的影响对比测试

被测参数		V_{CQ}/V	V_{EQ}/V	V_{CEQ}/V	V_{BQ}/V	I_{CQ}/mA	V_i/V	V_o/V	A_V	V_{OP-P}/V
测量结果	I_{CQ}最大									
	I_{CQ}最小									

③研究负载电阻 R_C,R_L 对放大倍数 A_V 和输出动态范围 V_{OP-P} 的影响。

a. 保持工作电流 $I_{CQ}=2$ mA 不变,不接外接负载电阻 R_L,分别取 R_C 等于 3.9 kΩ,510 Ω 重复上述②中"b"的观察和测量,将测量结果填入表 3.3.3 中。

b. $I_{CQ}=2$ mA,取 $R_C=2$ kΩ,分别取 $R_C=2$ kΩ, 10 kΩ,510 Ω,再重复上述②中"a"的观察和测量,将测量结果填入表 3.3.4 中。

表 3.3.4　负载对放大电路的影响对比测试

被测参数		V_{CQ}/V	V_{EQ}/V	V_{CEQ}/V	V_{BQ}/V	I_{CQ}/mA	V_i/V	V_o/V	A_V	V_{OP-P}/V
不接负载 R_L	$R_C=3.9$ kΩ									
	$R_C=510$ Ω									
$R_C=2$ kΩ	$R_L=2$ kΩ									
	$R_L=10$ kΩ									
	$R_L=510$ Ω									

④观察测量放大器的最大动态范围。

取 $R_C=2$ kΩ,分别观察和测量不接外接负载 R_L 和 $R_L=2$ kΩ 时放大器输出最大动态范围的变化。

⑤用示波器观察测量放大器输入信号和输出信号之间的相位关系。

取 $I_{CQ}=2$ mA,$R_C=2$ kΩ,用单踪示波器或双踪示波器观察输入信号和输出信号是否反相,描绘出所观察的波形,观察方法见示波器使用说明。

五、思考题

①实验电路图 3.3.1 或图 3.3.2 中,若使用 PNP 型晶体管,试分析电路参数变化所引起的波形失真与实验结果有何异同,用波形比较说明。

②分析图 3.3.4 中各测量电路连接方式哪些是正确的? 哪些是错误的? 为什么?

③有位同学在测量放大器的电压放大倍数时采用如下的测量步骤:先用晶体管电压表测量出信号源输出电压的数值 V_S,然后将信号源接到被测放大器的输入端,再测量输出电压 V_o,算出放大倍数 $A_V=V_o/V_i$。这种测量方法正确吗? 为什么?

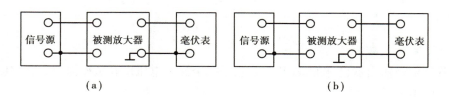

图 3.3.4　两种测量连接电路

实验 4　射 极 输 出 器 的 研 究

一、实验目的

①研究射极跟随器和源极跟随器的性能。
②了解提高跟随器输入电阻的原理和措施。
③熟悉射极输出器的组成,掌握射极输出器的安装、调试、测试方法。
④进一步熟悉信号发生器、示波器、毫伏表、直流稳压电源、万用表的正确使用方法。
⑤进一步掌握放大器性能指标的测量方法。

二、实验设备

实验设备见表 3.4.1。

表 3.4.1　实验设备表

序号	名称	型号与规格	数量	备注
1	模拟电路实验台	—	1	
2	示波器	YB4300 系列	1	
3	低频信号发生器	UTG9002C	1	
4	交流毫伏表	TH1912	2	
5	交流电压表	SH1912	2	
6	直流稳压电源	UTP3704S	1	
7	万用表	UT890D	1	
8	射极输出器实验板	—	—	自制

三、实验原理

1. 晶体管射极跟随器的主要性能

晶体管的射极输出器也称射极跟随器,它是一个深度电压串联负反馈放大器,其基本电路如图 3.4.1 所示。

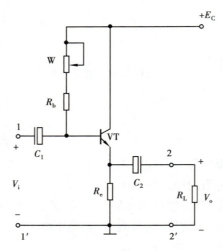

图 3.4.1　晶体管射极跟随器电路

晶体管射极跟随器具有以下重要的性能。

（1）输入电阻高

所谓输入电阻,是当输出端接有一定负载时,输入端电压 $\dot{V}$ 和电流 $\dot{I}$ 之比,即

$$r_i = \frac{\dot{V}_i}{\dot{I}_i} = R_b // [\, r_{be} + (1+\beta)R_L' \,]$$

式中 $R_L' = R_e // R_L$。一般电路中通常 $\beta \gg 1$ 及 $R_L' \gg r_{be}$,故上式可以简化为

$$r_i = R_b // \beta R_L'$$

电路中 R_b 较大。由此可见,与共射基本放大器比较,射极跟随器有较大的输入电阻,这是它的特点之一。

（2）输出电阻低

射极跟随器（以下简称跟随器）的输出电阻,就是从其输出端 2-2′ 往跟随器看进去的等效电阻,经理论计算可得

$$r_o = R_e // \frac{R_S' + r_{be}}{1+\beta}$$

当 $R_S' = R_S // R_b \approx R_S$ 及 $\dfrac{R_S' + r_{be}}{1+\beta} \ll R_e$ 时有

$$r_o \approx \frac{R_S' + r_{be}}{1+\beta} \approx \frac{r_{be} + R_S}{\beta}$$

由上式看出,r_o 与信号源内阻 R_S 有密切关系。当 R_S 较小,且 β 较大时,r_o 的数值可以小

到数欧姆。由此可见,负载变动对电压放大倍数的影响很小,即增强了跟随器的负载能力,这是跟随器的另一个特点。

（3）电压放大倍数$\dot{A}_V$

根据$\dot{A}_V$的定义,由图3.4.1计算则有:

$$\dot{A}_V = \frac{\dot{A}_o}{\dot{V}_i} = \frac{(1+\beta)R'_L}{r_{be}+(1+\beta)R'_L} \approx \frac{\beta R'_L}{r_{be}+\beta R'_L}$$

式中 $R'_L = R_e // R_L$,一般$\beta R'_L \gg r_{be}$,故跟随器的电压放大倍数接近1而略小于1,且为正值。这表明跟随器输出电压 V_i 的幅度和相位,能够跟随着输入电压$\dot{V}_I$而变化,因此具有良好的跟随特性,这是跟随器的第三个特点。

射随器虽然没有电压放大能力,但输出回路的电流$\dot{I}_e$比输入回路的电流$\dot{I}_b$大$(1+\beta)$倍,射随器有较大的电流放大能力,因此也有较大的功率放大能力。

综上所述,跟随器具有输入电阻高、输出电阻低、输出电压跟随输入电压的变化而变化的特性,因而具有阻抗变换作用。跟随器在实际中被广泛用于多级放大器或电子仪器的输入级、输出级及中间隔离级。

（4）射级跟随器的跟随范围（或动态范围）

射随器作为输出级,需要确定在给定电路参数的情况下,它的跟随范围有多大,以及影响跟随范围的因素。由于$I_c \approx I_E$,用图解法分析射随器,可得射随器跟随范围 V_{op-p},如图3.4.2所示。

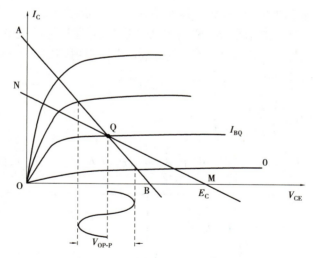

图 3.4.2　射随器的跟随范围

图中 MN 为支流负载线,Q 为静态工作点,AB 为交流负载线。由图看出,为了尽可能使跟随范围大些,应当把静态工作点安排在交流负载线的中点,并应选用较大的负载电阻 R_L。

2. 提高射级跟随器输入电阻的措施

射随器的输入电阻受负载电阻和晶体管偏置电路的影响很大。当 R_L 较小时,它使射随器

的 r_i 降低。同样，偏置电阻 R_b 也使 r_i 降低。要进一步提高射随器的 r_i，采取的措施有两个：一是用射随器级联，以减小 R_L 对 r_i 的影响，二是采用自举电路，以减小 R_L 对 r_i 的影响。

（1）两级射极跟随器

在图 3.4.3 中，组成两级射随器，经计算，其输入电阻为

$$r_i = R_{b1} // (1 + \beta_1) [R_{e1} // (1 + \beta_2) R'_L]$$

式中 $R'_L = R_{e2} // R_L$。可见第二级射随器的阻抗变换作用，R_L 对 r_i 的影响减小了。

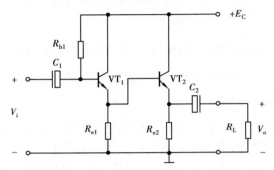

图 3.4.3　两级射极跟随器电路

（2）具有自举电路的射随器

图 3.4.4 为具有自举电路的射随器，图中晶体管偏置电阻 R_{b1}，R_{b2} 不直接接到基极，而是通过电阻 R_{b3} 接到基极。同时，在 A 点输出端 B 点之间接有电容 C_2，称为自举电容。由于 C_2 容量很大，对交流信号可视为短路，使 B 点和 A 点具有相同的交流电位。因为射随器的 $\dot{A}_V \approx$ 1，当 $\dot{V}_i$ 输入使 R_{b3} 上端基极电位变化时，其下端 A 点电位也跟着变化，如同自动"抬举"一般，因此有自举电路之称。自举的结果，R_{b3} 两端的电位差很小，通过它的交流电流极小，相当于晶体管偏置电路对交流信号呈现极大的电阻，使得偏置电路对射随器输入电阻的影响减小了。

由图 3.4.4 电路可计算出自举射随器的输入电阻：

$$r_i = \frac{\dot{V}_i}{\dot{I}_i} = \left(\frac{R_{b3}}{1 - \dot{A}_V} \right) // [r_{be} + (1 + \beta)(R'_L // R'_b)]$$

式中 $R'_L = R_e // R_L$，$R'_b = R_{b1} // R_{b2}$。由于 $\dot{A}_V \approx 1$，所以 $R_{b3}/(1 - \dot{A}_V)$，因而偏置电路对输入电路的影响大大减小。

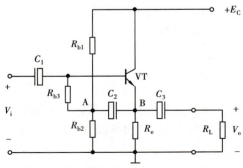

图 3.4.4　具有自举电路的射随器

若在图 3.4.4 电路中,不接入大电容 C_2,则自举作用消失,因而 R_{b1},R_{b2} 和 R_{b3} 作为偏置电阻构成无自举射级跟随电路。此时,输入电阻为

$$r_i' = \left[R_{D3} + (R_{b1} /\!/ R_{b2}) \right] /\!/ \left[r_{be} + (1+\beta) R_L' \right]$$

比较上两式求得的 r_i 和 r_i',可见采用自举电路能是射随器输入电阻有较大提高。如果我们完全忽略偏置电阻和负载电阻的影响,则图 3.4.4 晶体管跟随器的输入电阻最大不超过 $r_{be} + (1+\beta) R_e$,此值在有些实际应用中仍然达不到要求。要更明显地提高跟随器输入电阻,就得采用由场效应管构成的源极跟随器。

3. 场效应管源极跟随器的性能

图 3.4.5 为场效应管源极跟随器的电路,它具有以下主要性能。

（1）电压放大倍数

由源极跟随器交流等效电路,可计算其电压放大倍数 $\dot{A}_V$ 为

$$\dot{A}_V = \frac{\dot{V}_o}{\dot{V}_i} = \frac{g_m R_L'}{1 + g_m R_L'}$$

式中 $R_L' = R_{se} /\!/ R_L$。由上式可见,源极跟随器的 $\dot{A}_V$ 小于 1,且为正值。当 $g_m R_L' \gg 1$ 时,$\dot{A}_V$ 接近于 1,说明电路输出电压和输入电压之间具有跟随特性。

（2）输入电阻

由于场效应管栅源间的电阻很大,可视为开路。由图 3.4.5 可算出输入电阻:

$$r_i = R_g + (R_1 /\!/ R_2)$$

实际应用的源极跟随器中,R_g 往往取得很大,故源极跟随器的输入电阻可以设计得很高,一般可达数兆欧姆。

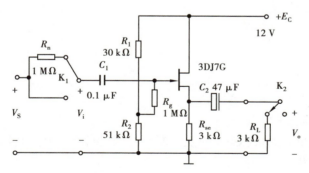

图 3.4.5　场效应管源极跟随器

（3）输出电阻

由计算源跟随器输出电阻 r_0 的等效电路可得

$$r_0 = \frac{1 + R_{se}}{1 + g_m R_{se}}$$

由于 g_m 一般在十分之几到几毫安每伏范围内,故源极跟随器的输出电阻较低。

由以上分析可知,场效应管源极跟随器和晶体管射极跟随器都具有输入电阻高、输出电阻低、电压放大倍数接近于 1 的特点。源极跟随器的 r_i 可达数兆欧以上,故在要求高输入电阻的电子仪器中,常采用源极跟随器作输入级。然而,源极跟随器的 $\dot{A}_V$ 和 r_0 都与管子跨导有关,

由于场效应管的功率比普通半导体三极管小得多,导致跟随效果和负载能力都很差,使其应用受到一定限制,为了进一步提高源极跟随器的输入电阻,在实际应用电路中,可以引入自举电路。为了改善源极跟随器的跟随效果和提高负载能力,可以采用场效应-晶体管混合跟随器电路。

4. 实验电路

图3.4.6为射极跟随器实验电路。图中 K_1, K_2, K_3, K_4 是为了组成三种不同类型的实验电路进行各种性能测试而设置的,R_n 为测量输入电阻时的外接电阻。图中 K_1, K_2 及 R_n 与图3.4.5中作用相同。

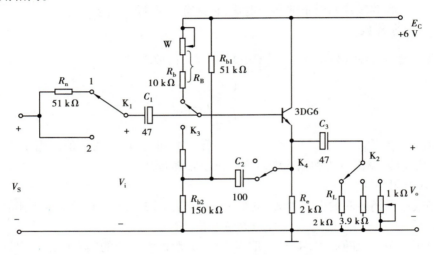

图3.4.6　射极跟随器实验电路

四、实验内容

1. 射极跟随器性能测试

（1）连接电路

将实验电路按图3.4.1所示连接。

（2）调整和测量静态工作点

调节 W 使 $I_C = 2$ mA,测量静态工作点。断开电源正确测量 R_B 值,以备理论计算时使用。将上述测量结果记入表3.4.2中。

表3.4.2　静态工作点测试结果

参数指标	E_C	I_{CQ}	V_{EQ}	V_{CEQ}	V_{BEQ}	R_B
测试结果						

（3）测量电压放大倍数 $\dot{A}_V$

观察并描绘输入电压和输出电压之间的相位关系,测量出电路的电压放大倍数。测量时,输入有效值为 300 mV 频率为 1 kHz 的正弦波信号,测量方法参见本章实验3中的相关内容。

（4）测量输入电阻

测量时输入信号同上，测量方法参见本章实验 3 中的相关内容，并将测量结果记入表 3.4.3 中。

（5）测量输出电阻

测量时输入信号与测量方法同前，并将测量结果记入表 3.4.3 中。

（6）测量跟随器的跟随范围（或动态范围）

测量方法参见本章实验 3 中的相关内容。

（7）测量跟随器的负载能力

跟随器的负载能力，是指负载变化对输出电压的影响。测量时，首先测量跟随器输出端负载较轻（如 $R_L = 3.9$ kΩ）时，输出电压 V_{OL}，并求出此时的 A_V；然后，用一电位器（例如 $R_L = 1$ kΩ）代替负载，保持输入信号不变，用示波器观察输出电压 V_{OL} 的波形，由小到大调节电位器的阻值，直到波形刚出现失真而又未失真为止，再测量此时输出电压 V_{OL} 的数值和负载电阻 R_L 的大小，便可求出跟随器最大不失真负载电流 $I_0 = \dfrac{V_{OL}}{R_L}$ 和此时的 A_V。

2. 验证自举电路对提高跟随器输入电阻的作用

①将图 3.4.6 接成如图 3.4.4 所示的带有自举电路的跟随器。重复 1-（4）的测量步骤，将测量结果填入表 3.4.3 中。

②取消上面所用测量电路中的 C_2 可得无自举射随器，再重复 1-（4）的测量步骤，将测量结果填入表 3.4.3 中。

表 3.4.3　动态参数测试结果

测量参数		V_i	V_s	R_n	r_i	V_o	V_{oL}	R_L	R_0
电路形式	射极跟随器								
	自举跟随器								
	无自举跟随器								
	源极跟随器								

3. 源极跟随器的测量

内容和方法可仿照上面进行，但测量输入电阻时应注意它的特殊性。

五、思考题

①晶体管的 β 和静态工作点，如何影响射随器的 $r_i, r_0, \dot{A}_V$？

②射随器的输入电阻与 R_e 和 R_L 有关，能否靠加大 R_e（或 R_L）来提高输入电阻，为什么？

③如何提高射随器的跟随范围？

④鉴于源极射随器 r_i 较大，试说明用哪种方法测量时误差最小、精度最高？

实验 5 负反馈放大器的安装与调试

一、实验目的

①观察负反馈对放大电路性能的影响。
②熟练运用放大电路增益、输入电阻、输出电阻、幅频特性的测量方法。
③加深对负反馈放大电路的原理和分析方法的理解。

二、实验设备

实验设备见表 3.5.1。

表 3.5.1 实验设备表

序号	名称	型号与规格	数量	备注
1	模拟电路实验台	—	1	
2	示波器	YB4300 系列	1	
3	低频信号发生器	UTG9002C	1	
4	交流毫伏表	TH1912	2	
5	交流电压表	SH1912	2	
6	直流稳压电源	UTP3704S	1	
7	万用表	UT890D	1	
8	负反馈放大器实验板	—	—	自制

三、实验原理

电路原理图如图 3.5.1 所示。反馈网络由 R_f，C_f，R_{ef} 构成，在放大电路中引入了电压串联负反馈，反馈信号是 U_f。在本实验中将测量反馈放大电路的性能参数，观察负反馈对放大电路性能的影响，验证有关的电路理论。

图 3.5.1 中，反馈系数为：

$$F_{uu} = \frac{U_f}{U_o} \approx \frac{R_{ef}}{R_{ef} + R_f}$$

反馈放大电路的电压放大倍数 A_{uuf}、输入电阻 R_{if}、输出电阻 R_{of}、下限频率 f_{Lf}、上限频率 f_{Hf} 与基本放大电路的有关参数的关系分别如下：

$$A_{uuf} = \frac{A_{uu}}{1 + F_{uu}A_{uu}}$$

$$R_{if} = (1 + F_{uu}A_{uu})R_i$$

$$R_{of} = R_o / (1 + F_{uu}A_{uu})$$

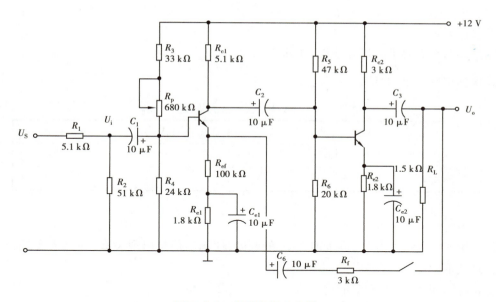

图 3.5.1　负反馈放大电路

$$f_{Lf} = f_L / (1 + F_{uu}A_{uu})$$
$$f_{Hf} = (1 + F_{uu}A_{uu})f_H$$

反馈深度为: $1 + F_{uu}A_{uu}$

对负反馈来说, $(1 + F_{uu}A_{uu}) > 1$

　　其中, $A_{uu}, R_i, R_o, f_L, f_H$ 分别为基本放大电路图 3.5.1 的电压放大倍数、输入电阻、输出电阻、下限频率和上限频率。可见,电压串联负反馈使得放大电路的电压放大倍数的绝对值减小,输入电阻增大,输出电阻减小;负反馈还对放大电路的频率特性产生影响,使得电路的下限频率降低、上限频率升高,起到扩大通频带、改善频响特性的作用。

　　此外,电压串联负反馈还能提高放大电路的电压放大倍数的稳定性、减小非线性失真。这些都可以通过实验来验证。

　　基本放大电路的电压放大倍数的相对变化量与负反馈放大电路的电压放大倍数的相对变化量的关系可以用下式来表示:

$$\frac{dA_{uuf}}{A_{uuf}} = \frac{1}{1 + F_{uu}A_{uu}} \cdot \frac{dA_{uu}}{A_{uu}}$$

四、实验内容

1. 负反馈放大器开环和闭环放大倍数的测试

（1）开环电路

①按图 3.5.1 接线, R_f 先不接入。

②输入端接入 $V_i = 1$ mV, $f = 1$ kHz 的正弦波(注意输入 1 mV 信号采用输入端衰减法)。调整接线和参数使输出不失真且无振荡。

③按表 3.5.2 要求进行测量并填表。

④根据实测值计算开环放大倍数。

（2）闭环电路

①接通 R_f。

②按表 3.5.2 要求测量并填表，计算 A_{vf}。

③根据实测结果，验证 $A_{vf} \approx \dfrac{1}{F}$。

表 3.5.2　负反馈放大器放大倍数的测试表

	$R_L/k\Omega$	V_i/mV	V_o/mV	$A_V(A_{vf})$
开环 A_{uu}	1.5			
闭环 A_{uuf}	1.5			

2. 负反馈对失真的改善作用

①将图 3.5.1 电路开环，逐步加大 U_i 的幅度，使输出信号出现失真（注意不要过分失真）记录失真波形幅度。

②将电路闭环，观察输出情况。

③画出上述各步实验的波形图（要求各波形周期相对应，并标出各波形的幅值。

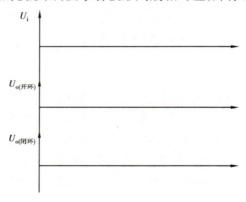

图 3.5.2　负反馈对失真的改善作用图

3. 测放大电路频率特性

①将图 3.5.1 电路先开环，选择输入端接入 $U_i = 1$ mV，$f = 1$ kHz 的正弦波，使输出信号在示波器上有满幅正弦波显示。

②保持输入信号幅度不变逐步增加频率，直到波形减小为原来的 70%，此时信号频率即为放大电路 f_H。

③条件同上，但逐渐减小频率，测得 f_L。

④将电路闭环，重复①—③步骤，并将结果填入表 3.5.3。

表 3.5.3　放大电路频率特性测试表

	f_H/Hz	f_L/Hz
开环		
闭环		

实验 6　差 动 放 大 器

一、实验目的

①了解差动放大器的电路特点、工作原理。
②掌握差动放大器直流工作状态调整测试方法。
③掌握差动放大器主要特性参数的测试和计算方法。
④了解减小零点漂移提高共模抑制比的原理和方法。

二、实验设备

实验设备见表 3.6.1。

表 3.6.1　实验设备表

序号	名称	型号与规格	数量	备注
1	模拟电路实验台	—	1	
2	示波器	YB4300 系列	1	
3	低频信号发生器	UTG9002C	1	
4	交流毫伏表	TH1912	2	
5	交流电压表	SH1912	2	
6	直流稳压电源	UTP3704S	1	
7	万用表	UT890D	1	
8	差动放大器电路	—	—	自制

三、实验原理

差动放大器可用来放大交流信号,但主要是为了放大直流信号和变化非常缓慢的非周期信号,它具有以下特点。

1.电路对称抑制零点漂移

当环境温度或电源电压等工作条件发生变化时,直耦放大器的静态工作点要随之变化,而且逐级放大。即便输入信号为零时,输出电压也会出现缓慢而不规则的变化,这种现象称为直耦放大器的"零点漂移"。

为了克服直耦放大器的零点漂移,除了尽可能保持晶体管静态工作点稳定或采用温度补偿外,目前所采取的主要方法是采用差动放大器,利用电路对称的特点将漂移电压互相抵消。图 3.6.1 是典型差动放大器电路。电路对称即两个晶体管型号相同、特性相同、各对应的电阻阻值相等。R_e 为两管公用的发射极电阻,1,2 点为输入端,两管集电极 3,4 点为输出端。

静态时 $\Delta V_i = 0$,两管静态电流相等($I_{CQ1} = I_{CQ2}$),它们在 R_c 上产生的电压降也相等,因而

输出电压 $\Delta V_o = I_{CQ1} R_C - I_{CQ2} R_C = 0$。

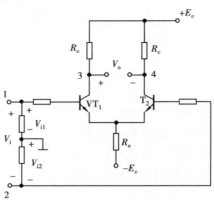

图 3.6.1　典型差动放大器电路

2. 对差模信号有放大作用

如图 3.6.1 所示,T_1,T_2 的输入信号大小相等、极性相反,即 $V_{i1} = -V_{i2}$,称为"差模输入信号"。差模输入时,T_1 和 T_2 的输出电压 $\Delta V_o = V_{C1} - V_{C2}$,即为两管集电极电压之差。由于两管集电极电流变化量相反,即 $\Delta I_{C1} = -\Delta I_{C2}$,$R_e$ 上电压降并不改变,即 $\Delta V_e = 0$,R_e 不起负反馈作用,对差模信号而言,R_e 相当于短路。因此,差动放大器的差模放大倍数为:

$$A_{dv} = \frac{\Delta V_o}{\Delta V_i} = \frac{V_{C1} - V_{C2}}{V_{i1} - V_{i2}} = -\frac{\beta R_C}{R_b + r_{be}}$$

式中　　V_{C1},V_{C2}——两管集电极对地的电压;

　　　　V_{i1},V_{i2}——两输入端对地的电压(以下各式相同);

　　　　r_{be}——晶体管输入电阻。

3. 共模信号有抑制作用

当两输入端对地的信号大小相等,而极性相同时,$V_{i1} = V_{i2}$ 称为"共模信号",这种输入方式称为"共模输入"。

如图 3.6.2 所示的路理想对称时,$V_{C1} = V_{C2}$,则 $\Delta V_o = V_{C1} - V_{C2} = 0$,即共模放大倍数等于零:

$$A_{cv} = \frac{\Delta V_o}{\Delta V_i} = \frac{V_{C1} - V_{C2}}{\Delta V_i} = 0$$

事实是,电路不可能完全对称,因此,共模输入时放大器的 $\Delta V_o \neq 0$,因而 $A_{CV} \neq 0$,只不过共模放大倍数很小而已。

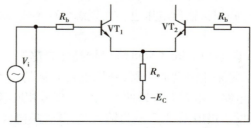

图 3.6.2　差动放大器对共模信号的抑制作用测试电路

共模输入时,两管电流同时增大或减小,R_e 上的电压降也随之增大或减小,R_e 起着负反馈作用。由此可见,R_e 对共模信号起抑制作用;R_e 越大,抑制作用越强。晶体管因温度、电源电压等变化所引起的工作点的变化,在差动放大器中相当与共模信号,因此,差动放大器大大抑制了温度、电源电压等变化对工作点的影响。

4. 共模抑制比(CMRR)

对于差动放大器,希望有较大的差模放大倍数和尽可能小的共模放大倍数。为了全面衡量差动放大器的质量,引入了共模抑制比(CMRR)

$$CMRR = 20 \lg \frac{A_{dv}}{A_{cv}}(dB)$$

对于理想的双端输出差动放大器(图 3.6.1),$A_{cv} = 0$,$CMRR = \infty$。CMRR 越大,表示电路对称性能好,对信号放大能力越强,抑制零点漂移能力越强。

5. 提高共模抑制比的措施

图 3.6.1 中对共模信号起负反馈作用,R_e 越大,负反馈越深,对零点漂移的抑制作用越强。但 R_e 太大,其上的直流电压降也增大,也影响晶体管的正常工作。在实用中,常用一个晶体管恒流源取代 R_e。因为工作与线形放大区的晶体管 I_C 的基本上不随 V_{ce} 变化(恒流特性),所以交流电阻 $\left(\dfrac{\Delta V_{ce}}{\Delta I_C}\right)$ 很大,从而解决了 R_e 不能取得很大的矛盾,大大提高了共模抑制比。

6. 差动放大器的其他形式

上面介绍的差动放大器电路,其输入信号分别加至两管基极,输出信号从两管集电极引出,这叫作"双端输入-双端输出"接法,其特点是输入、输出端均不接地。实用中,输入、输出信号常常需要一端接地,这就是单端输入或单端输出方式。

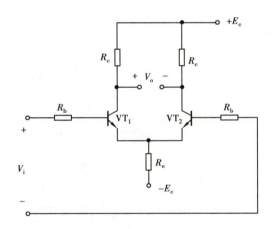

图 3.6.3　单端输入-双端输出差动放大器

①单端输入-双端输出差动放大器。电路如图 3.6.3 所示。这种形式与双端输入情况近似相同,通过 R_e 的耦合作用,ΔV_i 仍以差模输入的形式加到两管基极,因此 A_{dv},A_{cv},CMRR 的计算公式与前相同。

②单端输入-单端输出差动放大器。在图 3.6.3 中,若输出信号是某一管集电极对地的电压(V_{C1} 或 V_{C2}),则是单端输入-单端输出差动放大器。这种接法与前相比,由于输出信号减小

一半,所以差模放大倍数为

$$A_{dv1} = \frac{1}{2}A_{dv} = \left| \frac{1}{2} \cdot \frac{\beta R_C}{R_b + r_{be}} \right|$$

这时的共模放大倍数为

$$A_{cv1} = \frac{\beta R_C}{R_b + r_{be} + 2(1+\beta)R_e}$$

这时的共模抑制比为

$$CMRR = 20 \lg \frac{A_{dv}}{A_{cv}} \approx 20 \lg \frac{\beta R_e}{R_b + r_{be}} (dB)$$

实验电路介绍两种,如图 3.6.4 和 3.6.5 所示。图中 VT$_1$,VT$_2$ 可用一个双三极管 BT51,或用两个特性相近的管子,其他电路参数如图所示。

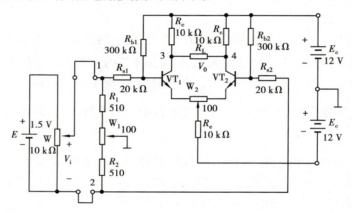

图 3.6.4　单端输入-双端输出实验差动放大器(Ⅰ)

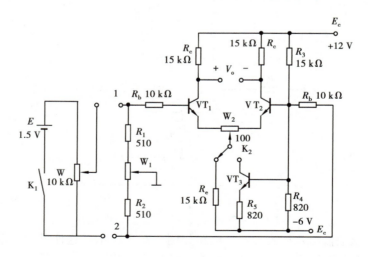

图 3.6.5　单端输入-双端输出实验差动放大器(Ⅱ)

四、实验内容

1. 调整及测量静态工作点

差动放大器的调零分两种情况：一种是输入短路调零，另一种是输入开路调零。调节的步骤是接通 E_C 和 E_e 后，先将两输入端对地短路，在图 3.6.4 和图 3.6.5 中调 W_2 使 $\Delta V_o = 0$（用万用表直流电压挡测量）；然后将两输入端开路，调 W_1 使 $\Delta V_o = 0$。对上述调节反复几次即达到调零的目的。

差动放大器静态工作点的测量方法与其他放大器相同，但是必须注意，由于差动放大器一般电流都很小，为了减小测量仪器对直流工作状态的影响，要求使用输入电阻高的电压表，以获得较准确的测量。测后将测量结果填入表 3.6.2 中。

表 3.6.2　差动放大器静态工作点的测试结果

被测参数	V_{C1}	V_{C2}	V_{E1}	V_{E2}	V_{B1}	V_{B2}	I_{C1}	I_{C2}	I_E	V_E
接 R_e										
接恒流源										

2. 测量差模电压放大倍数

将电路接成图 3.6.1 差模输入形式，调输入电位器使 $V_i = 0.1$ V，用万用表分别测出在"R"和"恒流源"下的 V_{C1} 和 V_{C2}，算出其他值，填入表 3.6.3 和表 3.6.4 中。

表 3.6.3　双端输入下差模输出信号的测试结果

连接方式	双入-双出				双入-单出			
被测参数	V_{C1}	V_{C2}	ΔV_o	A_{dv}	V_{C1}	V_{C2}	ΔV_o	A_{dv}
接 R_e								
恒流源								

表 3.6.4　单端输入下差模输出信号的测试结果

连接方式	单入-双出				单入-单出			
被测参数	V_{C1}	V_{C2}	ΔV_o	A_{dv}	V_{C1}	V_{C2}	ΔV_o	A_{dv}
接 R_e								
恒流源								

3. 测量共模电压放大倍数

将电路接成图 3.6.2 共模输入形式，使 $V_i = 1$ V，用万用表分别测出"R_e"和"恒流源"两种情况下的 V_{C1}，V_{C2}，算出其他参数，填入表 3.6.5 中。

表 3.6.5　共模输出信号与放大倍数的测试结果

输出方式	双端输出					单端输入		
被测参数	V_{C1}	V_{C2}	ΔV_{oC}	A_{cv}	CMRR	ΔV_{oC1}	A_{cv1}	$CMRR_1$
接 R_e								
恒流源								

4.* 测量频率特性

将电路接成单端输入-单端输出形式,只测接"R_e"的情况。输入电压 V_i 用低频信号发生器代替,使 $V_i = 10$ mV 不变,在不同频率下用晶体管毫伏表测出 V_{C1},算出 A_{dv},填入表 3.6.6 中,作出频率响应曲线 $A_{dv} \sim f$。

表 3.6.6　放大器频率特性的测试结果

被测参数	10	20	50	100	200	300	500	1 000	2 000	5 000	...
V_{C1}											
A_{dv1}											

5.* 研究差动放大器滞后校正对频率特性的影响

在差动放大器两集电极之间接一只 510 pF 的电容器,重复"4"的步骤。测的结果与"4"步骤的结果比较分析。

五、思考题

①差动放大器为什么要调零？调零电位器(图 3.6.4 中的 R_{W2})的大小对放大器性能有何影响？

②为什么采用"恒流源"比采用"R_e"更能改善差动放大器的性能？试用实验结果说明。

③为什么差动放大器单端输入和双端输入两种方式的测量结果近似相等？

实验 7　集成运放性能的测试

一、实验目的

①熟悉运算放大器参数。

②掌握运算放大器各主要参数的测试方法。

二、实验设备

实验设备见表 3.7.1。

表 3.7.1　实验设备表

序号	名称	型号与规格	数量	备注
1	模拟电路实验台	—	1	
2	示波器	YB4300 系列	1	
3	低频信号发生器	UTG9002C	1	
4	交流毫伏表	TH1912	2	
5	交流电压表	SH1912	2	
6	直流稳压电源	UTP3704S	1	
7	万用表	UT890D	1	
8	集成运算放大器	LM358	1	

三、实验原理

1. 集成运算放大器的主要参数

（1）输入失调电压 V_{OS}

在常温下输入信号 $V_+ = V_- = 0$ 时，输出电压 V_o 折算到输入端的值。若运算放大器差模增益 Aod，则

$$V_{OS} = \frac{V_o}{Aod} \mid V_+ = V_- = 0$$

（2）输入失调电流 I_{OS} 及偏置电流 I

若运算放大器两输入端静态偏置电流分别为 I_{b+}，I_{b-}，则定义

$$I_{OS} = I_{b-} - I_{b+}，I_b = \frac{1}{2}(I_{b-} + I_{b+})$$

（3）开环电压增益 Aod

无外接反馈时运算放大器的差模增益（或差模放大倍数），习惯上以分贝（dB）表示：

$$Aod = 20 \log \frac{V_o}{V_+ - V_-}$$

（4）输入电阻 R_i

输入电阻 R_i 指开环时两差分输入端之间呈现的电阻。

（5）输出电阻 R_0

输出电阻 R_0 指开环时从输出端看进去的动态电阻。

（6）共模抑制比 CMRR

运算放大器的差摸放大倍数 Aod 与共摸放大倍数 Aoc 的比，一般以分贝表示。

$$CMRR = 20 \lg \frac{Aod}{Aoc}(dB)$$

（7）最大共模输入电压范围 V_{iCM}

最大共模输入电压范围 V_{iCM} 指运算放大器维持放大状态下所能承受的最大共模输入电压。

（8）最大差模输出电压范围 VOM

最大差模输出电压范围 VOM 指运算放大器在不失真条件下最大输出信号幅度。

2. 集成运算放大器主要参数的测试方法

（1）开环特性及其测试方法

开环特性主要参数有开环电压增益 Aod、输入电阻 R_i、输出电阻 R_o 及开环频率特性，这些参数必须在开环状态下进行测试。本实验在测量以上参数时采用直流闭环、交流开环的方法测量。测试线路如图 3.7.1 所示。

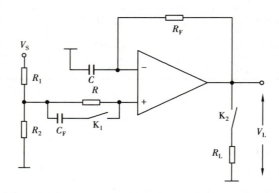

图 3.7.1　开环特性测试实验电路图

图中 C 对直流信号呈现很大的阻抗，通过 R_F 引入深度负反馈，使放大器对直流信号（或漂移信号）的闭环增益很小，故输出端直流电平十分稳定。由于 C 足够大，对于测试交流信号的频率，它的阻抗很小，可以认为是短路的，即对交流相当于接地，不存在负反馈，从而使放大器对测试信号的频率呈开环状态。另外，图中 R_1，R_2 为分压电阻，$R = R_F$ 是为了放大器直流平衡而接入的，C_F 为旁路电容，开关 K_1，K_2 是为测量放大器输入、输出阻抗而设置的。

该测量电路的主要优点是克服了放大器的直流漂移，但要保证电路对测试信号呈开环状态，所需 C 往往会达到很大的数值。经计算，当要求测试误差 $\left| \dfrac{\Delta A_V}{A_V} \right| < 5\%$ 时，电容 C 必须满足

$$C \geqslant \frac{20A_{vo}}{\omega_0 R_F}$$

式中　A_{vo}——被测放大器的中频开环电压放大倍数；

　　　ω_0——被测信号的角频率。

①开环电压增益 Aod 的测试。

Aod 是当放大器负载开路，无反馈时输出信号 V_o 与差模输出端所加的信号 V_S 之比。虽然放大器很少在开环状态下使用，但它反映了电路的放大能力。

在图 3.7.1 中，若测出输入电压 V_S 和输出电压 V_o，则放大器的开环电压增益可由下式计算

$$\mathrm{Aod} = \frac{R_1 + R_2}{R_2} \cdot \frac{V_o}{V_S} \approx \frac{R_1}{R_2} \cdot \frac{V_o}{V_S} \qquad (R_1 \gg R_2)$$

②开环频率特性的测试。

运算放大器的开环频率特性通常指其开环电压增益下降至 3 dB 时所对应的频率 f_H。f_H 也就是运放的第一转折频率,或称运放的开环带宽。显然,开环频率特性的测试就是测出运算放大器在不同信号频率时的电压增益,其测试方法与一般放大器相同。

③差膜输入电阻 R_i。

输入电阻 R_i 的测试方法很多,这里采用串联电阻法。图 3.7.1 中的 R 兼为串联电阻。测试时将 K_1 合上,C_F 对交流短路,调 V_S 之大小使输出波形不失真,记下输出电压 V_{o1},保持输入信号 V_S 不变,断开 K_1,再测出此时的输出电压 V_{o2},由下式算出 R_i:

$$R_i = \frac{V_{o2}}{V_{o1} - V_{o2}} \times R_o$$

由于图中 R 兼为串联电阻,因此 R 的取值一方面要尽可能接近 R_F 以保证电路的直流平衡,另一方面应尽可能接近 R_i 以减小测量误差。通常,运算放大器的 R_i 在数十千欧以上,故所选的 R 也多在此范围内。这样大的电阻串入运放的输入端,很容易引起 50 Hz 的低频干扰和自激振荡,因此一般情况下 R_i 可不测,而直接根据运放输入级的偏置电流 I_b 来估算。

在偏流较大时满足

$$R_i = \frac{50}{I_b}(\mathrm{k\Omega})\,(I_b \text{ 单位为 } \mu\mathrm{A})$$

在偏流较小时满足

$$R_i = \frac{80}{I_b}(\mathrm{k\Omega})\,(I_b \text{ 单位为 } \mu\mathrm{A})$$

④输出电阻 R_o。

输出电阻 R_o 的测量方法和一般放大器 R_o 的测量方法相同。由图 3.7.1 电路断开 K_2,即不接电阻 R_L 测得输出电压 V_{o1};合上开关 K_2,即接通电阻 R_L 测出输出电压 V_{o2}。由下式计算 R_o:

$$R_o = \frac{V_{o1} - V_{o2}}{V_{o2}} \times R_L$$

R_o 的测试同样需在输出波形不失真的情况下进行。

⑤输出电压最大动态范围 V_{oM}。

运算放大器的动态范围与负载电阻 R_2 有关,还与电源电压 E_C 及信号频率有关。随着 E_C 的降低和信号频率的升高,V_{oM} 都会下降。

(2)运算放大器输入失调特性及测试方法

①输入失调电压 V_{oS} 的测试。

失调电压主要是由输入级差分管 V_{be} 不对称引起的,测量的方法如图 3.7.2 所示。

由图看出,测量线路接成闭环形式。R 应足够小,一般为几十至几百欧姆。在同相端,$R /\!/ R_F$ 用作平衡作用,这样只要测出输出端的零点偏离电压 V_o,根据运算放大器此时的闭环电压放大系数。

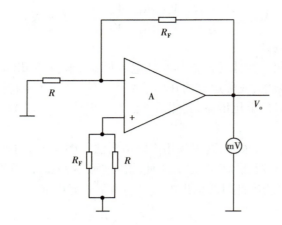

图 3.7.2　运算放大器输入失调特性测试实验电路图

$A_F = \dfrac{R + R_F}{R}$，就可以求出失调电压：

$$V_{oS} = \frac{R}{R + R_F} \times V_o$$

②输入偏置电流 I_b 及输入失调电流 I_{oS} 的调试。

失调电流测试电路如图 3.7.3 所示。测试时，先合上双刀开关 K_1 读出输出端的失调电压 V_{o1}，然后断开 K_1（加入 R_S）再读出输出端的失调电压 V_{o2}，即可求出失调电流为：

$$I_{oS} = \frac{V_{o2} - V_{o1}}{R_S} \times \frac{R}{R + R_F}$$

为了使 $(V_{o2} - V_{o1})$ 足够大，便于测试，R_S 值不能太小，应满足 $I_{oS} > R_S > V_{oS}$，为此必须使 $R_S = R_S'$。显然，图 3.7.3 也可以测失调电压。

图 3.7.4 的电路还可以测失调电流或偏置电流：将 K_1，K_2 同时合上，测出其输出电压 V_{o1}；然后再同时断开 K_1，K_2，测出其输出电压 V_{o2}。从而可求出 I_{oS}：

$$I_{oS} = \frac{V_{o2} - V_{o1}}{R_F}$$

同样，R_F 之值不能太小，R_F 和 R_F' 应严格对称。

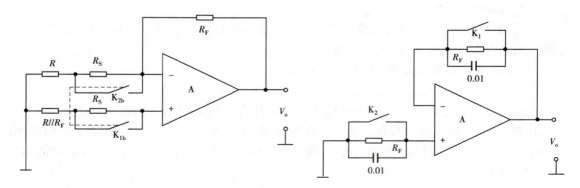

图 3.7.3　失调电流测试电路　　　　图 3.7.4　偏置电流测试电路

图 3.7.4 电路更多用于测量偏置电流 I_b。当 K_1 断开、K_2 闭合时可测出 $V_{o1} = R_F \times I_{b1}$；当 K_1 闭合、K_2 断开时可测出 $V_{o2} = -R_F' \times I_{b2}$。此时偏置电流为：

$$I_b = \frac{1}{2}(I_{b1} + I_{b2}) = \frac{1}{2} \frac{|V_{o1}| + |V_{o2}|}{R_F}$$

（3）运算放大器共模特性及测试方法

①共模抑制比 CMRR 的测试。

按定义，CMRR 的测试线路如图 3.7.5 所示。运算放大器工作在闭环状态时，对差模信号增益，$Aod = \frac{R_F}{R}$；对共模信号增益，$Aoc = \frac{V_o}{V_S}$。因此，只要测出 V_o 和 V_S 即可求出 CMRR：

$$CMRR = 20 \log \frac{R_F}{R} \cdot \frac{V_S}{V_o}$$

为了保证测试精度，必须使 $R = R'$，$R_F = R_F'$，否则将会因 $R \neq R'$ 而产生附加差模信号，造成大的测试误差。经计算，若运算放大器的 CMRR 达到 80 dB，允许测量误差 5%，则电阻的相对误差应小于 0.1%；若 CMRR 更高，则电阻的相对误差还应减小。

②共模电压范围。

共模电压范围测试电路如图 3.7.6 所示。

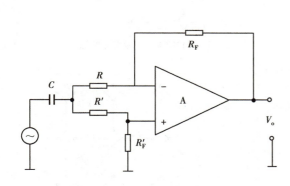

图 3.7.5　共模增益测试电路

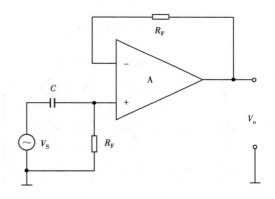

图 3.7.6　共模电压范围测试电路

这是一个电压跟随器电路，其 $V_o \approx V_S$。当输入信号加入后，运算放大器两个输入端所加电压都近似为 V_S，因此，该电路所允许的最大不失真电压就是其最大共模电压。若将输入信号送到示波器的 X 轴，输出信号送入 Y 轴，则跟随器的转移特性如图 3.7.7 所示。图中的 $\pm V_{iCM}$ 即为最大共模电压范围。

四、实验内容

本实验测量运算放大器 LM358 的主要参数，参数测试实验电路图如图 3.7.8 所示。

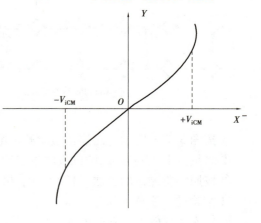

图 3.7.7　共模电压范围

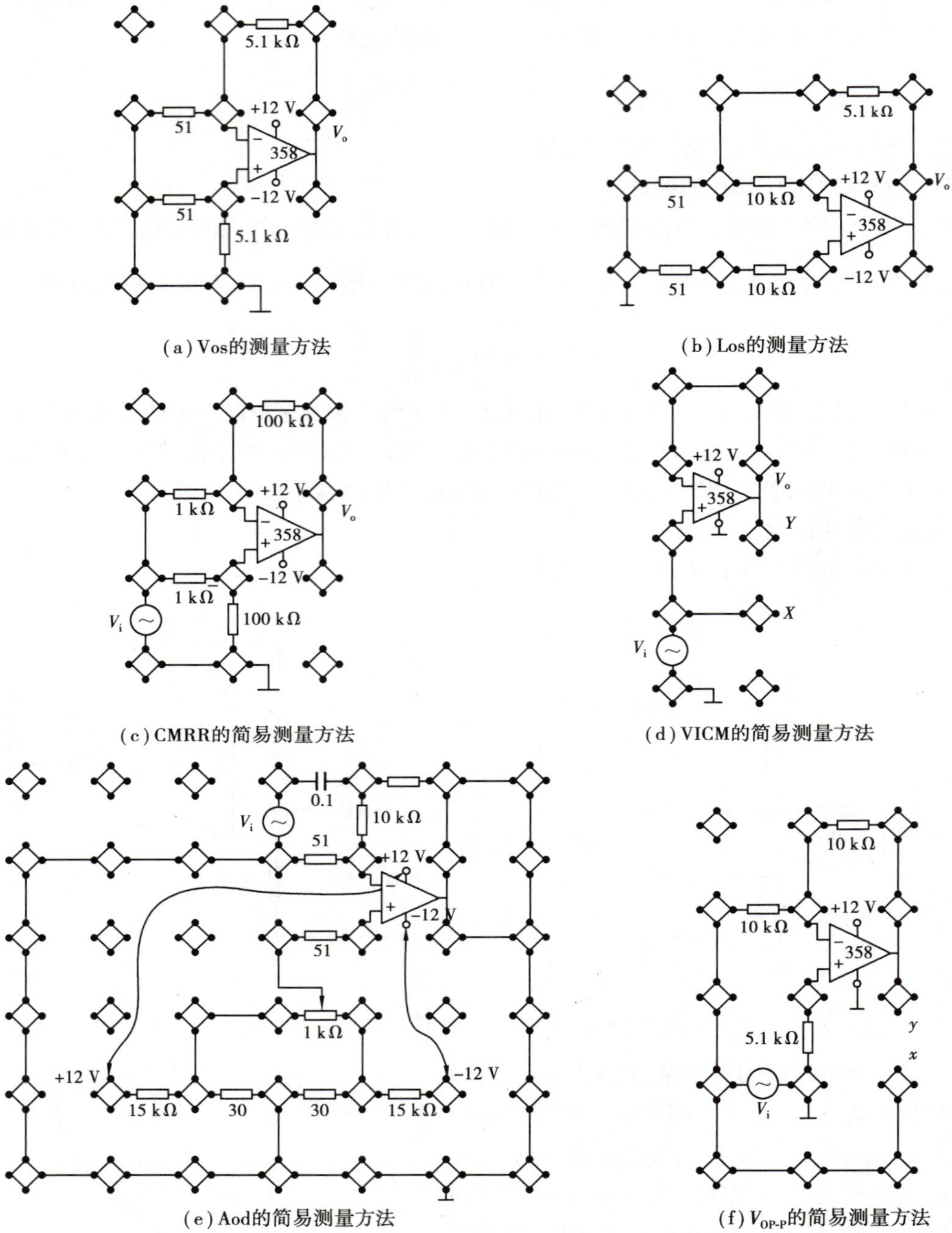

(a) Vos的测量方法

(b) Los的测量方法

(c) CMRR的简易测量方法

(d) VICM的简易测量方法

(e) Aod的简易测量方法

(f) V_{OP-P}的简易测量方法

图 3.7.8　参数测试实验电路图

①按图 3.7.8 所示电路连接实验测试电路。

②测量以上主要参数,测试方法参照原理部分。

③按照实验测试的方法,自行设计表格记录实验数据。

④实验过程注意事项:

a. 集成运算放大器在插入插座后,先通电源,再接入信号源。

b. 取下运放时,先除信号源再关闭电源。

五、思考题

①测量 CMRR 时,同相、反相端的电阻为什么一定要严格对称?
②运算放大器在闭环应用时,为什么要加相位补偿网络?

实验 8　集成运算放大器的应用

一、实验目的

①了解集运算放大器的特点及使用方法。
②掌握运算放大器的基本运算特性及测量方法。

二、实验设备

实验设备见表 3.8.1。

表 3.8.1　实验设备表

序号	名称	型号与规格	数量	备注
1	模拟电路实验台	—	1	
2	示波器	YB4300 系列	1	
3	低频信号发生器	UTG9002C	1	
4	交流毫伏表	TH1912	2	
5	交流电压表	SH1912	2	
6	直流稳压电源	UTP3704S	1	
7	万用表	UT890D	1	
8	集成运算放大器	LM358	1	

三、实验原理

集成运算放大器(简称集成运放)实质上是一个高增益多级直接耦合放大器,外接不同的反馈网络和输入网络就构成了不同的运算电路。它由于具有开环增益高、输入阻抗高、输出阻抗低、共模抑制比高、温度漂移小等一系列特点,因此获得广泛应用。本实验只研究运算放大器的基本运算电路。

1. 反相比例运算

如图 3.8.1 所示,输入信号 V_i 通过 R_1 加到运放的反相端"－",同相端"＋"串接电阻 R_P

接地。为使两个输入端直流电阻保持平衡，要求 $R_P = R_1 // R_f$。反相运放的闭环电压放大倍数为

$$A_{vf} = \frac{V_o}{V_i} = -\frac{R_f}{R_1}$$

即输出电压 V_o 等于乘以比例系数 $R_f // R_1$，"−"表示与反相，因此图 3.8.1 称为反相比例运算放大器。若 $R_f = R_1$，则 $V_o = -V_i$，称为反相器。

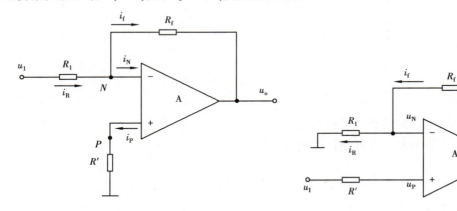

图 3.8.1　反相比例运算放大器　　　　　图 3.8.2　同相比例运算放大器

2. 同相比例运算

如图 3.8.2 所示，输入电压 V_i 经 R_f 加入同相输入端，输出电压 V_o 经 R_f 反馈到反相端，由 R_1 接地，电路的闭环电压放大倍数为

$$A_{vf} = \frac{V_o}{V_i} = \left(1 + \frac{R_f}{R_1}\right)$$

即 V_o 等于 V_i 乘以比例系数 $(1 + R_f / R_1)$，V_o 与 V_i 同相，所以图 3.8.2 称为同相运算放大器。若 $R_f = 0$，$R_1 = \infty$，则 $V_o = V_i$，称为电压跟随器。

3. 反相加法运算

如图 3.8.3 所示，输入信号 V_{i1}，V_{i2} 和 V_{i3} 分别通过 R_1，R_2 和 R_3 从反相端输入。根据叠加原理，得

$$V_o = -R_f \left(\frac{V_{i1}}{R_1} + \frac{V_{i2}}{R_2} + \frac{V_{i3}}{R_3}\right)$$

当 $R_1 = R_2 = R_3 = R$ 时，则

$$V_o = -\frac{R_f}{R}(V_{i1} + V_{i2} + V_{i3})$$

称为比例加法器。

若 $R_1 = R_2 = R_f = R$，则

$V_o = -(V_{i1} + V_{i2} + V_{i3})$ 是反相加法器。

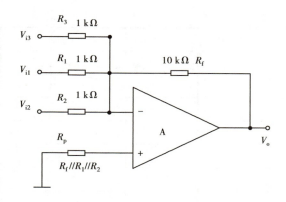

图 3.8.3　反相加法器

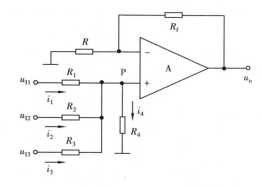

图 3.8.4　同相加法器

4. 同相加法运算

如图 3.8.4 所示,若 $R_N = R_P$,根据叠加原理,得

$$V_o = R_f \left(\frac{u_{i1}}{R_1} + \frac{u_{i2}}{R_2} + \frac{u_{i3}}{R_3} \right)$$

当 $R_1 = R_2 = R_3 = R$ 时,则

$$V_o = \frac{R_f}{R} (V_{i1} + V_{i2} + V_{i3})$$ 称为比例加法器。

若 $R_1 = R_2 = R_f = R$,则

$V_o = V_{i1} + V_{i2} + V_{i3}$ 是同相加法器。

四、实验内容

进行各项实验前,先在实验板上按不同运算图 3.8.1—图 3.8.4 的要求接好无误后,才可同时接通正、负两组电源,并注意不要把电源极性接错,或少接一组电源,更不能使某一组电源短路,以免将运算放大器造成永久性损坏。

1. 电路调零

调零的方法:按要求连接好电路,将运算放大器的两输入对地短路,接通电源;测量输出端对地直流电压,如果不为零,则调节图中的调零电位器 W,使其输出零。

2. 比列、加减运算研究

反相比例运算电路、同相比例运算电路、反相比例加法运算电路及同相比例加法运算电路的电路图分别如图 3.8.1 至图 3.8.4 所示。按不同运算的要求接好实验电路,将实验测量结果填入表 3.8.2 和表 3.8.3 中。

若输入信号用交流正弦信号,则须用示波器观察输出与输入之间的相位关系。描绘出相应的波形图。

表 3.8.2　比例运算电路测量表

连接方式	R_f	理论值	实验值			误差
		A_U	U_i	U_o	A_U''	$\Delta = \dfrac{A_U'' - A_U}{A_U}$
同相比例						
反相比例						

表 3.8.3　加减法运算电路测量表

连接方式	A_U 理论值	实验值				误差
		U_i	U_o	$A_{U_x''}$	A_{U_x} 的平均值 A_U''	$\Delta = \dfrac{A_U'' - A_U}{A_U}$
同向求和						
反向求和						

五、思考题

①为什么实验中所测数据与理论值相比较有误差？误差多大？

②怎样设计一给定输入信号关系的组合运算电路？

实验 9　小功率 OTL 功率放大器

一、实验目的

①熟悉 OTL 功率放大器的基本原理。

②掌握功率放大器的调整和参数测试方法。

二、实验设备

实验设备见表 3.9.1。

表 3.9.1 实验设备表

序号	名称	型号与规格	数量	备注
1	模拟电路实验台	—	1	
2	示波器	YB4300 系列	1	
3	低频信号发生器	UTG9002C	1	
4	交流毫伏表	TH1912	2	
5	交流电压表	SH1912	2	
6	直流稳压电源	UTP3704S	1	
7	万用表	UT890D	1	
8	OTL 功率放大器实验板	—	—	自制

三、实验原理

功率放大器是向负载提供较大交流输出功率的放大器。功率放大器输出级常用的形式有单管甲类输出、乙类变压器推挽输出、OTL 推挽输出、OCL 推挽输出等。OTL、OCL 功率放大器除具有乙类推挽功率放大器效率较高的优点外,还省掉了影响频率特性、体积笨重的输入输出变压器。所以是目前高保真音频功率放大器中最为流行的电路形式。

1. 分立元件 OTL 功率放大器

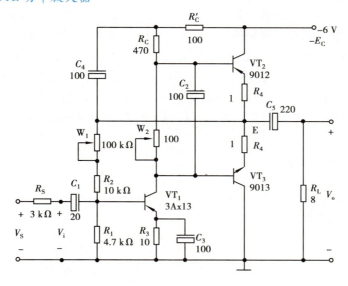

图 3.9.1

图 3.9.1 为一个小功率输出的互补对称 OTL 功率放大器。假定 OTL 功率输出级电路工

作在乙类,忽略晶体管的饱和压降 V_{ces},同时输入信号足够大,使输出电压的振幅值 $V_{om} = \frac{1}{2}E_c$,则可得到它的下列参数关系。OTL 功率放大器输出级的参数理论值计算如下:

最大不失真输出功率

$$P_{o\,max} = \frac{E_c^2}{8R_L}$$

晶体管每只管耗

$$P_{T_1} = \frac{E_c^2(4-\pi)}{16\pi R_L}$$

晶体管两只管耗

$$P_{2T} = \frac{E_c^2(4-\pi)}{8\pi R_L}$$

直流电源供给的功率

$$P_E = P_{o\,max} + P_{2T} = \frac{E_c^2}{2\pi R_L}$$

最大效率

$$\eta = \frac{P_{o\,max}}{P_E} = \frac{\pi}{4} \approx 78.5\%$$

2. 集成功率放大器

随着半导体集成工艺的发展,目前各类集成功放已经广泛应用。集成功率放大器只需很少外围元件,大大地减小了整机体积、质量和成本,减少了调整过程。同时,在集成电路内又可以比较方便地集成一些保护电路,使电路工作更加稳定可靠。

3. 音调控制电路

对于一个完善的音频功率放大器,为了进一步改善音质,以满足不同场合和各个听众对高音、低音的需求,往往还需设置能对音调进行人为调节的电路,这就是音调控制电路。

音调控制电路一般有三种形式:衰减式、负反馈式和衰减、负反馈混合式。其中,衰减负反馈式音调控制电路控制范围最宽,失真也小,因而使用最为广泛。下面简单介绍其控制原理。

图 3.9.2 为典型的衰减负反馈式高低音分别可调控制电路。实质上它是一个有源高通、低通滤波器。电位器 W_1 是低音控制器,R_1,R_2,W_1 和 C_1,C_2 构成低通网络。R_2,R_3,W_2 和 C_3 构成高通网络,W_2 为高音控制器。

低通网络的主极点频率为

$$f_L = \frac{1}{2\pi R_{W_1} C_1}$$

高通网络的主极点频率为

$$f_H = \frac{1}{2\pi R_3 C_3}$$

在低音区,即 $f < f_L$ 时,C_1,C_2,C_3 均可视为开路,忽略 W_2 的作用,等效电路如图 3.9.3 所示,其增益为

$$|\dot{A}_V(L)| = \frac{R_2 + R''_{W1}}{R_1 + R''_{W1}}$$

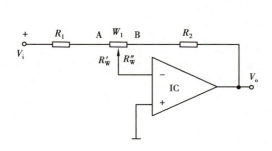

图 3.9.2 音调控制电路

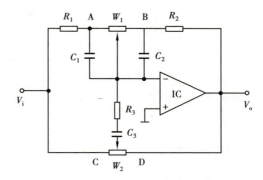

图 3.9.3 低音通道

当 $R'W_1 = 0$（即 W_1 旋至 A 点时），低音得到最大提升量，即

$$|\dot{A}_V(L)_{max}| = \frac{R_2 + R_{W_1}}{R_1}$$

反之，当 W_1 旋至 B 点，低音受到最大衰减，即

$$|\dot{A}_V(L)_{min}| = \frac{R_2}{R_1 + R_{W_1}}$$

在高音区，即 $f > f_L$ 时，C_1, C_2, C_3 均视为短路，即得到高音时的等效电路如图 3.9.4 所示，其高频增益为

$$|\dot{A}_V(H)| = \frac{R_2 R_3 R_{W_2} + R_2 R''_{W_2}(R'_{W_2} + R_1)}{R_1 R_3 R_{W_2} + R_1 R'_{W_2}(R''_{W_2} + R_2)}$$

当 $R'_{W_2} = 0$ 时（即 R_{W_2} 旋至 C 点），高音得到最大提升量，即

$$|\dot{A}_V(H)_{max}| = \frac{R_2 R_3 + R_1 R_2}{R_1 R_3} = \frac{R_2}{R_1 // R_3}$$

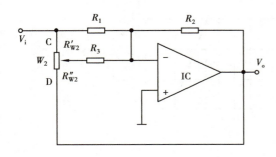

图 3.9.4 高音通道

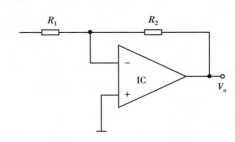

图 3.9.5 中音通道

$$|\dot{A}_V(H)_{min}| = \frac{R_2 R_3}{R_1 R_3 + R_1 R_2} = \frac{R_2 // R_3}{R_1}$$

在中音区，即 $f_L < f < f_H$ 时，C_1, C_2 视为短路，C_3 视为开路，等效电路如图 3.9.5 所示。在参考中音频（例如获 1 kHz），增益为

$$|\dot{A}_V(L)| = \frac{R_2}{R_1}$$

在 $f_L < f < f_H$ 范围内，则分别有

$$\left|\dot{A}_{V}(L)f\right| = \frac{\left|A_{V}(L)_{max}\right|}{\sqrt{1+(f/f_{L})^{2}}}$$

$$\left|\dot{A}_{V}(H)f\right| = \frac{\left|A_{V}(H)_{max}\right|}{\sqrt{1+(f/f_{L})^{2}}}$$

也即具有每倍频程 6 dB 上升(或下降)的幅频特性。音调控制器的理想幅频特性如图 3.9.6所示。

四、实验内容

1. 安装实验板

对照图 3.9.1 所示的分立元件 OTL 功率放大器电路安装好实验板,反复检查确认安装无误后,方可接通电源。

2. 静态工作点的调整与测量

①将 W_{2} 旋至阻值最小(千万注意:$R_{W_{2}}$ 不可阻值过大,否则可能烧毁输出级功率管),接通电源。

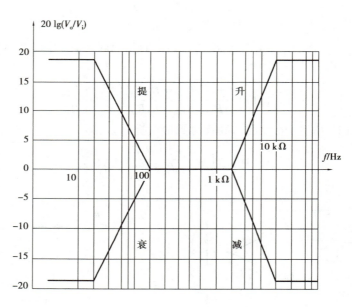

图 3.9.6　音调控制理想幅频特性

②调节 W_{1} 使输出中点电位 $E_{o} = \frac{1}{2}E_{C}$。

③观察记录小信号交越失真:示波器灵敏度置于最高,并将 Y 轴输入端接于负载两端,输入 $f=1$ kHz 的信号,幅度要足够小,以使示波器上能显示出便于观察的波形为度。记录交越失真波形。将电流表串入电源回路,测出此时的静态电流。

④调节 W_{2} 使交越失真刚好完全消失,并检查中点电位是否满足 $E_{o} = \frac{1}{2}E_{C}$,这两项调整应反复进行,直到 $E_{o} = \frac{1}{2}E_{C}$,且交越失真刚好完全消失。测出此时的静态电流。

3. 测量最大不失真输出功率

输入 $f = 1\ \text{kHz}$ 信号,调节 V_i 使功率放大器具有最大不失真输出,测出此时的有效值 $V_{oL\ max}$,计算 $P_{o\ max}$,记入表 3.9.2 中。

表 3.9.2　不同负载下的最大输出电压语言功率测试结果

R_L	$V_{oL\ max}$	$P_{o\ max}$

4. 测量效率

在上面条件下,将直流表串入电源回路中测出 $I_{E\ max}$,计算 η,记入表 3.9.3 中,并与理论值比较。

表 3.9.3　放大器效率测试数据记录

E_C	$I_{E\ max}$	$P_{E\ max}$	$P_{o\ max}$	η

5. 测量最大不失真输出时的功率增益

上面测试条件不变,测出最大不失真时的输入电压 V_{imax},再用串联电阻法测出 V_S,V_i',r_i,计算出 K_P,并填入表 3.9.4 中。

$$K_P = 10\ \lg \frac{P}{V_i^2/r_i}(\text{dB})$$

表 3.9.4　功率增益测试结果记录

$V_{i\ max}$	V_S	V_i	串联电阻	r_i	$P_{i\ max}$	$P_{o\ max}$	K_P

6*. 测量放大器的频响特性

在保证 $f = 10\ \text{Hz} \sim 20\ \text{kHz}$ 范围内功放输出 V_oL 无明显限幅失真的条件下,保持 V_i 不变,测出 f 分别为 10 Hz,20 Hz,50 Hz,100 Hz,200 Hz,500 Hz,1 kHz,2 kHz,5 kHz,10 kHz,20 kHz,30 kHz,50 kHz 时的输出电压有效值 V_oL,记入表 3.9.5 中,并作出 $V_oL \sim \lg f$ 曲线,根据曲线确定 f_L,f_H。

表 3.9.5　放大器频率响应测试记录

f/Hz	10	20	50	100	200	500	1 k	2 k	…
V_oL/V									
$\lg f$									

五、思考题

①OTL 电路中为何 W_1 可调中点电位，W_2 可调静态电流？为何要反复调节？

②OTL 电路中，当 R_L 增大时如何提高输出功率？它与变压器耦合推挽功放负载变化有何不同？

③试分析实测效率与理论效率有较大误差的原因。

实验 10 晶体管直流稳压电源

一、实验目的

①掌握晶体管直流稳压电源的调式方法。

②掌握稳定度及内阻和纹波电压的测量方法。

③尝试改善直流稳压源稳定度的一些基本方法。

二、实验设备

实验设备见表 3.10.1。

表 3.10.1 实验设备表

序号	名称	型号与规格	数量	备注
1	模拟电路实验台	—	1	
2	示波器	YB4300 系列	1	
3	低频信号发生器	UTG9002C	1	
4	交流毫伏表	TH1912	2	
5	交流电压表	SH1912	2	
6	直流稳压电源	UTP3704S	1	
7	万用表	UT890D	1	

三、实验原理

1.串联直流稳压电源工作原理

图 3.10.1 为串联型直流稳压电源。它除了具有变压、整流、滤波电路以外，其稳压器部分一般有 4 个环节：调整环节、基准电压、比较放大器和取样电路。

当电网电压或负载变动引起输出电压 V_o 变化时，取样电路取输出电压 V_o 的一部分送入比较放大器与基准电压进行比较，产生的误差电压经放大后去控制调整管的基极电流，自动改变调整管的集-射极间的电压，补偿 V_o 的变化，以维持输出电压基本不变。

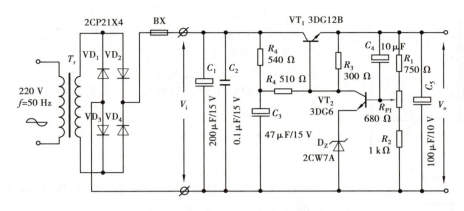

图 3.10.1　稳压电源电路原理图

2. 稳压电源的主要指标

（1）特性指标

①输出电流 I_L（即额定负载电流）。

它的最大值决定于调整管最大允许功耗 P_{CM} 和最大允许电流 I_{CM} 要求：$I_L(V_{i\,max} - V_{o\,min}) \leqslant P_{CM}$，$I_L \leqslant I_{CM}$，式中 $V_{i\,max}$ 是输出电压最大可能值，$V_{o\,min}$ 是输出电压最小可能值。

②输出电压 V_o 和输出电压调节范围。

在固定的基准电压条件下，改变取样电压比就可以调节输出电压，如图 3.10.2 所示，可知

$$V_{o\,max} = \frac{R_1 + R_2 + R_{P1}}{R_2} V_z$$

$$V_{o\,min} = \frac{R_1 + R_2 + R_{P1}}{R_2 + R_{P1}} V_z$$

（2）质量指标

①稳压系数。

当负载和环境温度不变时，输出直流电压的相对变化量与输入直流电压的相对变化量之比值，定义为

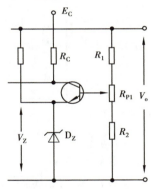

图 3.10.2　取样电路

$$s = \frac{\Delta I_0 / V_o}{\Delta V_i / V_i} \bigg|_{\substack{\Delta I_L = 0 \\ \Delta T = 0}}$$

通常稳压电源的 s 为 $10^{-2} \sim 10^{-4}$。

②动态内阻 R_0。

假设输入直流电压 V_i 及环境温度不变，由于负载电流 I_L 变化 ΔI_L，引起输出直流电压 V_o 相应变化 ΔV_o，两者之比值称为稳压器的动态内阻，即

$$r_0 = \frac{\Delta V_o}{\Delta I_L} \bigg|_{\substack{\Delta V_i = 0 \\ \Delta I_L = 0}}$$

从上式可知，r_0 越小，则负载变化对输出直流电压的影响就越小，一般稳压电路的 r_0 为 $10 \sim 10^{-2}$ Ω。

131

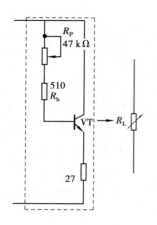

图 3.10.3　直流稳压电源负载电路

③输出纹波电压。

输出纹波电压是指 50 Hz 和 100 Hz 的交流分量,通常用有效值和峰值来表示,即当输入电压 220 V 不变,在额定输出直流电压和额定输出电流的情况下测出的输出交流分量,经稳压作用可使整流滤波后的纹波的电压大大的降低,降低的倍数反比于稳压系数 s。

四、实验内容

1. 特性指标测量

①检查无误,接通电源,在空载时调节图 3.10.1 中的电位器 R_{Pl},记录输出电压变化范围。

②再调节电位器 R_{Pl},使输出电压为 6 V。

③接上负载(用图 3.10.3 虚线框内所显示电路作为负载 R_L),改变 R_L,记录 $V_0 \sim I_L$ 的数值。

2. 质量指标测量

测量仪器连接如图 3.10.4 所示。

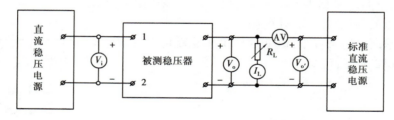

图 3.10.4　测量 r_0 和 s 电路

(1)稳定度 s

①使 $V_i = 10$ V。

②调节"被测稳压器"的电位器 R_{Pl} 使输出电压 V_0 为 6 V。

③然后改变负载 R_L(调节图 3.10.3 中 R_L),使负载电流固定在某一定值(如 $I_L = 80$ mA)。

④调整标准直流稳压器输出,使测量电压差 $\Delta V_0 =$ 等于零。

⑤改变输出电压 $V_i \pm 10\%$,测量输出电压差 ΔV_0,填入表 3.10.2 中求 s。

表 3.10.2　稳定度测试记录数据

输入电压 V_i/V	9	9.5	10	10.5	11
输出电压差 ΔV_0/V					
稳定度 s					

(2)动态内阻 r_0

测量电路同上。

①保持图 3.10.4 中输入电压 V_i 为 10 V,改变负载电流 I_L,测量输出电压差 V_0,填入表 3.10.3 中,求出 r_0。

②再用图 3.10.5 所示电路测稳压电源的动态内阻,将测得数据填入表 3.10.3 中。比较

这两种结果。

表 3.10.3　动态内阻测试数据记录

负载电流 I_L/mA	10	20	40	60	80	100
输出电压 V_o/V	6	$6 - \Delta V_o$	$6 - \Delta V_o$	$6 - \Delta V_o$	$6 - \Delta V_o$	$6 - \Delta V_o$

（3）用数字直流电压表

重复（1）、（2）两项测量，并作比较。

（4）纹波电压测量

拆去图 3.10.4 中标准直流稳压器，通过变压器接入 220 V、50 Hz 交流电压。连接测试电路如图 3.10.5 所示。

①把输出电压 V_o 调到 6 V，负载电流为 50 mA，用晶体管毫伏表测量纹波电压。

②保持输入电压 V_i 为 10 V，改变负载 I_L，观察 I_L 变化对纹波电压的影响。

图 3.10.5　纹波电压测量

（5）* 稳压电源的改进

①增添辅助电源，测量稳定度和动态内阻。将测量结果与图 3.10.1 电路的测量结果作比较。具体测量电路和测量仪器连接图由学员自行设计，请指导教师审阅。

②增添限流或保护电路，并作实验，要求同上。

五、实验预习要求

①了解稳压电源的工作原理及其指标的物理意义。

②了解稳压电源的调整步骤和稳定度、动态内阻的测量方法。

③做步骤（5）* 之前，先把具体电路和测量步骤写好，请指导教师审批。

六、实验报告

①将测得数据列成表格。

②计算出 s 和 r_0。

实验 11　RC 正弦波振荡器

一、实验目的

①进一步学习 RC 正弦波振荡器的组成及其振荡条件。

②学会测量、调试振荡器。

二、实验设备

实验设备见表 3.11.1。

表 3.11.1　实验设备表

序号	名称	型号与规格	数量	备注
1	模拟电路实验台	—	1	
2	示波器	YB4300 系列	1	
3	频率计	SG3310	1	
4	交流毫伏表	TH1912	2	
5	交流电压表	SH1912	2	
6	直流稳压电源	UTP3704S	1	
7	万用表	UT890D	1	
8	晶体三极管	—	—	自制

三、实验原理

从结构上看,正弦波振荡器是没有输入信号的、带选频网络的正反馈放大器。若用 R,C 元件组成选频网络,就称为 RC 振荡器,一般用来产生 1 Hz ~ 1 MHz 的低频信号。

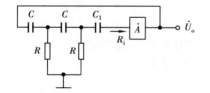

图 3.11.1　RC 移相振荡器原理图

1. RC 移相振荡器

RC 移相振荡器电路原理如图 3.11.1 所示,选择 $R \gg R_i$。

振荡频率:

$$f_0 = \frac{1}{2\pi\sqrt{6}RC}$$

起振条件放大器 A 的电压放大倍数 $|\dot{A}| > 29$,电路特点简便,但选频作用差,振幅不稳,频率调节不便,一般用于频率固定且稳定性要求不高的场合。频率范围几赫至数十千赫。

2. RC 串、并联网络(文氏桥)振荡器

RC 串、并联网络振荡器原理如图 3.11.2 所示。

振荡频率 $f_0 = \dfrac{1}{2\pi RC}$

起振条件 $|\dot{A}| > 3$

此电路特点可方便地连续改变振荡频率,便于加负反馈稳幅,容易得到良好的振荡波形。

3. 双 T 选频网络振荡器

双 T 选频网络振荡器原理如图 3.11.3 所示。

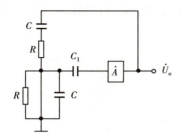

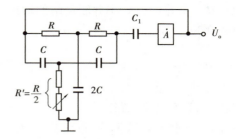

图 3.11.2　RC 串并联网络振荡器原理图　　图 3.11.3　双 T 选频网络振荡器原理图

振荡频率 $f_0 = \dfrac{1}{5RC}$

起振条件 $R' < \dfrac{R}{2}\mid \dot{A}\ \dot{F}\mid > 1$

此电路特点选频特性好,调频困难,适于产生单一频率的振荡。

注:本实验采用两级共射极分立元件放大器组成 RC 正弦波振荡器。

四、实验内容

1. RC 串、并联选频网络振荡器

①按图 3.11.4 组接线路。

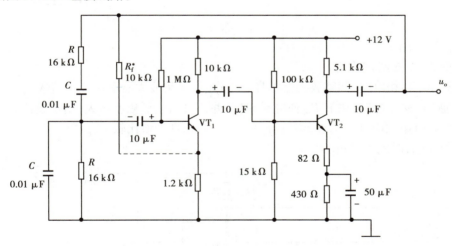

图 3.11.4　RC 串、并联选频网络振荡器

②断开 RC 串、并联网络,测量放大器静态工作点及电压放大倍数。

③接通 RC 串、并联网络,并使电路起振,用示波器观测输出电压 u_o 波形,调节 R_f 使获得满意的正弦信号,记录波形及其参数。

④测量振荡频率,并与计算值进行比较。

⑤改变 R 或 C 值,观察振荡频率变化情况。

⑥RC 串、并联网络幅频特性的观察。

将 RC 串、并联网络与放大器断开,用函数信号发生器的正弦信号注入 RC 串、并联网络,保持输入信号的幅度不变(约 3 V),频率由低到高变化,RC 串并联网络输出幅值将随之变化,

当信号源达某一频率时,RC 串并联网络的输出将达最大值(约 1 V),且输入、输出同相位,此时信号源频率为

$$f = f_0 = \frac{1}{2\pi RC}$$

2. 双 T 选频网络振荡器

①按图 3.11.5 组接线路。

②断开双 T 网络,调试 T_1 管静态工作点,使 U_{C1} 为 6 ~ 7 V。

③接入双 T 网络,用示波器观察输出波形。若不起振,调节 R_{W1},使电路起振。

④测量电路振荡频率,并与计算值比较。

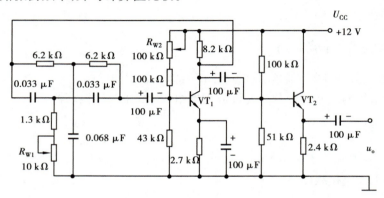

图 3.11.5　双 T 网络 RC 正弦波振荡器

3*. RC 移相式振荡器的组装与调试

①按图 3.11.6 组接线路。

②断开 RC 移相电路,调整放大器的静态工作点,测量放大器电压放大倍数。

③接通 RC 移相电路,调节 R_{B2} 使电路起振,并使输出波形幅度最大,用示波器观测输出电压 u_o 波形,同时用频率计和示波器测量振荡频率,并与理论值比较。

　*参数自选,时间不够可不作。

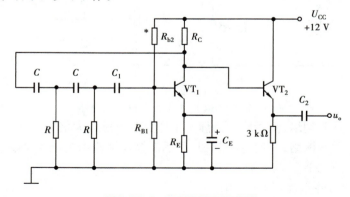

图 3.11.6　RC 移相式振荡器

五、实验总结

①由给定电路参数计算振荡频率,并与实测值比较,分析误差产生的原因。

②总结三类 RC 振荡器的特点。

六、思考题

①复习教材有关三种类型 RC 振荡器的结构与工作原理。
②试分析三种实验电路的振荡频率有何特点。
③如何用示波器来测量振荡电路的振荡频率?

实验 12　LC 正弦波振荡器

一、实验目的

①掌握变压器反馈式 LC 正弦波振荡器的调整和测试方法。
②研究电路参数对 LC 振荡器起振条件及输出波形的影响。

二、实验设备

实验设备见表 3.12.1。

表 3.12.1　实验设备表

序号	名称	型号与规格	数量	备注
1	模拟电路实验台	—	1	
2	示波器	YB4300 系列	1	
3	频率计	SG3310	1	
4	交流毫伏表	TH1912	2	
5	交流电压表	SH1912	2	
6	直流稳压电源	UTP3704S	1	
7	万用表	UT890D	1	

三、实验原理

　　LC 正弦波振荡器是用 L、C 元件组成选频网络的振荡器,一般用来产生 1 MHz 以上的高频正弦信号。根据 LC 调谐回路的不同连接方式,LC 正弦波振荡器又可分为变压器反馈式(或称互感耦合式)、电感三点式和电容三点式三种。图 3.12.1 为变压器反馈式 LC 正弦波振荡器的实验电路。其中晶体三极管 VT_1 组成共射放大电路,变压器 T_r 的原绕组 L_1(振荡线圈)与电容 C 组成调谐回路,它既作为放大器的负载,又起选频作用,副绕组 L_2 为反馈线圈,L_3 为输出线圈。

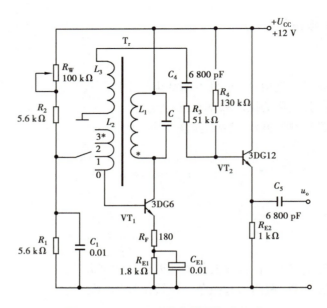

图 3.12.1　LC 正弦波振荡器实验电路

该电路是靠变压器原、副绕组同名端的正确连接来满足自激振荡的相位条件,即满足正反馈条件。在实际调试中可以通过把振荡线圈 L_1 或反馈线圈 L_2 的首、末端对调,来改变反馈的极性。而振幅条件的满足,一是靠合理选择电路参数,使放大器建立合适的静态工作点,其次是改变线圈 L_2 的匝数,或它与 L_1 之间的耦合程度,以得到足够强的反馈量。稳幅作用是利用晶体管的非线性来实现的。由于 LC 并联谐振回路具有良好的选频作用,因此输出电压波形一般失真不大。

振荡器的振荡频率由调谐回路的电感和电容决定:

$$f_0 = \frac{1}{2\pi\sqrt{LC}}$$

式中　L——并联调谐回路的等效电感,即是在考虑其他绕阻的影响下综合等效电容。

振荡器的输出端增加一级射极跟随器,用以提高电路的负载能力。

四、实验内容

按图 3.12.1 连接实验电路。电位器 R_W 置最大位置,振荡电路的输出端接示波器。

1. 静态工作点的调整

①接通 $U_{CC} = +12\ V$ 电源,调节电位器 R_W,使输出端得到不失真的正弦波形,如不起振,可改变 L_2 的首末端位置,使之起振。测量两管的静态工作点及正弦波的有效值 U_o,记入表 3.12.2 中。

②把 R_W 调小,观察输出波形的变化,测量有关数据,记录之。

③调大 R_W,使振荡波形刚刚消失,测量有关数据,记录之。

根据以上三组数据,分析静态工作点对电源起振、输出波形幅度和失真的影响。

表 3.12.2　不同条件下静态工作点的测试

R_W 设置	三极管	U_B/V	U_E/V	U_C/mV	U_o/V	U_o 的波形
R_W 居中	VT$_1$					
	VT$_2$					
R_W 小	VT$_1$					
	VT$_2$					
R_W 大	VT$_1$					
	VT$_2$					

2. 观察反馈量大小对输出波形的影响

置反馈线圈 L$_2$ 于位置"0"(无反馈)、"1"(反馈量不足)、"2"(反馈量合适)、"3"(反馈量过强)时测量相应的输出电压波形,记入表 3.12.3 中。

表 3.12.3　不同反馈对输出波形的影响测试

L$_2$ 位置	0	1	2	3
U_o 波形				

3. 验证相位条件

①改变线圈 L$_2$ 的首末、端位置,观察停振现象。

②恢复 L$_2$ 的正反馈接法,改变 L$_1$ 的首末端位置,观察停振现象。

4. 测量振荡频率

调节 R_W 使电路正常起振,同时用示波器和频率计测量谐振回路电容两种情况下的振荡频率 f_0,记入表 3.12.4 中。

表 3.12.4　不同回路电容时振荡频率测试

C/pF	1 000	100
f/kHz		

5. 观察谐振回路 Q 值对电路工作的影响

谐振回路两端并入 $R = 5.1$ kΩ 的电阻,观察 R 并入前后振荡波形的变化情况。

五、实验报告

①整理实验数据,并分析讨论:

a. 正弦波振荡器的相位条件和幅值条件。

b. 电路参数对 LC 振荡器起振条件及输出波形的影响。

②讨论实验中发现的问题及解决办法。

六、思考题

①LC 振荡器是怎样进行稳幅的?

②在不影响起振的条件下,晶体管的集电极电流是大一些好,还是小一些好?

③为什么可以用测量停振和起振两种情况下晶体管的 U_{BE} 变化,来判断起振器是否起振?

实验 13　波形发生电路的设计

一、实验目的

①掌握正弦波振荡电路的工作原理及电路结构。

②掌握正弦振荡器的调整与测量方法。

③了解二极管、集成运放的特性以及在波形发生电路中的应用。

④熟悉波形之间的转换方法。

二、实验设备

实验设备见表 3.13.1。

表 3.13.1　实验设备表

序号	名称	型号与规格	数量	备注
1	模拟电路实验台	—	1	
2	示波器	YB4300 系列	1	
3	低频信号发生器	UTG9002C	1	
4	交流毫伏表	TH1912	2	
5	交流电压表	SH1912	2	
6	直流稳压电源	UTP3704S	1	
7	万用表	UT890D	1	
8	集成运算放大器	UA741	1	

三、实验原理

本实验要求设计一个 RC 波形发生电路,采用运放 UA741 产生一个正弦波,然后通过电压比较器 LM393 产生方波,最后由方波经积分电路产生一个三角波。

RC 文氏电桥正弦振荡器常用作产生频率较低、频率范围宽、波形较好的正弦波,可分为电压型和电流型。本实验研究电压型。实验电路分别用分立元件和集成电路组成,如图 3.13.1所示,它们都是由具有选频作用的 RC 串、并联正反馈网络和负反馈网络构成的文氏电桥与放大器一起组成振荡器。显然,无论是由分立元件,还是由集成电路组成的 RC 文氏电桥正弦振荡器,它们的工作原理都完全相同。

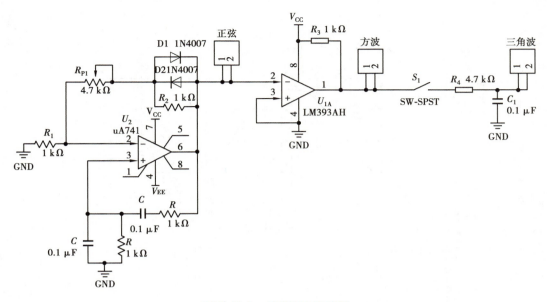

图 3.13.1　波形发生电路图

反馈放大器在无反馈时的电压放大倍数为 $\dot{A}_{\mathrm{V}}=\dfrac{\dot{V}_{\mathrm{o}}}{\dot{V}_{\mathrm{i}}}$，反馈网络的反馈系数为 $\dot{F}=\dfrac{\dot{V}_{\mathrm{F}}}{\dot{V}_{\mathrm{o}}}$ 当反馈

网络的的振幅 $\dot{V}_{F}(+)$ 大于输入信号的振幅 V_{i} 时，即满足产生自激振荡的振幅平衡条件：

$$\left|\dot{A}_{\mathrm{V}}\ \dot{F}(+)\right|\geqslant 1$$

当正反馈信号的相位与输入信号的相位相同时，即满足产生自激振荡的振幅平衡条件：

$$\varphi=2n\pi(n\in 正整数)$$

当 $\left|\dot{A}\ \dot{F}(+)\right|<1$ 时，振荡幅度收敛；反之 $\left|\dot{A}_{\mathrm{V}}\ \dot{F}(+)\right|>1$，则振荡幅度发散，进入放大器的非线性区，引起波形严重失真。因此，只有严格满足振幅和相位平衡条件，才能得到无失真、幅度稳定的正弦振荡信号。分析表明，正反馈系数为

$$\dot{F}(+)=\frac{\dot{V}_{F}(+)}{\dot{V}_{\mathrm{o}}}=\frac{1}{\left(1+\dfrac{R_{1}}{R_{2}}+\dfrac{C_{2}}{C_{1}}\right)+j\left(\omega C_{2}R_{1}-\dfrac{1}{\omega C_{1}R_{2}}\right)}$$

实验用文氏电桥振荡器中串并联网络元件参数是完全对称的，即 $R_{1}=R_{2}=R_{3}$，$C_{1}=C_{2}=C_{3}$，于是得

$$\dot{F}(+)=\frac{1}{3+j\left(\omega RC-\dfrac{1}{\omega RC}\right)}=\frac{1}{3+j\left(\dfrac{\omega}{\omega_{0}}-\dfrac{\omega_{0}}{\omega}\right)}\qquad(3.13.1)$$

故振幅和相角分别为

$$\left|\dot{F}(+)\right|=\frac{1}{\sqrt{9+\left(\dfrac{\omega}{\omega_{0}}-\dfrac{\omega_{0}}{\omega}\right)^{2}}}$$

$$\varphi = -\tan^{-1}\frac{\left(\dfrac{\omega}{\omega_0} - \dfrac{\omega_0}{\omega}\right)}{3}$$

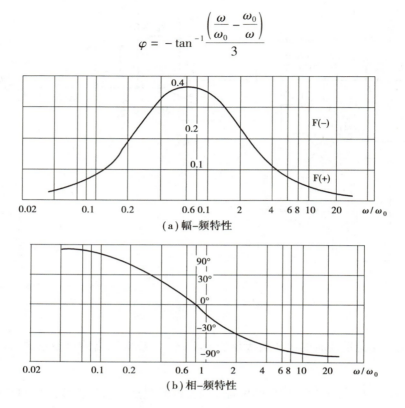

（a）幅-频特性

（b）相-频特性

图 3.13.2　RC 文氏电桥的频率特性曲线

其中 $\omega_0 = \dfrac{1}{RC}$，为 RC 串并联网络的特征频率。显然，它们都是频率的函数。图 3.13.2（a），（b）分别示出了文氏电桥的幅频特性，由图可见，在 $\omega = \omega_0$ 处，正反馈支路幅频特性的幅值最大，且为 $|\dot{F}(+)| = \dfrac{1}{3}$，相移为 $=0$。

由振幅平衡条件得

$$|\dot{A}_V \dot{F}(+)| \geqslant 1 \qquad\qquad (3.13.2)$$

故电路的起振条件是

$$|\dot{A}_V| \geqslant 3$$
$$\varphi = 2n\pi \quad (n = 0,1,2,3,\cdots)$$

为使电路起振，放大器的相同端到输出端的放大倍数应小于 3。实验中，通过调节点位器 W 改变负反馈系数 $F(-)$，使放大倍数满足要求。

本实验中所用电路，由于 $\dot{V}_o$ 与 $\dot{V}_i$ 同相位，且 $\dot{V}_F(+)$ 与 $\dot{V}_o$ 同相位，故满足相位平衡条件，即式（3.13.1）中的虚部为零，于是由相位平衡条件，可得

$$\omega_0 RC - \frac{1}{\omega_0 RC} = 0$$

故振荡频率为

$$f_0 = \frac{1}{2\pi RC}$$

文氏电桥振荡器只有在 f_0 这个频率下传输系数最大,且相移为零,即电路只有在单一频率 f_0 上才能产生正弦自激振荡。在 f_0 以外,由于文氏电桥的附加相移不能满足起振条件而停振。当同时连续改变 R_1,R_2(或 C_1,C_2)的值时,即可得到频率范围较宽的正弦波。

四、实验内容

1. 波形频率的测量

图 3.13.1 中,改变滑动变阻器 R_P(R_f)的大小,测量并记录产生波形的频率,并记录在表 3.13.2 中。

表 3.13.2　反馈放大器参数测试结果记录

R_f	T	$f_{0(实测)}$	$f_{0(平均)}$	$f_0''_{(理论)}$	误差

2. 波形图测量

观察上述步骤中不同 R_f 情况下对应的输出波形的形状,并记录波形峰值大小,完成图 3.13.3。

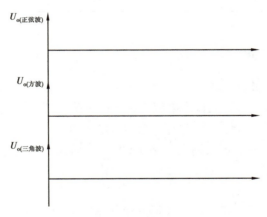

图 3.13.3　波形图

五、思考题

①RC 文氏电桥正弦振荡器的输出波形和幅度与哪些因数有关?

②RC 文氏电桥正弦振荡器的最高振荡频率受哪些因数的影响?

③为使本实验具有实用性,你有什么建议?

实验 14　串联型直流稳压电源设计

一、实验目的

①掌握直流稳压电源的组成及设计方法。
②掌握集成稳压器的特点和主要指标的测试方法。

二、实验设备

实验设备见表 3.14.1。

表 3.14.1　实验设备表

序号	名称	型号与规格	数量	备注
1	模拟电路实验台	—	1	
2	示波器	YB4300 系列	1	
3	低频信号发生器	UTG9002C	1	
4	交流毫伏表	TH1912	2	
5	交流电压表	SH1912	2	
6	直流稳压电源	UTP3704S	1	
7	万用表	UT890D	1	

三、设计要求及技术指标

①设计一个双路直流稳压电源。
②输出电压 $U_o = \pm 12$ V,最大输出电流 $I_{o\,max} = 0.5$ A。
③输出纹波电压 $\Delta U_{OP-P} \leqslant 5$ mV,稳压系数 $S_U \leqslant 5 \times 10^{-3}$。
④选作:加输出限流保护电路;输出一路 +5 V 直流电压。

四、实验原理

直流稳压电源电路的总电路框图和波形变换如图 3.14.1 所示。

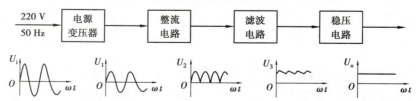

图 3.14.1　直流稳压电源电路的总电路框图和波形变换

（1）电源变压器

电源变压器的作用是将电网 220 V 的交流电压变换成整流滤波电路所需的低电压。这里我们输出 13.5 V 的交流电压。

（2）整流电路

整流电路一般由具有单向导电性的二极管构成，经常采用单相桥式整流电路。我们采用 4 个二极管组成单相桥式整流电路。整流过程中，4 个二极管轮流导通，无论正半周和还是负半周，经过负载的电流方向都是一致的，形成全波整流，将变压器输出的交流电压变成了脉动的直流电压。

桥式整流电路如图 3.14.2 所示。

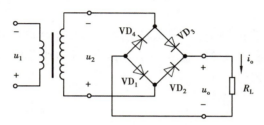

图 3.14.2　桥式整流电路图

桥式整流波形图如图 3.14.3 所示。

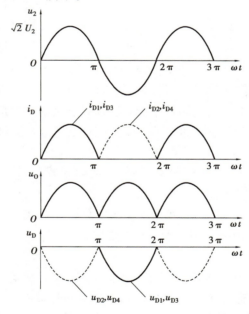

图 3.14.3　桥式整流波形图

电路参数选择

$$U_{o(AV)} = \frac{1}{\pi} \int_0^\pi \sqrt{2} U_2 \sin \omega t \mathrm{d}(\omega t)$$

$$U_{o(AV)} = \frac{2\sqrt{2} U_2}{\pi} \approx 0.9 U_2$$

145

$$I_{o(AV)} = \frac{U_{o(AV)}}{R_L} \approx \frac{0.9 U_2}{R_L}$$

$$I_{o(AV)} = \frac{I_{O(AV)}}{2} \approx \frac{0.45 U_2}{R_L}$$

$$U_{R\,max} = \sqrt{2} U_2$$

考虑到电网电压波动范围为 ±10%,二极管的极限参数应该满足

$$I_F > \frac{1.1 I_{o(AV)}}{2} \approx 1.1 \frac{0.45 U_2}{R_L}$$

$$U_R > 1.1\sqrt{2} U_2$$

(3)滤波电路

在整流电路输出端并联电容即可形成滤波电路。加入电容滤波电路后,由于电容是储能元件,利用其充放电性,使输出波形平滑,减少脉动成分,以达到滤波目的。为了使滤波效果更好,可选用大容量的电容滤波。

滤波电路图如图 3.14.4 所示。

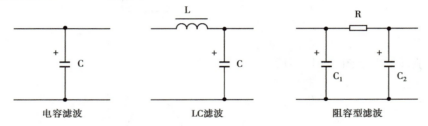

图 3.14.4　滤波电路图

对于电容滤波:电容器 C 对直流开路,对交流阻抗小,所以 C 应该并联在负载两端。

对于 LC 滤波:电感器 L 对直流阻抗小,对交流阻抗大,因此 L 应与负载串联。

阻容型滤波电路滤波效果最好,但其带载能力小,虽然电容滤波电路滤波效果一般,但其结构简单,且带载能力小。

电容滤波的计算比较麻烦,因为决定输出电压的因素较多。工程上有详细的曲线可供查阅。一般常采用以下近似估算法:

$$R_L C = (3 \sim 5) T/2$$

近似公式 $U_L = 1.2 U_2$,电容的耐压大于 $1.1\sqrt{2} U_2$。

(4)稳压电路

经过滤波后输出的直流电压依然存在较大的波纹,而且交流电网电压容许有 10% 的起伏,随着电网电压的起伏,输出电压也会变化。此外,经过滤波的电压也与负载的大小有关,当负载加重的时候,由于输出电流能力有限,导致输出电压下降。因此,在本实验中,我们选用 LM7812,LM7912 进行稳压。同时在稳压芯片后端加入 0.1 μF 左右的小电容防止高频噪声,并且可以防止负载对芯片的影响。前端加入电容可以减小自激。

三端集成稳压器具有体积小、外接线路简单、使用方便、工作可靠和通用性等优点,因此在各种电子设备中应用十分普遍,基本上取代了由分立元件构成的稳压电路。

78××系列属于正极性输出,79××系列属于负极性输出;一般有 5 V,6 V,9 V,12 V,15 V,18 V,24 V 七个挡,输出电流最大可达 1.5 A(加散热片)。

78 系列外形及接线图如图 3.14.5 所示。

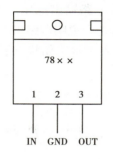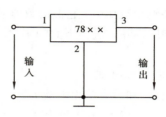

图 3.14.5　78 系列外形及接线图

本实验图 3.14.6 所用稳压器 7812、7912 的主要参数有:U_o = +12 V,输出电流分 L 和 M 两挡。其中 L:0.1 A,M:0.5 A,电压调整率 10 mV/V。输出电阻 R_o = 0.15 Ω,输入电压 U_i 为 15 ~ 17 V,因为一般 U_i 要比 U_o 大 3 ~ 5 V,才能保证集成稳压器工作在线性区。

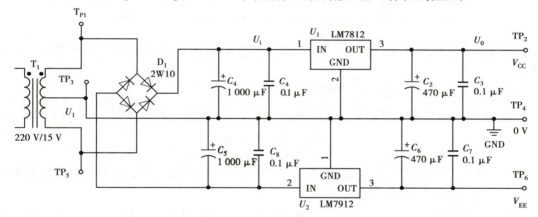

图 3.14.6　三端稳压器实验电路图

五、实验内容

1. 整流滤波电路测试

按图 3.14.2 连接实验电路,取可调工频电源 13.5 V 电压作为整流电路输入电压 U_1(万用表交流电压挡测量)。接通工频电源,用万用表的直流电压挡测量 U_i,比较整流输出电压和滤波输出电压,看有无滤波的不同。把数据及波形记录表 3.14.2 中。

表 3.14.2　电压值记录

	U_i 实测值/V	U_i 理论值/V
电压值		
波形		

147

2. 集成稳压器性能测试

断开工频电源，按图 3.14.2 接实验电路，取负载电阻 $R_L = 24\ \Omega$。

（1）初判电路状况

接通工频 13.5 V 电源，万用表测量 U_1 有效值和滤波电路输出电压 U_i（稳压器输入电压）、集成稳压器输出电压 U_o，它们的数值应与理论值相近，否则说明电路出了故障，因此应设法查找故障并加以排除再进行下面的实验。电路经初测进入正常工作状态后，才能进行各项指标的测试。

（2）各项性能指标测试

①输出电压 U_o 和最大输出电流 $I_{o\,max}$。

断开 R_L，用一只 12 Ω 电阻再串联一只的电位器替代之，调整电位器观察输出电流，记下 U_o 明显下降时的输出电流值，见表 3.14.3。

表 3.14.3　输出电压和最大输出电流

	U_o/V	I_{omax}/mA
实测值		
标称值		500 mA

根据 LM7812 的指标，在 500 mA 下 U_o 应基本保持不变，若变化较大则说明集成块性能不良。

②稳压系数 S（电压调整率）的测量。

稳压系数定义为：当负载保持不变时输出电压相对变化量与输入电压相对变化量之比，即

$$S = \frac{\Delta U_o/U_o}{\Delta U_i/U_i} \mid R_L = 常数$$

由于工程上常把电网电压波动 $\pm 10\%$ 作为极限条件，因此也有将此时输出电压的相对变化 $\Delta U_o/U_o$ 作为衡量指标，称为电压调整率。

取 $R_L = 24\ \Omega$，按表 3.14.3 改变整流电路输入电压 U_2（模拟电网电压波动），分别测出相应的稳压器输入电压 U_i 及输出直流电压 U_o，记入表 3.14.4 中。

表 3.14.4　电压调整率数据表

测试值			计算值		
U_1	U_i	U_o	ΔU_i	ΔU_o	S
15					
17					

③输出电阻 R_o 的测量。

输出电阻 R_o 定义为：当输入电压 U_i（稳压电路输入）保持不变，由于负载变化而引起的输出电压变化量与输出电流变化量之比，即

$$R_o = \frac{\Delta U_o}{\Delta I_o} \mid U_i = 常数$$

U_i = 常数,取 U_2 = 15 V,改变负载 R_L,使 R_L 为 ∞ 和 24 Ω,测量相应的 I_o, U_o 值,记入表 3.14.5中。

表 3.14.5　测量数据表

测试值			计算值		
R_L	I_o	U_o	R_o	设计值	误差
∞					
24					

④自拟方案和表格,测量电源的纹波系数。(选做)

取 U_i = 15 V, U_o = 12 V, R_L = 24 Ω

提示:纹波系数是指直流稳压电源的直流输出电压 V 上所叠加的交流分量的总有效值与直流分量的比值。

测量方法:先用直流电压表测量出直流电压 U_o,再用交流毫伏表(或其他仪器)测出纹波电压 ΔU_o。则纹波系数 γ 为: $\gamma = \Delta U_o / U_o$。

a. 把输出电压 U_o 调到 12 V,负载电流为 500 mA,用晶体管毫伏表测量纹波电压。

b. 保持输入电压 U_i 为 15 V,改变负载 I_L,观察 I_L 变化对纹波电压的影响。

纹波电压测量电路图如图 3.14.7 所示。

图 3.14.7　纹波电压测量

六、预习要求

①了解稳压电源的工作原理及其指标的物理意义。
②了解稳压电源的调整步骤,以及了解动态内阻等参数的测量方法。

七、实验报告

①将测得数据列成表格。
②计算出 S 和 R_o。

实验 15　集成型稳压直流稳压电源

一、实验目的

①研究集成稳压器的特点和性能指标的测试方法。

②了解集成稳压器扩展性能的方法。

二、实验设备

实验设备见表 3.15.1。

表 3.15.1　实验设备表

序号	名称	型号与规格	数量	备注
1	模拟电路实验台	—	1	
2	示波器	YB4300 系列	1	
3	低频信号发生器	UTG9002C	1	
4	交流毫伏表	TH1912	2	
5	交流电压表	SH1912	2	
6	直流稳压电源	UTP3704S	1	
7	万用表	UT890D	1	
8	三端稳压器	W7812	1	
9	电阻器、电容器	—	若干	

三、实验原理

随着半导体工艺的发展,稳压电路也制成了集成器件。由于集成稳压器具有体积小、外接线路简单、使用方便、工作可靠和通用性等优点,因此在各种电子设备中应用十分普遍,基本上取代了由分立元件构成的稳压电路。集成稳压器的种类很多,应根据设备对直流电源的要求来进行选择。对于大多数电子仪器、设备和电子电路来说,通常是选用串联线性集成稳压器。而在这种类型的器件中,又以三端式稳压器应用最为广泛。

W7800,W7900 系列三端式集成稳压器的输出电压是固定的,在使用中不能进行调整。W7800 系列三端式稳压器输出正极性电压,一般有 5 V,6 V,9 V,12 V,15 V,18 V,24 V 7 个挡,输出电流最大可达 1.5 A(加散热片)。同类型 78M 系列稳压器的输出电流为 0.5 A,78L 系列稳压器的输出电流为 0.1 A。若要求负极性输出电压,则可选用 W7900 系列稳压器。

图 3.15.1 为 W7800 系列的外形和接线图。

它有三个引出端:

输入端(不稳定电压输入端)标"1";

输出端(稳定电压输出端)标"3";

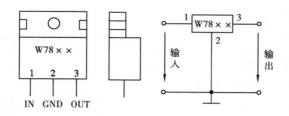

图 3.15.1　W7800 系列外形及接线图

公共端标"2"。

除固定输出三端稳压器外,尚有可调式三端稳压器,后者可通过外接元件对输出电压进行调整,以适应不同的需要。

本实验所用集成稳压器为三端固定正稳压器 W7812,它的主要参数有:输出直流电压 $U_o = +12$ V,输出电流 L:0.1 A,M:0.5 A,电压调整率 10 mV/V,输出电阻 $R_o = 0.15$ Ω,输入电压 U_i 的范围 15~17 V。因为一般 U_i 要比 U_o 大 3~5 V,才能保证集成稳压器工作在线性区。

图 3.15.2 是用三端式稳压器 W7812 构成的单电源电压输出串联型稳压电源的实验电路图。其中整流部分采用了由 4 个二极管组成的桥式整流器成品(又称桥堆),型号为 2W06(或 kBP306),内部接线和外部管脚引线如图 3.15.3 所示。滤波电容 C_1,C_2 一般选取几百至几千微法。当稳压器距离整流滤波电路比较远时,在输入端必须接入电容器 C_3(数值为0.33 μF),以抵消线路的电感效应,防止产生自激振荡。输出端电容 C_4(0.1 μF)用以滤除输出端的高频信号,改善电路的暂态响应。

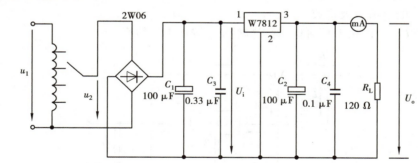

图 3.15.2　由 W7812 构成的串联型稳压电源

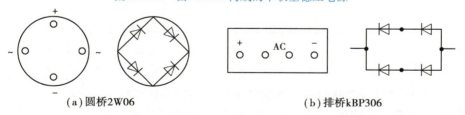

(a)圆桥2W06　　　　　　　　　　　　　(b)排桥kBP306

图 3.15.3　桥堆管脚图

图 3.15.4 为正、负双电压输出电路,例如需要 $U_{o1} = +15$ V,$U_{o2} = -15$ V,则可选用 W7815 和 W7915 三端稳压器,这时的 U_i 应为单电压输出时的两倍。

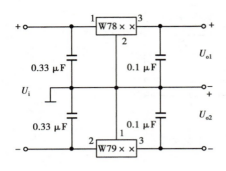

图 3.15.4　正、负双电压输出电路

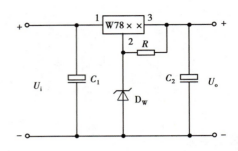

图 3.15.5　输出电压扩展电路

当集成稳压器本身的输出电压或输出电流不能满足要求时,可通过外接电路来进行性能扩展。图 3.15.5 是一种简单的输出电压扩展电路。如 W7812 稳压器的 3,2 端间输出电压为 12 V,因此只要适当选择 R 的值,使稳压管 D_W 工作在稳压区,则输出电压 $U_o = 12 + U_Z$,可以高于稳压器本身的输出电压。

图 3.15.6 是通过外接晶体管 T 及电阻 R_1 来进行电流扩展的电路。电阻 R_1 的阻值由外接晶体管的发射结导通电压 U_{BE}、三端式稳压器的输入电流 I_i(近似等于三端稳压器的输出电流 I_{01})和 T 的基极电流 I_B 来决定,即

$$R_1 = \frac{U_{BE}}{I_R} = \frac{U_{BE}}{I_i - I_B} = \frac{U_{BE}}{I_{o1} - \dfrac{I_C}{\beta}}$$

式中　I_C——晶体管 T 的集电极电流,它应等于 $I_C = I_o - I_{o1}$;

　　　β——T 的电流放大系数。

对于锗管 U_{BE} 可按 0.3 V 估算,对于硅管 U_{BE} 按 0.7 V 估算。

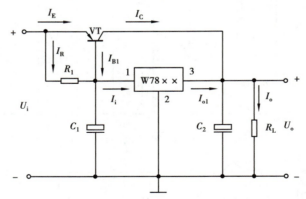

图 3.15.6　输出电流扩展电路

附:①图 3.15.7 为 W7900 系列(输出负电压)外形及接线图。

②图 3.15.8 为可调输出正三端稳压器 W317 外形及接线图。

输出电压计算公式:$U_o \approx 1.25\left(1 + \dfrac{R_2}{R_1}\right)$

最大输入电压 $U_{im} = 40$ V

输出电压范围 $U_o = 1.2 \sim 37$ V

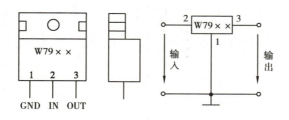

图 3.15.7　W7900 系列外形及接线图

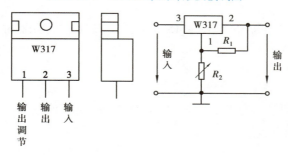

图 3.15.8　W317 外形及接线图

四、实验内容

1. 整流滤波电路测试

按图 3.15.9 连接实验电路,取可调工频电源 14 V 电压作为整流电路输入电压 u_2。接通工频电源,测量输出端直流电压 U_L 及纹波电压 $\widetilde{U}_L$,用示波器观察 u_2,u_L 的波形,把数据及波形记入自拟表格中。

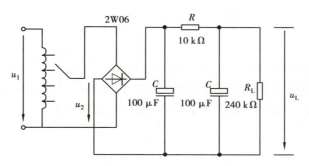

图 3.15.9　整流滤波电路

2. 集成稳压器性能测试

断开工频电源,按图 3.15.2 改接实验电路,取负载电阻 $R_L = 120\ \Omega$。

(1)初测

接通工频 14 V 电源,测量 U_2 值;测量滤波电路输出电压 U_i(稳压器输入电压),集成稳压器输出电压 U_o,它们的数值应与理论值大致符合,否则说明电路出了故障。设法查找故障并加以排除。电路经初测进入正常工作状态后,才能进行各项指标的测试。

(2)各项性能指标测试

①输出电压 U_o 和最大输出电流 $I_{o\,max}$ 的测量。

在输出端接负载电阻 $R_L = 120\ \Omega$，由于 7812 输出电压 $U_o = 12$ V，因此流过 R_L 的电流 $I_{o\ max} = \dfrac{12}{120} = 100$ mA。这时 U_o 应基本保持不变，若变化较大则说明集成块性能不良。

②稳压系数 s 的测量。

③输出电阻 R_o 的测量。

④输出纹波电压的测量。

②，③，④的测试方法同实验 10，把测量结果记入自拟表格中。

（3）* 集成稳压器性能扩展

根据实验器材，选取图 3.15.4、图 3.15.5 或图 3.15.8 中各元器件，并自拟测试方法与表格，记录实验结果。

五、实验总结

①整理实验数据，计算 s 和 R_o，并与手册上的典型值进行比较。

②分析讨论实验中发生的现象和问题。

六、预习要求

①复习教材中有关集成稳压器部分内容。

②列出实验内容中所要求的各种表格。

③在测量稳压系数 s 和内阻 R_o 时，应怎样选择测试仪表？

实验 16　晶闸管可控整流电路

一、实验目的

①学习单结晶体管和晶闸管的简易测试方法。

②熟悉单结晶体管触发电路（阻容移相桥触发电路）的工作原理及调试方法。

③熟悉用单结晶体管触发电路控制晶闸管调压电路的方法。

二、实验仪器

实验设备见表 3.16.1。

表 3.16.1　实验设备表

序号	名称	型号与规格	数量	备注
1	模拟电路实验台	—	1	
2	示波器	YB4300 系列	1	
3	低频信号发生器	UTG9002C	1	
4	交流毫伏表	TH1912	2	

续表

序号	名称	型号与规格	数量	备注
5	交流电压表	SH1912	2	
6	直流稳压电源	UTP3704S	1	
7	万用表	UT890D	1	
8	晶闸管	3CT3A	1	
9	二极管、稳压管	—	若干	

三、实验原理

可控整流电路的作用是把交流电变换为电压值可以调节的直流电。图 3.16.1 所示为单相半控桥式整流实验电路。主电路由负载 R_L(灯泡)和晶闸管 T_1 组成,触发电路为单结晶体管 T_2 及一些阻容元件构成的阻容移相桥触发电路。改变晶闸管 T_1 的导通角,便可调节主电路的可控输出整流电压(或电流)的数值,这点可由灯泡负载的亮度变化看出。晶闸管导通角的大小决定于触发脉冲的频率 f,由公式

$$f = \frac{1}{RC}\ln\left(\frac{1}{1-\eta}\right)$$

可知,当单结晶体管的分压比 η(一般为 0.5 ~ 0.8)及电容 C 值固定时,则频率 f 大小由 R 决定,因此,通过调节电位器 R_W,使可以改变触发脉冲频率,主电路的输出电压也随之改变,从而达到可控调压的目的。

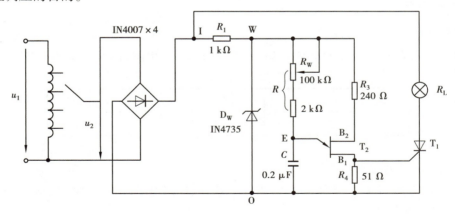

图 3.16.1　单相半控桥式整流实验电路

用万用电表的电阻挡(或用数字万用表二极管挡)可以对单结晶体管和晶闸管进行简易测试。

图 3.16.2 为单结晶体管 BT33 管脚排列、结构图及电路符号。好的单结晶体管 PN 结正向电阻 R_{EB1},R_{EB2} 均较小,且 R_{EB1} 稍大于 R_{EB2},PN 结的反向电阻 R_{B1E},R_{B2E} 均应很大,根据所测阻值,即可判断出各管脚及管子的质量优劣。

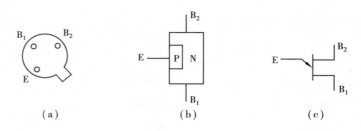

图 3.16.2 单结晶体管 BT33 管脚排列、结构图及电路符号

图 3.16.3 为晶闸管 3CT3A 管脚排列、结构图及电路符号。晶闸管阳极（A）—阴极（K）及阳极（A）—门极（G）的正、反向电阻 R_{AK}，R_{KA}，R_{AG}，R_{GA} 均应很大，而 G—K 为一个 PN 结，PN 结正向电阻应较小，反向电阻应很大。

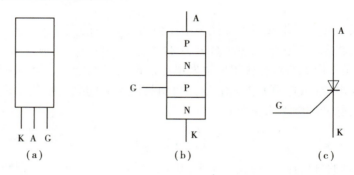

图 3.16.3 晶闸管 3CT3A 管脚排列、结构图及电路符号

四、实验内容

1. 单结晶体管的简易测试

用万用电表 R×10 Ω 挡分别测量 EB_1、EB_2 间正、反向电阻，记入表 3.16.2 中。

表 3.16.2 正、反向电阻 1

R_{EB1}/Ω	R_{EB2}/Ω	$R_{B1E}/k\Omega$	$R_{B2E}/k\Omega$	结论

2. 晶闸管的简易测试

用万用电表 R×1 k 挡分别测量 A—K、A—G 正、反向电阻；用 R×10 Ω 挡测量 G—K 正、反向电阻，记入表 3.16.3 中。

表 3.16.3 正、反向电阻 2

$R_{AK}/k\Omega$	$R_{KA}/k\Omega$	$R_{AG}/k\Omega$	$R_{GA}/k\Omega$	$R_{GK}/k\Omega$	$R_{KG}/k\Omega$	结论

3. 晶闸管导通、关断条件测试

断开 ±12 V、±5 V 直流电源，按图 3.16.4 连接实验电路。

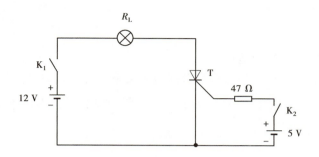

图 3.16.4 晶闸管导通、关断条件测试

①晶闸管阳极加 12 V 正向电压,门极开路加 5 V 正向电压,观察管子是否导通(导通时灯泡亮,关断时灯泡熄灭),管子导通后,去掉 +5 V 门极电压、反接门极电压(接 −5 V),观察管子是否继续导通。

②晶闸管导通后,去掉 +12 V 阳极电压、反接阳极电压(接 −12 V),观察管子是否关断,记录之。

4. 晶闸管可控整流电路

按图 3.16.1 连接实验电路。取可调工频电源 14 V 电压作为整流电路输入电压 u_2,电位器 R_W 置中间位置。

（1）单结晶体管触发电路

①断开主电路(把灯泡取下),接通工频电源,测量 U_2 值。用示波器依次观察并记录交流电压 u_2、整流输出电压 u_1(I-0)、削波电压 u_W(W-0)、锯齿波电压 u_E(E-0)、触发输出电压 u_{B1}(B$_1$-0)。记录波形时,注意各波形间对应关系,并标出电压幅度及时间,记入表 3.16.4 中。

②改变移相电位器 R_W 阻值,观察 u_E 及 u_{B1} 波形的变化及 u_{B1} 的移相范围,记入表 3.16.4 中。

表 3.16.4 单结晶体管触发电路测量数据表

u_2	u_I	u_W	u_E	u_{B1}	移相范围

（2）可控整流电路

断开工频电源,接入负载灯泡 R_L,再接通工频电源,调节电位器 R_W,使电灯由暗到中等亮,再到最亮,用示波器观察晶闸管两端电压 u_{T1}、负载两端电压 u_L,并测量负载直流电压 U_L 及工频电源电压 U_2 有效值,记入表 3.16.5 中。

表 3.16.5 可控整流电路测量数据表

	暗	较亮	最亮
u_L 波形			
u_T 波形			
导通角 θ			
U_L/V			
U_2/V			

五、实验总结

①总结晶闸管导通、关断的基本条件。

②画出实验中记录的波形（注意各波形间对应关系），并进行讨论。

③对实验数据 U_L 与理论计算 $U_L = 0.9 U_2 \dfrac{1 + \cos \alpha}{2}$ 数据进行比较，并分析产生误差原因。

④分析实验中出现的异常现象。

六、思考题

①复习晶闸管可控整流部分内容。

②可否用万用电表 $R \times 10$ k 欧姆挡测试管子？为什么？

③为什么可控整流电路必须保证触发电路与主电路同步？本实验是如何实现同步的？

④可以采取哪些措施改变触发信号的幅度和移相范围。

⑤能否用双踪示波器同时观察 u_2 和 u_L 或 u_L 和 u_{T1} 波形？为什么？

实验 17　温度监测及控制电路

一、实验目的

①学习由双臂电桥和差动输入集成运放组成的桥式放大电路。

②掌握滞回比较器的性能和调试方法。

③学会系统测量和调试。

二、实验设备

实验设备见表 3.17.1。

表 3.17.1　实验设备表

序号	名称	型号与规格	数量	备注
1	模拟电路实验台	—	1	
2	示波器	YB4300 系列	1	
3	低频信号发生器	UTG9002C	1	
4	交流毫伏表	TH1912	2	
5	交流电压表	SH1912	2	
6	直流稳压电源	UTP3704S	1	
7	万用表	UT890D	1	
8	热敏电阻	NTC	1	
9	运算放大器	UA741	2	
10	晶体三极管、稳压管	—	若干	

三、实验原理

实验电路如图 3.17.1 所示,它是由负温度系数电阻特性的热敏电阻(NTC 元件)R_t 为一臂组成测温电桥,其输出经测量放大器放大后由滞回比较器输出"加热"与"停止"信号,经三极管放大后控制加热器"加热"与"停止"。改变滞回比较器的比较电压 U_R 即改变控温的范围,而控温的精度则由滞回比较器的滞回宽度确定。

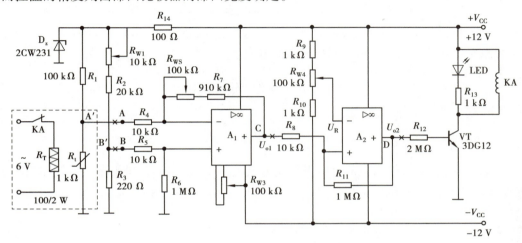

图 3.17.1　温度监测及控制实验电路

1. 测温电桥

由 R_1,R_2,R_3,R_{W1} 及 R_t 组成测温电桥,其中 R_t 是温度传感器。其呈现出的阻值与温度成线性变化关系且具有负温度系数,而温度系数又与流过它的工作电流有关。为了稳定 R_t 的工作电流,达到稳定其温度系数的目的,设置了稳压管 D_2。R_{W1} 可决定测温电桥的平衡。

2. 差动放大电路

由 A_1 及外围电路组成的差动放大电路,将测温电桥输出电压 ΔU 按比例放大。其输出电压

$$U_L = 0.9U_2 \frac{1+\cos\alpha}{2}U_{o1} = -\left(\frac{R_7+R_{W2}}{R_4}\right)U_A + \left(\frac{R_4+R_7+R_{W2}}{R_4}\right)\left(\frac{R_6}{R_5+R_6}\right)U_B$$

当 $R_4 = R_5$,$(R_7+R_{W2}) = R_6$ 时

$$U_{o1} = \frac{R_7+R_{W2}}{R_4}(U_B - U_A)$$

R_{W3} 用于差动放大器调零。

可见差动放大电路的输出电压 U_{o1} 仅取决于两个输入电压之差和外部电阻的比值。

3. 滞回比较器

差动放大器的输出电压 U_{o1} 输入由 A_2 组成的滞回比较器。

滞回比较器的单元电路如图 3.17.2 所示,设比较器输出高电平为 U_{oH},输出低电平为 U_{oL},参考电压 U_R 加在反相输入端。

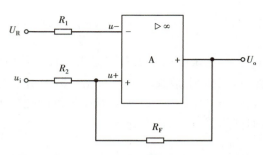

图 3.17.2　滞回比较器的单元电路

当输出为高电平 U_{oH} 时,运放同相输入端电位

$$u_{+H} = \frac{R_F}{R_2 + R_F} u_i + \frac{R_2}{R_2 + R_F} U_{oH}$$

当 u_i 减小到使 $u_{+H} = U_R$,即

$$u_i = u_{TL} = \frac{R_2 + R_F}{R_F} U_R - \frac{R_2}{R_F} U_{oH}$$

此后,u_i 稍有减小,输出就从高电平跳变为低电平。图 3.17.2 同相滞回比较器当输出为低电平 U_{oL} 时,运放同相输入端电位

$$u_{+L} = \frac{R_F}{R_2 + R_F} u_i + \frac{R_2}{R_2 + R_F} U_{oL}$$

当 u_i 增大到使 $u_{+L} = U_R$,即

$$u_i = U_{TH} = \frac{R_2 + R_F}{R_F} U_R - \frac{R_2}{R_F} U_{oL}$$

此后,u_i 稍有增加,输出又从低电平跳变为高电平。

因此 U_{TL} 和 U_{TH} 为输出电平跳变时对应的输入电平,常称 U_{TL} 为下门限电平,U_{TH} 为上门限电平,而两者的差值

$$\Delta U_T = U_{TR} - U_{TL} = \frac{R_2}{R_F}(U_{oH} - U_{oL})$$

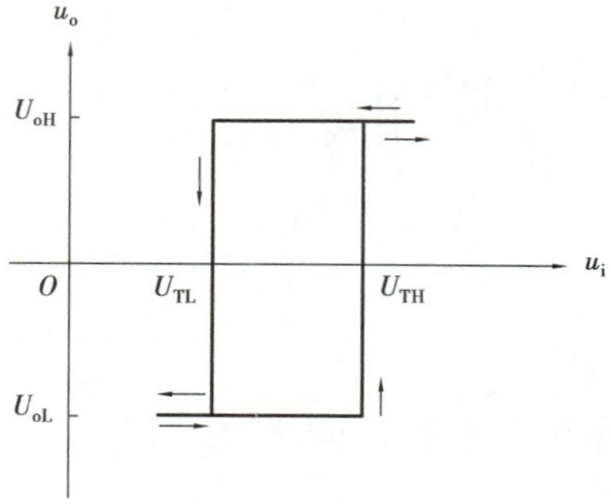

称为门限宽度,它们的大小可通过 R_2/R_F 的比值来调节。图 3.17.3 为滞回比较器的电压传输特性。

由上述分析可见,差动放器输出电压 u_{oI} 经分压后 A_2 组成的滞回比较器,与反相输入端的参考电压 U_R 相比较。当同相输入端的电压信号大于反相输入端的电压时,A_2 输出正饱和电压,三极管 VT 饱和导通。通过发光二极管 LED 的发光情况,可见负载的工作状态为加热。反之,为同相输入信号小于反相输入端电压时,A_2 输出负饱和电压,三极管 VT 截止,LED 熄灭,负载的工作状态为停止。调节 R_{W4} 可改变参考电平,也同时调节了上下门限电平,从而达到设定温度的目的。

图 3.17.3　电压传输特性

四、实验内容

1. 差动放大器

按图 3.17.2 连接实验电路,各级之间暂不连通,形成各级单元电路,以便各单元分别进行调试。差动放大电路如图 3.17.4 所示,它可实现差动比例运算。

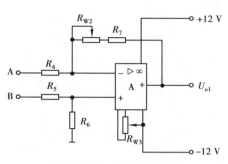

图 3.17.4　差动放大电路

①运放调零。将 A、B 两端对地短路,调节 R_{W3} 使 $U_o = 0$。

②去掉 A、B 端对地短路线。从 A、B 端分别加入不同的两个直流电平。当电路中 $R_7 + R_{W2} = R_6$,$R_4 = R_5$ 时,其输出电压

$$u_o = \frac{R_7 + R_{W2}}{R_4}(U_B - U_A)$$

在测试时,要注意加入的输入电压不能太大,以免放大器输出进入饱和区。

③将 B 点对地短路,把频率为 100 Hz、有效值为 10 mV 的正弦波加入 A 点。用示波器观察输出波形。在输出波形不失真的情况下,用交流毫伏表测出 u_i 和 u_o 的电压。算得此差动放大电路的电压放大倍数 A。

2. 桥式测温放大电路

将差动放大电路的 A、B 端与测温电桥的 A′、B′端相连,构成一个桥式测温放大电路。

①在室温下使电桥平衡。

在实验室室温条件下,调节 R_{W1},使差动放大器输出 $U_{o1} = 0$(注意:前面实验中调好的 R_{W3} 不能再动)。

②温度系数 k(V/C)。

由于测温需升温槽,为使实验简易,可虚设室温 T 及输出电压 u_{o1},温度系数 k 也定为一个常数,具体参数由读者自行填入表 3.17.2 中。

表 3.17.2　温度系数 k

温度 T/℃	室温℃			
输出电压 U_{o1}/V	0			

从表 3.17.1 中可得到 $k = \Delta U / \Delta T$。

③桥式测温放大器的温度 – 电压关系曲线。

根据前面测温放大器的温度系数 k,可画出测温放大器的温度 – 电压关系曲线,实验时要标注相关的温度和电压的值,如图 3.17.5 所示。从图中可求得在其他温度时,放大器实际应输出的电压值。也可得到在当前室温时,U_{o1} 实际对应值 U_S。

④重调 R_{W1},使测温放大器在当前室温下输出 U_S,即调 R_{W1},使 $U_{o1} = U_S$。

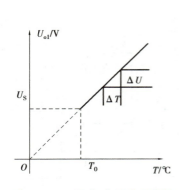

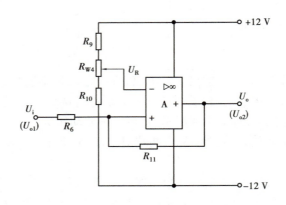

图 3.17.5　温度-电压关系曲线　　　　图 3.17.6　滞回比较器电路

3. 滞回比较器

滞回比较器电路如图 3.17.6 所示。

（1）直流法测试比较器的上、下门限电平

首先确定参考电平 U_R 值。调 R_{W4}，使 $U_R = 2$ V。然后将可变的直流电压 U_i 加入比较器的输入端。比较器的输出电压 U_o 送入示波器 Y 输入端（将示波器的"输入耦合方式开关"置于"DC"，X 轴"扫描触发方式开关"置于"自动"）。改变直流输入电压 U_i 的大小，从示波器屏幕上观察到当 u_o 跳变时所对应的 U_i 值，即为上、下门限电平。

（2）交流法测试电压传输特性曲线

将频率为 100 Hz，幅度为 3 V 的正弦信号加入比较器输入端，同时送入示波器的 X 轴输入端，作为 X 轴扫描信号。比较器的输出信号送入示波器的 Y 轴输入端。微调正弦信号的大小，可从示波器显示屏上看到完整的电压传输特性曲线。

4. 温度检测控制电路整机工作状况

①按图 3.17.1 连接各级电路。（注意：可调元件 R_{W1}，R_{W2}，R_{W3} 不能随意变动。如有变动，必须重新进行前面内容）

②根据所需检测报警或控制的温度 T，从测温放大器温度-电压关系曲线中确定对应的 u_{o1} 值。

③调节 R_{W4} 使参考电压 $U'_R = U_R = U_{o1}$。

④用加热器升温，观察温升情况，直至报警电路动作报警（在实验电路中当 LED 发光时作为报警），记下动作时对应的温度值 t_1 和 U_{o11} 的值。

⑤用自然降温法使热敏电阻降温，记下电路解除时所对应的温度值 t_2 和 U_{o12} 的值。

⑥改变控制温度 T，重做②，③，④，⑤的内容。把测试结果记入表 3.17.3 中。

根据 t_1 和 t_2 值，可得到检测灵敏度 $t_0 = (t_2 - t_1)$。

注：实验中的加热装置可用一个 100 Ω/2 W 的电阻 R_T 模拟，将此电阻靠近 R_t 即可。

表 3.17.3　测试结果

	设定温度 $T/℃$							
设定电压	从曲线上查得 U_{o1}							
	U_R							

续表

设定温度 $T/℃$								
动作温度	$T_1/℃$							
	$T_2/℃$							
动作电压	U_{o11}/V							
	U_{o12}/V							

五、实验总结

整理实数据,画出有关曲线、数据表格以及实验线路。用方格纸画出测温放大电路温度系数曲线及比较器电压传输特性曲线。

六、思考题

阅读教材中有关集成运算放大器应用部分的章节。了解集成运算放大器构成的差动放大器等电路的性能和特点。根据实验任务,拟出实验步骤及测试内容,画出数据记录表格。依照实验线路板上集成运放插座的位置,从左到右安排前后各级电路。画出元件排列及布线图。元件排列既要紧凑,又不能相碰,以便缩短连线,防止引入干扰。同时又要在实验中测试方便。

思考并回答下列问题:

①如果放大器不进行调零,将会引起什么结果?

②如何设定温度检测控制点?

实验 18　用运算放大器组成万用电表的设计与调试

一、实验目的

①设计由运算放大器组成的万用电表。

②组装与调试。

二、实验设备

实验设备见表 3.18.1。

表 3.18.1　实验设备表

序号	名称	型号与规格	数量	备注
1	模拟电路实验台	—	1	
2	示波器	YB4300 系列	1	
3	低频信号发生器	UTG9002C	1	
4	交流毫伏表	TH1912	2	

续表

序号	名称	型号与规格	数量	备注
5	交流电压表	SH1912	2	
6	直流稳压电源	UTP3704S	1	
7	万用表	UT890D	1	
8	热敏电阻	NTC	1	
9	运算放大器	UA741	2	
10	晶体三极管、稳压管	—	若干	

三、实验原理

在测量中,电表的接入应不影响被测电路的原工作状态,这就要求电压表应具有无穷大的输入电阻,电流表的内阻应为零。但实际上,万用电表表头的可动线圈总有一定的电阻,例如 $100\ \mu A$ 的表头,其内阻约为 $1\ k\Omega$,用它进行测量时将影响被测量电路,引起误差。此外,交流电表中的整流二极管的压降和非线性特性也会产生误差。如果在万用电表中使用运算放大器,就能大大降低这些误差,提高测量精度。在欧姆表中采用运算放大器,不仅能得到线性刻度,还能实现自动调零。

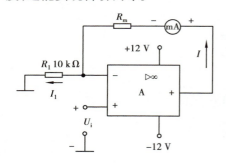

图 3.18.1　高精度直流电压表电路原路图

1. 直流电压表

图 3.18.1 为同相端输入、高精度直流电压表电路原理图。

为了减小表头参数对测量精度的影响,将表头置于运算放大器的反馈回路中,这时,流经表头的电流与表头的参数无关,只要改变 R_1 一个电阻,就可进行量程的切换。

表头电流 I 与被测电压 U_i 的关系为

$$I = \frac{U_i}{R_1}$$

应当指出,图 3.18.1 适用于测量电路与运算放大器共地的有关电路。此外,当被测电压较高时,在运放的输入端应设置衰减器。

2. 直流电流表

图 3.18.2 是浮地直流电流表的电路原理图。在电流测量中,浮地电流的测量是普遍存在的,例如:若被测电流无接地点,就属于这种情况。为此,应把运算放大器的电源也对地浮动,按此种方式构成的电流表就可像常规电流表那样,串联在任何电流通路中测量电流。

表头电流 I 与被测电流 I_1 间关系为

$$-I_1 R_1 = (I_1 - I)R_2$$

$$I = \left(1 + \frac{R_1}{R_2}\right)I_1$$

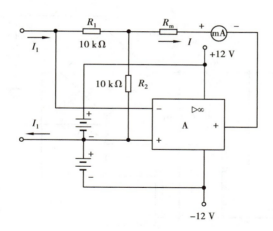

图 3.18.2　浮地直流电流表电路原理图

可见,改变电阻比 $\left(\dfrac{R_1}{R_2}\right)$,可调节流过电流表的电流,以提高灵敏度。如果被测电流较大时,应给电流表表头并联分流电阻。

3. 交流电压表

由运算放大器、二极管整流桥和直流毫安表组成的交流电压表如图 3.18.3 所示。被测交流电压 u_i 加到运算放大器的同相端,故有很高的输入阻抗,又因为负反馈能减小反馈回路中的非线性影响,故把二极管桥路和表头置于运算放大器的反馈回路中,以减小二极管本身非线性的影响。

表头电流 I 与被测电压 U_i 的关系为

$$I = \frac{U_i}{R_1}$$

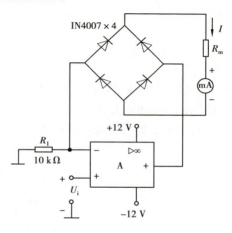

图 3.18.3　交流电压表

电流 I 全部流过桥路,其值仅与 $\dfrac{U_i}{R_1}$ 有关,与桥路和表头参数(如二极管的死区等非线性参数)无关。表头中电流与被测电压 U_i 的全波整流平均值成正比,若 U_i 为正弦波,则表头可按有效值来刻度。被测电压的上限频率决定于运算放大器的频带和上升速率。

4. 交流电流表

图 3.18.4 为浮地交流电流表,表头读数由被测交流电流 i 的全波整流平均值 I_{1AV} 决定,即

$$I = \left(1 + \frac{R_1}{R_2}\right)I_{1AV}$$

如果被测电流 i 为正弦电流,即 $i_1 = \sqrt{2}\,I_1 \sin \omega t$,则上式可写为

$$I = 0.9\left(1 + \frac{R_1}{R_2}\right)I_1$$

则表头可按有效值来刻度。

165

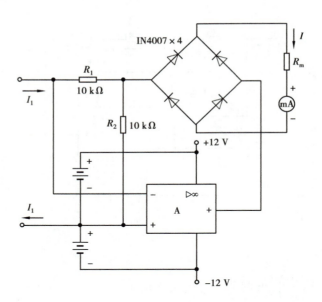

图 3.18.4　浮地交流电流表

5. 欧姆表

在此电路中,运算放大器改由单电源供电,被测电阻 R_X 跨接在运算放大器的反馈回路中,同相端加基准电压 U_{REF}。

图 3.18.5 为多量程的欧姆表。

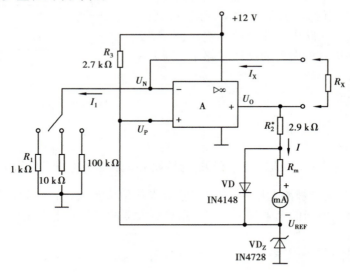

图 3.18.5　多量程的欧姆表

$$U_P = U_N = U_{REF}$$

$$I_1 = I_X$$

$$\frac{U_{REF}}{R_1} = \frac{U_o - U_{REF}}{R_X}$$

即

$$R_{\mathrm{X}} = \frac{R_1}{U_{\mathrm{REF}}}(U_{\mathrm{o}} - U_{\mathrm{REF}})$$

流经表头的电流

$$I = \frac{U_{\mathrm{o}} - U_{\mathrm{REF}}}{R_2 + R_{\mathrm{m}}}$$

由上两式消去 $(U_{\mathrm{o}} - U_{\mathrm{REF}})$，可得

$$I = \frac{U_{\mathrm{REF}} R_{\mathrm{X}}}{R_1(R_{\mathrm{m}} + R_2)}$$

可见，电流 I 与被测电阻成正比，而且表头具有线性刻度，改变 R_1 值，可改变欧姆表的量程。这种欧姆表能自动调零，当 $R_{\mathrm{X}} = 0$ 时，电路变成电压跟随器，$U_{\mathrm{o}} = U_{\mathrm{REF}}$，故表头电流为零，从而实现了自动调零。

二极管 D 起保护电表的作用，如果没有 D，当 R_{X} 超量程时，特别是当 $R_{\mathrm{X}} \to \infty$，运算放大器的输出电压将接近电源电压，使表头过载。有了 D 就可使输出钳位，防止表头过载。调整 R_2，可实现满量程调节。

四、注意事项

①在连接电源时，正、负电源连接点上各接大容量的滤波电容器和 0.01～0.1 μF 的小电容器，以消除通过电源产生的干扰。

②万用电表的电性能测试要用标准电压表、电流表校正，欧姆表用标准电阻校正。考虑实验要求不高，建议用数字式位万用电表作为标准表。

③万用电表的电路是多种多样的，建议用参考电路设计一只较完整的万用电表。

④万用电表作电压、电流或欧姆测量时，和进行量程切换时应用开关切换，但实验时可用引接线切换。

五、实验报告

①画出完整的万用电表的设计电路原理图。

②将万用电表与标准表作测试比较，计算万用电表各功能挡的相对误差，并分析误差原因。

③提出电路改进的建议。

④写出实验收获与体会。

第 4 章

数字电子技术实验

实验 1   TTL、CMOS 集成门电路的功能与参数测试

一、实验目的

①掌握 TTL、CMOS 器件主要参数的测试方法。
②掌握 TTL、CMOS 器件的主要使用规则和简单应用。
③进一步熟悉数字电路实验装置的基本功能和使用方法。

二、实验设备

实验设备见表4.1.1。

表 4.1.1   实验设备表

序号	名称	型号与规格	数量	备注
1	数字电路实验台	KHD – 2	1	
2	直流数字电压表	0 ~ 200 V	1	D31
3	直流毫安表	0 ~ 200 mA	1	D31
4	与非门	74LS20	2	
5	电位器	1 K、10 K	2	DG09
6	电阻器	200 Ω(0.5 W)	1	

三、实验原理

    逻辑门电路早期是由分立元件构成的,体积大、性能差。随着半导体工艺的不断发展,电路设计也随之改进,使所有元器件连同布线都集成在一小块硅芯片上,形成集成逻辑门。集成

逻辑门电路是最基本的数字集成元件,目前使用较普遍的双极型数字集成电路是 TTL 集成门电路,它的品种已超过千种。CMOS 逻辑门电路是在 TTL 电路问世之后,所开发出的另一种广泛应用的数字集成器件。从发展趋势来看,由于制造工艺的改进,CMOS 器件的性能已经超过 TTL 而成为占主导地位的逻辑器件。通过本实验,要求同学们初步掌握数字电路集成芯片的使用方法和基本参数的测试方法。图 4.1.1 为 74LS00 管脚排列及逻辑符号,图 4.1.2 为 CC4011 管脚排列及逻辑符号。

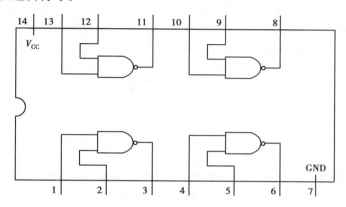

图 4.1.1　74LS00 管脚排列及逻辑符号

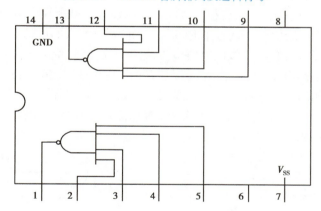

图 4.1.2　CC4011 管脚排列及逻辑符号

与非门的主要参数如下。

①低电平输出电源电流 I_{CCL} 和高电平输出电源电流 I_{CCH} 与非门处于不同的工作状态,电源提供的电流是不同的。

I_{CCL}:所有输入端悬空(CMOS 输入端接电源),输出端空载时,电源提供器件的电流。

I_{CCH}:输出端空载,每个门各有一个以上的输入端接地,其余输入端悬空,电源提供给器件的电流。

通常 $I_{CCL} > I_{CCH}$,它们的大小标志着器件静态功耗的大小。标准集成电路数据手册中提供的电源电流和功耗值是指整个器件总的电源电流和总的功耗。

I_{CCL} 和 I_{CCH} 测试电路如图 4.1.3(a)、(b)所示。

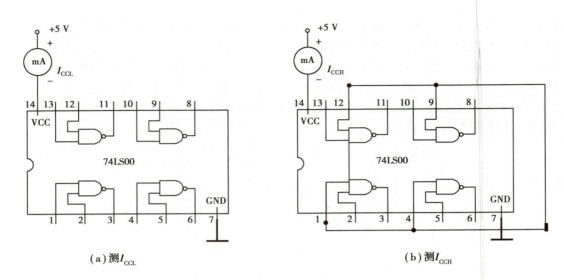

（a）测I_{CCL}　　　　　　　　　　（b）测I_{CCH}

图 4.1.3　I_{CCL} 和 I_{CCH} 测试电路图

[注意]：TTL 电路对电源电压要求较严，电源电压 V_{CC} 只允许在（ +5 ±10% ）V 的范围内工作，超过 5.5 V 将损坏器件；低于 4.5 V 器件的逻辑功能将不正常。

②低电平输入电流 I_{iL} 和高电平输入电流 I_{iH}。

I_{iL}：被测输入端接地，其余输入端悬空，输出端空载时，由被测输入端流出的电流值。在多级门电路中，I_{iL} 相当于前级门输出低电平时，后级向前级门灌入的电流，因此它关系到前级门的灌电流负载能力，即直接影响前级门电路带负载的个数，因此希望 I_{iL} 小些。

I_{iH}：被测输入端接高电平，其余输入端接地，输出端空载时，流入被测输入端的电流值。在多级门电路中，它相当于前级门输出高电平时，前级门的拉电流负载，其大小关系到前级门的拉电流负载能力，希望 I_{iH} 小些。由于 I_{iH} 较小，难以测量，一般免于测试。

I_{iL} 和 I_{iH} 测试电路如图 4.1.4 所示。

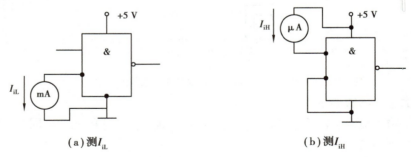

（a）测I_{iL}　　　　　　　　　　（b）测I_{iH}

图 4.1.4　I_{iL} 和 I_{iH} 测试电路图

③扇出系数 N_o。

扇出系数 N_o 指门电路能驱动同类门的个数，它是衡量门电路负载能力的一个参数，TTL 与非门有两种不同性质的负载，即灌电流负载和拉电流负载，因此有两种扇出系数，即低电平扇出系数 N_{oL} 和高电平扇出系数 N_{oH}。通常 $I_{iH} < I_{iL}$，则 $N_{oH} > N_{oL}$，故常以 N_{oL} 作为门的扇出系数。

N_{oL} 的测试电路如图 4.1.5 所示，门的输入端全部悬空，输出端接灌电流负载 R_L，调节 R_L

使 I_{oL} 增大，V_{oL} 随之增高，当 V_{oL} 达到 V_{oLm}（低电平规范值 0.4 V）时的 I_{oL} 就是允许灌入的最大负载电流，则通常 $N_{oL} \geq 8$。

④电压传输特性：门的输出电压 V_o 随输入电压 V_i 而变化的曲线 $V_o = f(V_i)$ 称为门的电压传输特性，通过它可读得门电路的一些重要参数，如输出高电平 V_{oH}、输出低电平 V_{oL}、关门电平 V_{Off}、开门电平 V_{ON}、阈值电平 V_T 及抗干扰容限 V_{NL}、V_{NH} 等值。测试电路如图 4.1.6 所示，采用逐点测试法，即调节 R_W，逐点测得 V_i 及 V_o，然后绘成电压传输特性曲线，如图 4.1.7 所示。

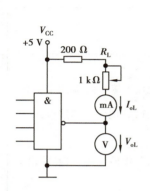
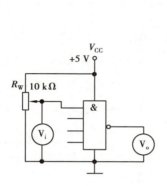
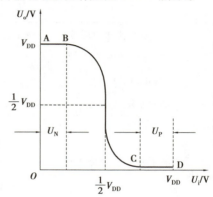

图 4.1.5　扇出系数测试电路　　图 4.1.6　传输特性测试电路　　　图 4.1.7　电压传输特性曲线

⑤平均传输延迟时间 t_{pd}。

t_{pd} 指衡量门电路开关速度的参数，它是指输出波形边沿的 $0.5V_m$ 至输入波形对应边沿 $0.5V_m$ 点的时间间隔。

图 4.1.8 中的 t_{PDL} 为导通延迟时间，t_{PDH} 为截止延迟时间，平均传输延迟时间为

$$t_{pd} = \frac{1}{2}(t_{PDL} + t_{PDH})$$

t_{pd} 的测试电路如图 4.1.9 所示，由于 TTL 门电路的延迟时间较小，直接测量时对信号发生器和示波器的性能要求较高，故实验测量由奇数个与非门组成的环形振荡器的振荡周期 T 来求得。其工作原理：假设电路在接通电源后某一瞬间，电路中的 A 点为逻辑"1"，经过三级门的延迟后，使 A 点由原来的逻辑"1"变为逻辑"0"；再经过三级门的延迟后，A 点电平又重新回到逻辑"1"。电路中其他各点电平也跟随变化。说明使 A 点发生一个期的振荡，必须经过 6 级门的迟时间。因此平均传输延迟时间为 $t_{pd} = \dfrac{T}{6}$，TTL 电路的 t_{pd} 一般为 10～40 ns。

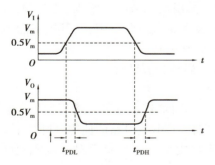
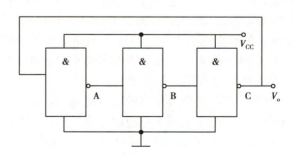

图 4.1.8　传输延迟特性　　　　　图 4.1.9　t_{pd} 的测试电路

171

⑥74LS00 主要电气参数见表4.1.2。

说明：

A. CMOS 集成电路是将 N 沟道 MOS 晶体管和 P 沟道 MOS 晶体管同时用于一个集成电路中,成为组合两种沟道 MOS 管性能的更优良的集成电路。CMOS 集成电路的主要优点:

a. 功耗低,CMOS 集成电路静态功耗非常小,在 $V_{DD} = 5$ V 时,门电路的功耗只有几个 μW,即使是中规模集成电路,其功耗也不会超过 100 μW。

表 4.1.2　74LS00 主要电气参数表

参数名称和符号		规范值	测试条件
直流参数	通导电源电流 I_{CCL}	<14 mA	$V_{CC} = 5$ V,输入端悬空,输出端空载
	截止电源电流 I_{CCM}	<7 mA	$V_{CC} = 5$ V,输入端接地,输出端空载
	低电平输入电流 I_a	≤1.4 mA	$V_{CC} = 5$ V,被测输入端接地,其他输入端悬空,输出端空载
	高电平输入电流 I_{iH}	<50 μA	$V_{CC} = 5$ V,被测输入端 $V_{in} = 2.4$ V,其他输入端接地,输出端空载
		<1 mA	$V_{CC} = 5$ V,被测输入端 $V_{in} = 5$ V,其他输入端接地,输出端空载
	输出高电平 V_{oH}	≥3.4 V	$V_{CC} = 5$ V,被测输入端 $V_{in} = 0.8$ V,其他输入端悬空,输出端空载,$I_{om} = 400$ μA
	输出低电平 V_{oL}	<0.3 V	$V_{CC} = 5$ V,被测输入端 $V_{in} = 2.0$ V,$I_{oL} = 12.8$ mA
	扇出系数 N_o	4~10	同 V_{oH} 和 V_{oL}
交流参数	平均传输延迟时间 t_{pd}	≤20 ns	$V_{CC} = 5$ V,被测输入信号,$V_{in} = 3.0$ V,$f = 2$ MHz

b. 高输入阻抗,通常大于 1 010 Ω,远高于 TTL 器件的输入阻抗。

c. 接近理想的传输特性,输出高电平可达电源电压的 99.9% 以上,低电平可达电源电压的 0.1% 以下,因此输出逻辑电平的摆幅很大,噪声容限很高。

d. 电源电压范围广,可在 3~18 V 内正常运行。

e. 由于有很高的输入阻抗,要求驱动电流很小,约 0.1 μA,输出电流在 +5 V 电源下约为 500 μA,远小于 TTL 电路,如以此电流来驱动同类门电路,其扇出系数将非常大。在一般低频率时,无须考虑扇出系数,但在高频时,后级门的输入电容将成为主要负载,使其扇出能力下降,所以在较高频率工作时,CMOS 电路的扇出系数一般取 10~20。

B. CMOS 与非门主要参数的定义及测试方法与 TTL 电路相仿,从略。

C. CMOS 电路的使用规则:

由于 CMOS 电路有很高的输入阻抗,这给使用者带来一定的麻烦,即外来的干扰信号很容易在一些悬空的输入端上感应出很高的电压,以至损坏器件。CMOS 电路的使用规则如下:

a. V_{DD} 接电源正极,VSS 接电源负极(通常接地⊥),不得接反。CC4000 系列的电源允许电压在 3~18 V 内选择,实验中一般要求使用 5~15 V。

b. 所有输入端一律不准悬空。

闲置输入端的处理方法：

- 按照逻辑要求，直接接 V_{DD}（与非门）或 VSS（或非门）。
- 在工作频率不高的电路中，允许输入端并联使用。

c. 输出端不允许直接与 V_{DD} 或 VSS 连接，否则将导致器件损坏。

d. 在装接电路，改变电路连接或插、拔电路时，均应切断电源，严禁带电操作。

e. 焊接、测试和储存时的注意事项：

- 电路应存放在导电的容器内，有良好的静电屏蔽。
- 焊接时必须切断电源，电烙铁外壳必须良好接地，或拔下烙铁，靠其余热焊接。

四、实验内容

TTL74LS00 主要参数的测试如下。

①分别按照图 4.1.3、图 4.1.4、图 4.1.9 接线并完成测试，将测试结果填入表 4.1.3 中。

表 4.1.3　74LS00 主要参数测试表

I_{CCL}/mA	I_{CCH}/mA	I_{iL}/mA	I_{oL}/mA	$N_o = I_{oL}/I_{iL}$	$t_{pd} = T/6$

②按照图 4.1.6 接线，调节电位器 R_P 使 V_i 从 0 V 向高电平变化，逐点测量 V_i 和 V_o 的对应值，记入表 4.1.4 内。

表 4.1.4　电压传输特性测试表

V_i/V	0	0.3	0.5	0.7	0.9	1.0	1.4	2.0	2.5
V_o/V									

③测试与非门的逻辑关系。

按表 4.1.5 的真值表逐个测试集成块中各个与非门的逻辑功能。74LS00 有 4 个两输入端与非门，通过真值表可以判断各个与非门是否能够正常使用。

表 4.1.5　真值表

A	B	Y
0	0	1
0	1	1
1	0	1
1	1	0

五、实验报告

①记录、整理实验结果，并对结果进行分析。

②画出电压传输特性曲线，并从中读出各有关参数值。

实验2　用与非门构成组合逻辑电路

一、实验目的

①熟悉和掌握 74LS20 和 74LS00 集成门电路的外形和管脚引线。
②熟练掌握组合逻辑电路的连接并学会逻辑电路的分析方法。
③熟练掌握组合逻辑门电路间的功能变换和测试电路的逻辑功能。

二、实验设备

实验设备见表4.2.1。

表 4.2.1　实验设备表

序号	名称	型号与规格	数量	备注
1	数字电路实验台	KHD – 2	1	
2	集成 4 输入与非门	74LS20	3	
3	集成 2 输入与非门	74LS00	2	

三、实验原理

集成逻辑门电路是最简单和最基本的数字集成元件。任何复杂的组合电路和时序电路都可用逻辑门通过适当的组合连接而成。基本逻辑运算有与、或、非运算,相应的基本逻辑门电路有与门、或门和非门。虽然大、中规模集成电路相继问世,但要组成一个系统时,仍少不了各种门电路,因此,熟记基本逻辑门电路的逻辑功能和表达式,掌握它们的运用方法,是数字电路实验和应用的基本要求。

TTL 集成门电路由于工作速度快、输出幅度大、种类多、不易损坏等特点而使用较广。CMOS 集成电路功耗低、输出幅度大、扇出能力强、电源范围较宽、应用也很广泛。74LS00,74LS20,CC4011,CC4012 系列部分常用芯片引脚排列见附录,其电源和地一般在芯片的两端,对于 14 引脚的集成芯片,7 脚为电源地,14 脚为电源正,其余引脚分别为输入和输出。

74LS00,74LS20 分别为 2 输入与非门和 4 输入与非门,其逻辑表达式为 $Y = \overline{AB}$, $Y = \overline{ABCD}$,它的逻辑功能为:只有输入全为"1"时,输出才为"0";只要输入有"0",输出就为"1"。

利用多个与非门进行不同的连接,可以分别实现非门、与门、或门、异或门等逻辑功能。
非门电路、与门电路如图 4.2.1、图 4.2.2 所示。

图 4.2.1　非门电路　　　　图 4.2.2　与门电路

或门逻辑和异或门逻辑功能可用类似电路的连接加以实现。

四、实验内容

本实验用的逻辑电路图如图 4.2.3 所示。

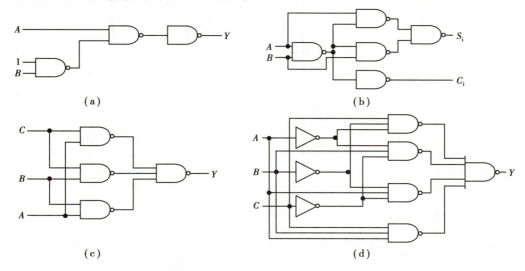

图 4.2.3　逻辑电路图

①用一块 2 输入 4 与非门 74LS00 按图 4.2.3(a)接线,测试其逻辑功能,并将结果填入表 4.2.2中,并说明该电路的逻辑功能。

表 4.2.2　真值表 1

输入		输出
A	B	Y
0	0	
0	1	
1	0	
1	1	

表 4.2.3　真值表 2

输入		输出	
A	B	S_i	C_i
0	0		
0	1		
1	0		
1	1		

②用一块 2 输入 4 与非门 74LS00 和一块 4 输入 2 与非门 74LS20 按图 4.2.3(b)接线,测试其逻辑功能,并将结果填入表 4.2.3 中,并说明该电路的逻辑功能。

③用一块 2 输入 4 与非门 74LS00 和一块 4 输入 2 与非门 74LS20 按图 4.2.3(c)接线,测试其逻辑功能,并将结果填入表 4.2.4 中,并说明该电路的逻辑功能。

④用一块 2 输入 4 与非门 74LS00 和三块 4 输入 2 与非门 74LS20 按图 4.2.3(d)接线,测试其逻辑功能,并将结果填入表 4.2.5 中,并说明该电路的逻辑功能。

表 4.2.4　真值表 3

输入			输出
A	B	C	Y
0	0	0	
0	0	1	
0	1	0	
0	1	1	
1	0	0	
1	0	1	
1	1	0	
1	1	1	

表 4.2.5　真值表 4

输入			输出
A	B	C	Y
0	0	0	
0	0	1	
0	1	0	
0	1	1	
1	0	0	
1	0	1	
1	1	0	
1	1	1	

五、实验报告

①将实验数据整理后填入相关的表格中。

②分析图 4.2.3(a),(b),(c),(d) 的逻辑功能,根据测试的真值表,写出逻辑函数表达式,并与由逻辑电路写出的函数表达式相对比。

③画出由与非门实现或门和异或门的逻辑电路图。

实验 3　译码器和数据选择器及其应用

一、实验目的

①掌握中规模集成译码器的逻辑功能。

②掌握中规模集成数据选择器的逻辑功能。

③掌握用译码器和数据选择器实现组合逻辑函数的方法。

二、实验设备

实验设备见表 4.3.1。

表 4.3.1　实验设备表

序号	名称	型号与规格	数量	备注
1	数字电路实验台	KHD - 2	1	
2	集成译码器	74LS138	1	
3	集成数据选择器	74LS153	1	
4	集成数据选择器	74LS151	1	
5	集成 4 输入与非门	74LS20	2	
6	集成 2 输入与非门	74LS00	2	

三、实验原理

1. 译码器

译码器是一个多输入、多输出的组合逻辑电路。它的作用是把给定的代码进行"翻译",变成相应的状态,使输出通道中相应的一路有信号输出。译码器在数字系统中有广泛的用途,不仅用于代码的转换、终端的数字显示,还用于数据分配、存贮器寻址和组合控制信号等。不同的功能可选用不同种类的译码器。

译码器可分为通用译码器和显示译码器两大类。前者又分为变量译码器和代码变换译码器。

变量译码器又称二进制译码器,用以表示输入变量的状态,如 2 线—4 线、3 线—8 线和 4 线—16 线译码器。若有 n 个输入变量,则有 2^n 个不同的组合状态,就有 2^n 个输出端供其使用。而每一个输出所代表的函数对应于 n 个输入变量的最小项。

以 3 线—8 线译码器 74LS138 为例进行分析,图 4.3.1 为其引脚排列,表 4.3.2 为 74LS138 功能表。

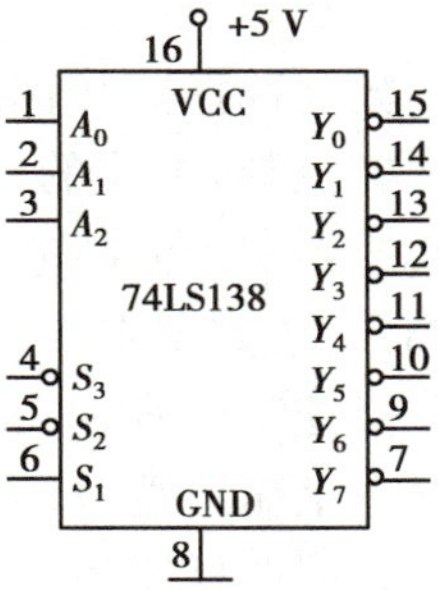

图 4.3.1　3—8 线译码器 74LS138 逻辑图及引脚排列

表 4.3.2　74LS138 功能表

输入					输出							
S_1	$\overline{S_2} + \overline{S_3}$	A_2	A_1	A_0	$\overline{Y_0}$	$\overline{Y_1}$	$\overline{Y_2}$	$\overline{Y_3}$	$\overline{Y_4}$	$\overline{Y_5}$	$\overline{Y_6}$	$\overline{Y_7}$
1	0	0	0	0	0	1	1	1	1	1	1	1
1	0	0	0	1	1	0	1	1	1	1	1	1
1	0	0	1	0	1	1	0	1	1	1	1	1
1	0	0	1	1	1	1	1	0	1	1	1	1
1	0	1	0	0	1	1	1	1	0	1	1	1
1	0	1	0	1	1	1	1	1	1	0	1	1
1	0	1	1	0	1	1	1	1	1	1	0	1
1	0	1	1	1	1	1	1	1	1	1	1	0
0	×	×	×	×	1	1	1	1	1	1	1	1
×	1	×	×	×	1	1	1	1	1	1	1	1

其中 A_2,A_1,A_0 为地址输入端,$\overline{Y_0}$—$\overline{Y_7}$ 为译码输出端,$S_1,\overline{S_2},\overline{S_3}$ 为使能端。

当 $S_1=1,\overline{S_2}+\overline{S_3}=0$ 时,器件使能,地址码所指定的输出端有信号(为 0)输出,其他所有输出端均无信号(全为 1)输出。当 $S_1=0,\overline{S_2}+\overline{S_3}=X$ 时,或 $S_1=X,\overline{S_2}+\overline{S_3}=1$ 时,译码器被禁止,所有输出同时为 1。

利用使能端能方便地将两个 3/8 线译码器组合成一个 4/16 译码器,如图 4.3.2 所示。

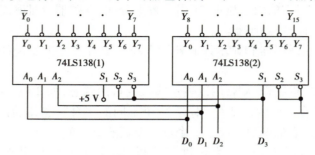

图 4.3.2　用 2 片 74LS138 组合成 4/16 线译码器

2. 数据选择器

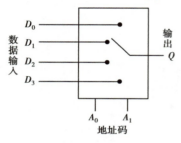

图 4.3.3　4 选 1 数据选择器示意图

数据选择器又称多路开关。数据选择器在地址码(或叫选择控制)电位的控制下,从几个数据输入中选择一个并将其送到一个公共的输出端。数据选择器的功能类似一个多掷开关,如图 4.3.3 所示,图中有四路数据 $D_0,\cdots,D_3$,通过选择控制信号 A_1,A_0(地址码)从四路数据中选中某一路数据送至输出端 Q。

数据选择器为目前逻辑设计中应用十分广泛的逻辑部件,它有 2 选 1,4 选 1,8 选 1,16 选 1 等类别。

数据选择器的电路结构一般由与或门阵列组成,也有用传输门开关和门电路混合而成的。

(1)八选一数据选择器 74LSl51

74LSl51 为互补输出的 8 选 1 数据选择器,引脚排列如图 4.3.4 所示,功能表见表 4.3.3。

选择控制端(地址端)为 $A_2,\cdots,A_0$ 按二进制译码,从 8 个输入数据 $D_0,\cdots,D_7$ 中,选择一个需要的数据送到输出端 Q,$\overline{S}$ 为使能端,低电平有效。

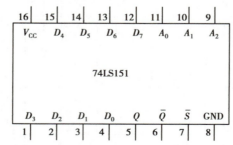

图 4.3.4　8 选 1 数据选择器 74LS151 引脚排列

表 4.3.3　74LS151 功能表

输入				输出	
$\bar{S}$	A_2	A_1	A_0	Q	$\bar{Q}$
1	×	×	×	0	1
0	0	0	0	D_0	
0	0	0	1	D_1	
0	0	1	0	D_2	
0	0	1	1	D_3	
0	1	0	0	D_4	
0	1	0	1	D_5	
0	1	1	0	D_6	
0	1	1	1	D_7	

①使能端 $\bar{S}=1$ 时,不论 $A_2,\cdots,A_0$ 状态如何,均无输出($Q=0,\bar{Q}=1$),多路开关被禁止。

②使能端 $\bar{S}=0$ 时,多路开关正常工作,根据地址码 $A_2,\cdots,A_0$ 的状态选择 $D_0,\cdots,D_7$ 中某一个通道的数据输送到输出端 Q。

如:$A_2A_1A_0=000$,则选择 D_0 数据到输出端,即 $Q=D_0$。

如:$A_2A_1A_0=001$,则选择 D_1 数据到输出端,即 $Q=D_1$,其余类推。

（2）双四选一数据选择器 74LS153

所谓双 4 选 1 数据选择器就是在一块集成芯片上有两个 4 选 1 数据选择器。引脚排列如图 4.3.5 所示,功能见表 4.3.4。

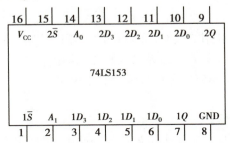

图 4.3.5　4 选 1 数据选择器 74LS153 引脚排列

表 4.3.4　74LS153 功能表

输入			输出
$\bar{S}$	A_1	A_0	Q
1	×	×	0
0	0	0	D_0
0	0	1	D_1
0	1	0	D_2
0	1	1	D_3

$1\overline{S},2\overline{S}$为两个独立的使能端;$A_1,A_0$为公用的地址输入端;$1D_0$—$1D_3$和$2D_0$—$2D_3$分别为两个4选1数据选择器的数据输入端,$1Q,2Q$为两个输出端。

①当使能端$1\overline{S}(2\overline{S})=1$时,多路开关被禁止,无输出,$Q=0$。

②当使能端$1\overline{S}(2\overline{S})=0$时,多路开关正常工作,根据地址码$A_1,A_0$的状态,将相应的数据$D_0$—$D_3$送到输出端$Q$。

如:$A_1A_0=00$,则选择D_0数据到输出端,即$Q=D_0$。

$A_1A_0=01$,则选择D_1数据到输出端,即$Q=D_1$,其余类推。

数据选择器的用途很多,例如多通道传输、数码比较、并行码变串行码以及实现逻辑函数等。

3.译码器和数据选择器的应用——实现组合逻辑函数

(1)译码器实现组合逻辑函数

①由译码器74LS138的真值表知,当$S_1=0,\overline{S}_2+\overline{S}_3=X$时,或$S_1=X,\overline{S}_2+\overline{S}_3=1$时,译码器被禁止,所有输出同时为1。当$S_1=1,\overline{S}_2+\overline{S}_3=0$时,器件使能,地址码所指定的输出端有信号(为0)输出,其他所有输出端均无信号(全为1)输出。此时输出端的输出函数表达式为:

$$\overline{Y_0}=\overline{\overline{A}_2\overline{A}_1\overline{A}_0} \quad \overline{Y_1}=\overline{\overline{A}_2\overline{A}_1A_0} \quad \overline{Y_2}=\overline{\overline{A}_2A_1\overline{A}_0} \quad \overline{Y_3}=\overline{\overline{A}_2A_1A_0}$$
$$\overline{Y_4}=\overline{A_2\overline{A}_1\overline{A}_0} \quad \overline{Y_5}=\overline{A_2\overline{A}_1A_0} \quad \overline{Y_6}=\overline{A_2A_1\overline{A}_0} \quad \overline{Y_7}=\overline{A_2A_1A_0}$$

由此可知,集成二进制译码器提供了全部输入变量的最小项的反函数,可以推导出集成二进制译码器输出信号表达式的一般形式为:

$$\overline{Y_i}=\overline{m_i}$$

②组合逻辑函数由其最小项构成的标准与非—与非表达式。

由于任何组合逻辑函数都可以表示成为最小项之和的标准形式,利用两次取反的方法就可以得到由其最小项构成的与非—与非表达式。

如:$Y=m_1+m_2+m_5+m_7$ 则$\overline{\overline{Y}}=\overline{\overline{m_1}\cdot\overline{m_2}\cdot\overline{m_5}\cdot\overline{m_7}}$

综上所述,从原理上讲,利用二进制译码器和与非门可以实现任何组合逻辑函数,尤其适合构成有多个输出的组合逻辑函数。因为二进制译码器提供了其输入变量的全部最小项的反函数,只要用与非门把译码器相应输出信号组合起来就可以了。

③基本步骤如下:

a.选择集成二进制译码器。

根据函数变量数与输入二进制代码位数相等的原则,选择集成二进制译码器类型和规格。

b.写出函数的标准与非—与非表达式。

先求出函数的标准与或表达式,再用两次取反法推导出其标准与非—与非表达式。

c.确认译码器和与非门输入信号的表达式。

译码器的输入信号—地址变量,就是函数的变量,但要注意变量的排列顺序,一般函数变量按A,B,C顺序排列,译码器的地址变量的排列为$A_2A_1A_0$。至于与非门的输入信号,则应根据函数标准与非—与非表达式中,最小项反函数的情况进行确认。若函数标准与非—与非表达中,含有$\overline{m_i}$,显然译码器的输出信号$\overline{Y_i}$就是与非门中的一个输入信号,以此类推,把译码器输出中有关信号都挑选出来,它们就是与非门的全部输入信号。

④画连线图。

根据译码器和与非门输入信号的表达式画连线图,便可以得到所需要的电路。

例如图 4.3.6 所示,实现的逻辑函数是:

$$Z = \overline{A} \cdot \overline{B} \cdot \overline{C} + \overline{A}B\,\overline{C} + A\,\overline{B} \cdot \overline{C} + ABC$$

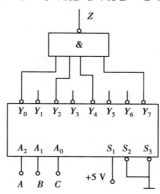

图 4.3.6　电路图 1

(2)数据选择器实现组合逻辑函数

①由数据选择器 74LS153 的真值表 4.3.3 可得数据选择器的逻辑函数表达为:

$$Y = S\,\overline{A_1}\,\overline{A_0}D_0 + S\,\overline{A_1}A_0D_1 + SA_1\overline{A_0}D_2 + SA_1A_0D_3$$

当使能端 $\overline{S} = 1$ 时(即 $S = 0$),数据选择器禁止,$Y = 0$;

当使能端 $\overline{S} = 0$ 时(即 $S = 1$),数据选择器使能,则

$$Y = \overline{A_1}\,\overline{A_0}D_0 + \overline{A_1}A_0D_1 + A_1\,\overline{A_0}D_2 + A_1A_0D_3$$

$$= m_0D_0 + m_1D_1 + m_2D_2 + m_3D_3 = \sum_0^3 m_iD_i$$

②写出组合逻辑函数的标准与或表达式。

任何组合逻辑函数都可以表示成为最小项之和的标准形式,如:$Y = m_0 + m_3 + m_5 + m_7$。综上所述,从原理上讲,应用对照比较的方法,用数据选择器可以不受限制地实现任何组合逻辑函数。

a.确定应该选用的数据选择器。

根据 $n = k - 1$ 确定数据选择器的规模和型号,n 是选择器地址码(地址变量、地址输入端)的位数,k 是函数的变量个数。

b.写逻辑函数表达式。

写出函数的标准与或表达式和选择器输出信号的表达式。

c.求选择器输入变量的表达式。

用公式法或者图形法,通过对照比较确定选择器各个输入变量的表达式(或为变量或为常数)。

d.画连线图。

根据采用的数据选择器和求出的表达式画出连线图。例如图 4.3.7 所示,实现的函数是:$Z = \overline{A}B + A\,\overline{B} + C$。

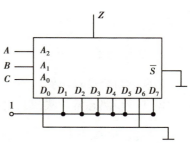

图 4.3.7　电路图 2

四、实验内容

①74LSl38 译码器逻辑功能测试。

将译码器使能端 $S_1, \overline{S_2}, \overline{S_3}$ 及地址端 A_2, A_1, A_0 分别接至逻辑电平开关输出口,8 个输出端 $\overline{Y_0}—\overline{Y_7}$ 依次连接在逻辑电平显示器的 8 个输入口上,拨动逻辑电平开关,测试 74LS138 的逻辑功能,将测试结果填入真值表并与表 4.3.1 进行对比。

②测试数据选择器 74LS151 的逻辑功能。

按图 4.3.8 接线,地址端 A_2, A_1, A_0 及数据端 $D_0, \cdots, D_7$,使能端 $\overline{S}$ 接逻辑开关,输出端 Q 接逻辑电平显示器,测试 74LS151 的逻辑功能,将测试结果填入真值表并与表 4.3.2 进行对比。

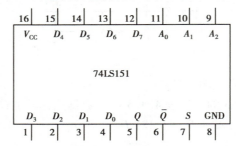

图 4.3.8　74LS151 逻辑功能测试

③利用译码器 74LS138 和数据选择器 74LS151 或 74LS153,实现以下逻辑函数。

$$Z_1 = \overline{A}C + BC + A\overline{B} \cdot \overline{C}, \quad Z_2 = A \oplus B \oplus C, \quad Z_3 = \sum (0,3,5,6,7)$$

五、实验报告

①完成译码器和数据选择选择器逻辑功能的测试,记录测试结果并完成真值表。
②完成实验内容③,画出实现各逻辑函数的电路图,记录测试结果并完成真值表。
③总结实验收获和体会。

实验 4　组合逻辑电路的设计与测试

一、实验目的

①掌握组合逻辑电路的设计与测试方法。
②进一步熟悉常用集成门电路的逻辑功能及使用。

二、实验设备

实验设备见表 4.4.1。

表 4.4.1　**实验设备表**

序号	名称	型号与规格	数量	备注
1	数字电路实验台	KHD－2	1	
2	集成 4 输入与非门	74LS20	若干	
3	集成 2 输入与非门	74LS00	若干	
4	其他集成门电路	—	—	自选

三、实验原理

使用中、小规模集成电路来设计组合电路是最常见的逻辑电路的设计方式。设计组合电路的一般步骤如图 4.4.1 所示。

根据设计任务的要求建立输入、输出变量,并列出真值表。然后用逻辑代数或卡诺图化简法求出简化的逻辑表达式,并按实际选用逻辑门的类型修改逻辑表达式。根据简化后的逻辑表达式,画出逻辑图,用标准器件构成逻辑电路。最后,用实验来验证设计的正确性。

例如:用与非门设计一个数码转换电路,将一个三位二进制码转换成 3 位格雷码,即当输入信号为三位二进制代码时其输出为相应的 3 位格雷码。

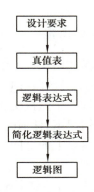

图 4.4.1　组合逻辑电路设计流程图

设计步骤如下:

根据题意要求写出三位二进制码转换成 3 位格雷码的真值表,见表 4.4.2,然后根据真值表写出输出函数的逻辑表达式,并化简得:

$$Y_2 = A, Y_1 = A \oplus B, Y_0 = B \oplus C$$

表 4.4.2　**真值表**

输入			输出		
A	B	C	Y_2	Y_1	Y_0
0	0	0	0	0	0
0	0	1	0	0	1
0	1	0	0	1	1
0	1	1	0	1	0
1	0	0	1	1	0
1	0	1	1	1	1
1	1	0	1	0	1
1	1	1	1	0	0

选用合适的逻辑元件,画出逻辑电路图,如图 4.4.2 所示,并连线进行测试。

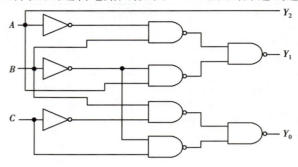

图 4.4.2　逻辑电路图

四、实验内容

①用与非门设计一个一位的数值比较器,即比较两个 1 位的二进制数 A,B 的大小。假定当 $A>B$ 时,1 号灯亮;$A<B$ 时,2 号灯亮;$A=B$ 时,3 号灯亮。自行设计并检验结果。

②设计一个监视交通信号灯工作状态的逻辑电路。每一组信号由红、黄、绿三盏灯组成。正常工作情况下,任何时刻必有一盏灯亮,而且只允许有一盏灯点亮。若某一时刻无一盏灯亮或者有两盏以上的灯同时点亮,表示电路发生了故障,这时要求发出故障信号,以提醒工作人员前去修理。

③设计一个"数字密码锁"电路。开锁密码为"1001"(也可以自行确定开锁密码)。要求:开锁成功输出信号 1,同时如果密码输入错误,也要有报警信号。

④某工厂有 3 个车间,有一个自备电站,站内有两台发电机 M 和 N,N 的发电能力是 M 的 2 倍。如果一个车间开工,启动 M 就可以满足要求;如果两个车间开工,启动 N 就可以满足要求;如果三个车间开工,则必须同时启动 M 和 N 才能满足要求。试设计该控制电路,根据开工情况来自动控制 M 和 N 的启动。

⑤设计一个实现四舍五入的逻辑电路。

⑥设计一个 8421BCD 码的检码电路。要求当输入变量 $ABCD\leqslant2$,或者 $ABCD\geqslant7$ 时,电路输出为高电平,否则为低电平。

⑦设计一个用两个开关同时控制一只楼梯电灯的逻辑电路。

⑧人类有 4 种基本血型:A,B,AB,O 型。其中,O 型可以输给任意血型的人,而他自己只能接受 O 型血;AB 型可以接受任意血型,但他只能输给 AB 型;A 型血能输给 A 型或者 AB 型,可以接受 A 型或 O 型;B 型血能输给 B 型或 AB 型,可以接受 B 型或 O 型。试设计一个检验输血者与受血者的血型是否匹配的电路,在符合规定时,电路输出为 1。

要求:a. 分析逻辑功能,作出真值表,写出逻辑表达式。

　　　b. 简化逻辑表达式,画出逻辑图。

　　　c. 按逻辑图连接逻辑电路并测试其逻辑功能。

五、实验报告

①写出实验任务的设计过程,并画出设计的逻辑电路图。

②对所设计的电路进行实验测试,记录测试结果。

③总结实验收获和体会。

实验 5　触发器及其应用

一、实验目的

①掌握基本 RS,JK,D 和 T 触发器的逻辑功能。
②掌握集成触发器的逻辑功能及使用方法。
③熟悉触发器之间相互转换的方法。

二、实验设备

表 4.5.1　实验设备表

序号	名称	型号与规格	数量	备注
1	数字电路实验台	KHD – 2	1	
2	单次脉冲信号源	KHD – 2	1	
3	集成 JK 触发器	74LS112	1	
4	集成 D 触发器	74LS74	1	
5	集成 4 输入与非门	74LS20	2	
6	集成 2 输入与非门	74LS00	2	

三、实验原理

触发器具有两个稳定状态,用以表示逻辑状态"1"和"0",在一定的外界信号作用下,可以从一个稳定状态翻转到另一个稳定状态,它是一个具有记忆功能的二进制信息存储器件,是构成各种时序电路的最基本逻辑单元。

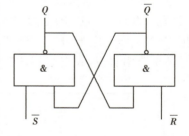

图 4.5.1　基本 RS 触发器

1. 基本 RS 触发器

图 4.5.1 为由两个与非门交叉耦合构成的基本 RS 触发器,它是无时钟控制低电平直接触发的触发器。基本 RS 触发器具有置"0"、置"1"和"保持"三种功能。通常称 $\overline{S}$ 为置"1"端,因为 $\overline{S}=0$ 时触发器被置为"1";$\overline{R}$ 为置"0"端,因为 $\overline{R}=0$ 时触发器被置"0",当 $\overline{S}=\overline{R}=1$ 时状态保持;当 $\overline{S}=\overline{R}=0$ 时,触发器状态不定,应避免此种情况发生,表 4.5.2 为基本 RS 触发器的功能表。

基本 RS 触发器,也可以用两个"或非门"组成,此时为高电平触发有效。

表 4.5.2　基本 RS 触发器的功能表

输入		输出	
$\overline{S}$	$\overline{R}$	Q^{n+1}	$\overline{Q}^{n+1}$
0	1	1	0
1	0	0	1
1	1	Q^n	$\overline{Q}^n$
0	0	Φ	Φ

2. JK 触发器

在输入信号为双端的情况下,JK 触发器是功能完善、使用灵活和通用性较强的一种触发器。本实验采用 74LS112 双 JK 触发器,是下降沿触发的边沿触发器,其引脚排列及逻辑符号如图 4.5.2 所示。

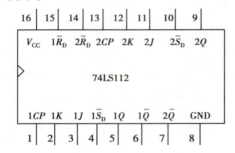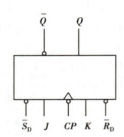

图 4.5.2　74LS112 双触发器引脚排列及逻辑符号

JK 触发器的状态方程为

$$Q^{n+1} = J\overline{Q}^n + \overline{K}Q^n$$

J 和 K 是数据输入端,是触发器状态更新的依据,若 J,K 有两个或两个以上输入端时,组成"与"的关系。Q 与 $\overline{Q}$ 为两个互补输出端,通常把 $Q=0,\overline{Q}=1$ 的状态定为触发器"0"状态,而把 $Q=1,\overline{Q}=0$ 定为"1"状态。

下降沿触发 JK 触发器的功能见表 4.5.3。

表 4.5.3　下降沿触发 JK 触发器的功能

输入					输出	
$\overline{S}_D$	$\overline{R}_D$	CP	J	K	Q^{n+1}	$\overline{Q}^{n+1}$
0	1	×	×	×	1	0
1	0	×	×	×	0	1
0	0	×	×	×	Φ	Φ
1	1	↓	0	0	Q	$\overline{Q}$
1	1	↓	0	1	0	1
1	1	↓	1	0	1	0

续表

输入					输出	
$\overline{S}_D$	$\overline{R}_D$	CP	J	K	Q^{n+1}	$\overline{Q}^{n+1}$
1	1	↓	1	1	$\overline{Q}^n$	Q^n
1	1	↑	×	×	Q^n	$\overline{Q}^n$

注:X——任意态;↓——高到低电平跳变;↑——低到高电平跳变;$Q^n(\overline{Q}^n)$——现态;$Q^{n+1}(\overline{Q}^{n+1})$——次态;
Φ——不定态。

JK 触发器常被用作缓冲存储器、移位寄存器和计数器。

3. D 触发器

在输入信号为单端的情况下,D 触发器用起来最为方便,其状态方程为 $Q^{n+1}=D$,其输出状态的更新发生在 CP 脉冲的上升沿,故又称为上升沿触发的边沿触发器,触发器的状态只取决于时钟到来前 D 端的状态,D 触发器的应用很广,可用作数字信号的寄存、移位寄存、分频和波形发生等。有很多种型号可供各种用途的需要而选用。如双 D 74LS74、四 D 74LSl75、六 D 74LSl74 等。

图 4.5.3 为双 D 74LS74 的引脚排列及逻辑符号,功能见表 4.5.4。

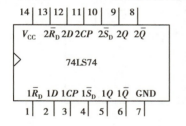 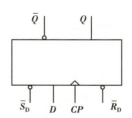

图 4.5.3　双 D 74LS74 引脚排列及逻辑符号

表 4.5.4　双 D 74LS74 的功能

输入				输出	
$\overline{S}_D$	$\overline{R}_D$	CP	D	Q^{n+1}	$\overline{Q}^{n+1}$
0	1	×	×	1	0
1	0	×	×	0	1
0	0	×	×	Φ	Φ
1	1	↑	1	1	0
1	1	↑	0	0	1
1	1	↓	×	Q^n	$\overline{Q}^n$

4. 触发器之间的相互转换

在集成触发器的产品中,每一种触发器都有自己固定的逻辑功能,但可以利用转换的方法获得具有其他功能的触发器。例如将 JK 触发器的 J,K 两端连在一起,并认它为 T 端,就得到所需的 T 触发器,如图 4.5.4(a) 所示,其状态方程为:$Q^{n+1} = T\overline{Q}^n + \overline{T}Q^n$。

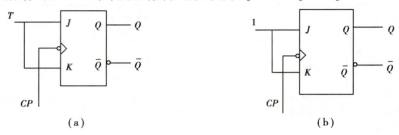

(a)　　　　　　　　　　(b)

图 4.5.4　JK 触发器转换成 T,T′触发器

T 触发器的功能见表 4.5.5。

由功能表可见,当 $T = 0$ 时,时钟脉冲作用后,其状态保持不变;当 $T = 1$ 时,时钟脉冲作用后,触发器状态翻转。所以,若将 T 触发器的 T 端置"1",如图 4.5.4(b) 所示,即得 T′触发器。在 T′触发器的 CP 端每来一个 CP 脉冲信号,触发器的状态就翻转一次,故称为反转触发器,广泛用于计数电路中。

表 4.5.5　T 触发器的功能

输入				输出
$\overline{S}_D$	$\overline{R}_D$	CP	T	Q^{n+1}
0	1	×	×	1
1	0	×	×	0
1	1	↓	0	Q^n
1	1	↓	1	$\overline{Q}^n$

同样,若将 D 触发器 $\overline{Q}$ 端与 D 端相连,便转换成 T′触发器,如图 4.5.5 所示,JK 触发器也可转换为 D 触发器,如图 4.5.6 所示。

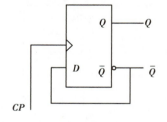

图 4.5.5　D 触发器转成 T′触发器

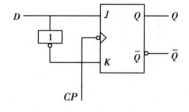

图 4.5.6　JK 触发器转成 D 触发器

四、实验内容

1. 测试基本 RS 触发器的逻辑功能

按图 4.5.1 所示,用两个与非门组成基本 RS 触发器,R,S 接逻辑电平输入端,输出端 Q,$\overline{Q}$ 接逻辑电平显示输出端,按表 4.5.6 要求测试,记录之。

2. 测试双 JK 触发器 74LS112 逻辑功能

（1）测试 $\overline{R_D}$, $\overline{S_D}$ 的复位、置位功能

任取一只 JK 触发器，$\overline{R_D}$, $\overline{S_D}$, J, K 端接逻辑电平输入端，CP 端接单次脉冲源，Q, $\overline{Q}$ 端接至逻辑电平显示端。要求改变 $\overline{R_D}$, $\overline{S_D}$（J, K, CP 处于任意状态），并在 $\overline{R_D} = 0$（$\overline{S_D} = 1$）或 $\overline{S_D} = 0$（$\overline{R_D} = 1$）作用期间任意改变 J, K 及 CP 的状态，观察 Q, $\overline{Q}$ 状态。测试并记录 $\overline{R_D}$, $\overline{S_D}$ 的复位、置位功能（表格自拟）。

（2）测试 JK 触发器的逻辑功能

保持 $\overline{R_D} = \overline{S_D} = 1$，按表 4.5.7 的要求改变 J, K, CP 端状态，观察 Q, $\overline{Q}$ 状态变化，观察触发器状态更新是否发生在 CP 脉冲的下降沿（即 CP 由 1—0），记录之。

表4.5.6　测试表1

$\overline{R}$	$\overline{S}$	Q	$\overline{Q}$
1	1—0		
1	0—1		
1—0	1		
0—1	1		
0	0		

表4.5.7　测试表2

J	K	CP	Q^{n+1}	
			$Q^n = 0$	$Q^n = 1$
0	0	0—1		
0	0	1—0		
0	1	0—1		
0	1	1—0		
1	0	0—1		
1	0	1—0		
1	1	0—1		
1	1	1—0		

3. 测试双 D 触发器的逻辑功能

（1）测试 $\overline{R_D}$, $\overline{S_D}$ 的复位、置位功能

测试方法与实验内容 2 中（1）相同，测试并记录 $\overline{R_D}$, $\overline{S_D}$ 的复位、置位功能。

（2）测试 D 触发器的逻辑功能

保持 $\overline{R_D} = \overline{S_D} = 1$，按表 4.5.8 要求进行测试，并观察触发器状态更新是否发生在 CP 脉冲的上升沿（即由 0—1），记录之。

表4.5.8　测试表3

D	CP	Q^{n+1}	
		$Q^n = 0$	$Q^n = 1$
0	0—1		
0	1—0		
1	0—1		
1	1—0		

4. 触发器之间的转换

① 将 JK 触发器的 J, K 端连在一起，如图 4.5.4 所示，构成 T 和 T′ 触发器，测试其逻辑功

能,并自拟表格完成其真值表。

②将 D 触发器的 $\overline{Q}$ 与 D 端相连接,如图 4.5.5 所示,构成 T′触发器,测试其逻辑功能,并自拟表格完成其真值表。

五、实验报告

①根据测试表格总结整理并描述 RS,JK,D,T 和 T′各类触发器的逻辑功能,写出其逻辑功能的表达式。

②回答问题:

a. 触发器在实现正常功能时,$\overline{R_\mathrm{D}},\overline{S_\mathrm{D}}$ 应处于什么状态?

b. 欲使触发器的状态 $Q=0$,对应于 JK 触发器和 D 触发器,可以分别如何操作?

c. 如何将 JK 触发器转化成 D 触发器? 画出电路图。

d. 总结实验收获和体会。

实验 6　简易数字钟的设计

一、实验目的

①了解用集成触发器构成计数器的方法。
②掌握中规模集成计数器的使用及功能测试方法。
③运用集成计数器构成简易数字钟。

二、实验设备

实验设备见表 4.5.1。实验设备见表 4.6.1。

表 4.6.1　实验设备表

序号	名称	型号与规格	数量	备注
1	数字电路实验台	KHD－2	1	
2	单次脉冲信号源	KHD－2	1	
3	集成 JK 触发器	74LS112	1	
4	集成 D 触发器	74LS74	1	
5	集成十进制计数器	74LS192	2	
6	集成 4 输入与非门	74LS20	1	
7	集成 2 输入与非门	74LS00	1	

三、实验原理

计数器是一个用以实现计数功能的时序部件,它不仅可用来计脉冲数,还常用作数字系统的定时、分频和执行数字运算以及其他特定的逻辑功能。

计数器种类很多。按构成计数器中的各触发器是否使用一个时钟脉冲源来分,有同步计数器和异步计数器。根据计数过程的不同,分为二进制计数器、十进制计数器和任意进制计数器。根据计数的增减均势,又分为加法计数器、减法计数器和可逆计数器。此外,还有可预置数计数器和可编程功能计数器等。目前,无论是 TTL 还是 CMOS 集成电路,都有品种较齐全的中规模集成计数器。使用者只要借助器件手册提供的功能表和工作波形图以及引出端的排列,就能正确地运用这些器件。

1. 用 D 触发器构成异步二进制加/减计数器

图 4.6.1 是用 4 只 D 触发器构成的四位二进制异步加法计数器,它的连接特点是将每只 D 触发器接成 T' 触发器,再由低位触发器的 $\bar{Q}$ 端和高一位的 CP 端相连接。

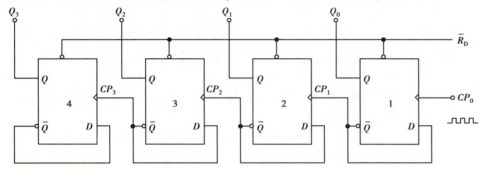

图 4.6.1　四位二进制异步加法计数器

若将图 4.6.1 稍加改动,即将低位触发器的 Q 端与高一位 CP 端相连接,即构成了一个四位二进制减法计数器。

2. 中规模十进制计数器

74LS192(或 CC40192)是双时钟方式的十进制可逆计数器,具有双时钟输入,并具有清除和置数等功能,其引脚排列及逻辑符号如图 4.6.2 所示。

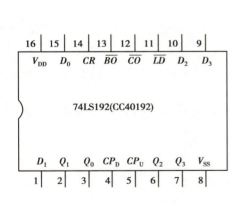

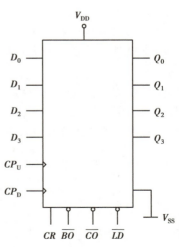

图 4.6.2　74LS192(CC40192)引脚排列及逻辑符号

①CP_U 为加计数时钟输入端,CP_D 为减计数时钟输入端。

②$\overline{LD}$ 为预置输入控制端,异步预置。

③CR为复位输入端,高电平有效,异步清除。

④$\overline{CO}$为进位输出:1001 状态后负脉冲输出。

⑤$\overline{BO}$为借位输出:0000 状态后负脉冲输出。

74LS192(同 CC40192,二者可互换使用)的功能见表 4.6.2。

表 4.6.2　74LS192(CC40192)功能表

输入								输出			
CR	$\overline{LD}$	CP_U	CP_D	D_3	D_2	D_1	D_0	Q_3	Q_2	Q_1	Q_0
1	×	×	×	×	×	×	×	0	0	0	0
0	0	×	×	d	c	b	a	d	c	b	a
0	1	↑	1	×	×	×	×	加计数			
0	1	1	↑	×	×	×	×	减计数			

执行减计数时,加计数端 CP_U 接高电平,计数脉冲由减计数端 CP_D 输入,表 4.6.3 为 8421 码十进制加、减计数器的状态转换表。

表 4.6.3　8421 码十进制加、减计数器的状态转换表

加计数

输入脉冲数		0	1	2	3	4	5	6	7	8	9
输出	Q_3	0	0	0	0	0	0	0	0	1	1
	Q_2	0	0	0	0	1	1	1	1	0	0
	Q_1	0	0	1	1	0	0	1	1	0	0
	Q_0	0	1	0	1	0	1	0	1	0	1

减计数

3. 计数器的级联使用

一个十进制计数器只能表示 0~9 十个数,为了扩大计数器范围,常用多个十进制计数器级联使用。

同步计数器往往设有进位(或借位)输出端,故可选用其进位(或借位)输出信号驱动下一级计数器。

图 4.6.3 是由 74LS192(CC40192)利用进位输出 $\overline{CO}$ 控制高一位的 CP_D 端构成的级联图。

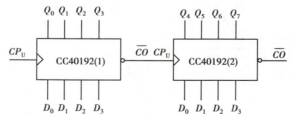

图 4.6.3　74LS192(CC40192)级联电路

4. 实现任意进制计数

（1）用复位法获得任意进制计数器

假定已有 N 进制计数器，而需要得到一个 M 进制计数器时，只要 $M < N$，用复位法使计数器计数到 M 时置"0"，即获得 M 进制计数器。如图 4.6.4 所示为一个由 74LS192 十进制计数器接成的 6 进制计数器。

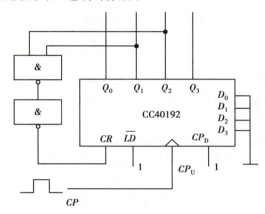

图 4.6.4　由十进制计数器接成的六进制计数器

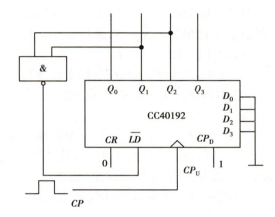

图 4.6.5　利用置数端获得的六进制计数器

（2）用置数法获得任意进制计数器

图 4.6.5 所示为利用置数端获得的六进制计数器的接线图。

（3）利用 Y 预置功能获 M 进制计数器

图 4.6.6 所示的是一个特殊的 12 进制计数器的电路方案。在数字钟里，对时位的计数序列是 1,2,…,11,12。1,…,12 是 12 进制的，且无 0 数。如图 4.6.6 所示，当计数到 13 时，通过与非门产生一个复位信号，使 CC40192(2)（时十位）直接置成 0000，而 CC40192(1)，即时的个位直接置成 0001，从而实现了 1—12 计数。

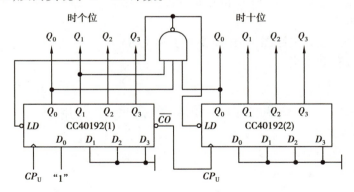

图 4.6.6　特殊的 12 进制计数器

四、实验内容

①测试 74LS192 或 CC40192 同步十进制可逆计数器的逻辑功能。

计数脉冲由单次脉冲源提供，消除端 CR；置数端 $\overline{LD}$ 和数据输入端 D_0,D_1,D_2,D_3 分别接逻辑开关，输出端 Q_0,Q_1,Q_2,Q_3 接实验设备的一个译码显示输入相应插口 A,B,C,C,D；$\overline{CO}$ 和

$\overline{BO}$接逻辑电平显示插口。按表 4.6.1 逐项测试并判断该集成块的功能是否正常。

a. 清除端。

令 $CR=1$，其他输入为任意态，这时 $Q_3Q_2Q_1Q_0=0000$，译码数字显示为 0。清除功能完成后，置 $CR=0$。

b. 置数端。

$CR=0$，CP_D，CP_U 任意，数据输入端输入任意一组二进制数，令 $\overline{LD}=0$，观察计数器译码显示输出，予置功能是否完成，此后置 $\overline{LD}=1$。

c. 加计数功能。

$CR=0$，$\overline{LD}=CP_D=1$，CP_U 接单次脉冲源。清零后送入 10 个单次脉冲，观察译码数字显示是否按 8421 码十进制状态转换表进行，输出状态变化是否发生在 CP_U 的上升沿。

d. 减计数功能。

$CR=0$，$\overline{LD}=CP_U=1$，CP_D 接单次脉冲源。参照上述"c"进行实验。

②按图 4.6.3 所示，用两片 74LS192 组成两位十进制加法计数器，输入 1 Hz 连续计数脉冲，进行由 00—99 累加计数，记录之。

③将两位十进制加法计数器改为两位十进制减法计数器，实现由 99—00 递减计数，记录之。

④在图 4.6.3 所示电路的基础上，完成简易数字钟的设计与测试。

数字时钟一般为 12 进制、24 进制或者 60 进制，利用实验原理"4"所示方法，选择其中一种进制，画出连线电路图，进行实验，验证结果，记录之。

注意：数字钟的设计中，秒、分、时之间必须实现进位输出，因此设计电路必须有进位输出信号。

五、实验报告

①描述总结集成计数器 74LS192 的逻辑功能及使用。
②记录实验内容。
③绘出数字钟的设计电路图，并作简要分析和说明。
④总结实验收获和体会。

实验 7　移位寄存器及其应用

一、实验目的

①掌握中规模 4 位双向移位寄存器逻辑功能及使用方法。
②熟悉移位寄存器的应用——实现数据的串行/并行转换和构成环形计数器。

二、实验设备

实验设备见表 4.7.1。

表 4.7.1 实验设备表

序号	名称	型号与规格	数量	备注
1	数字电路实验台	KHD-2	1	
2	单次脉冲信号源	KHD-2	1	
3	集成移位寄存器	74LS194	2	
4	集成 8 输入与非门	74LS30	2	
5	集成 2 输入与非门	74LS00	2	

三、实验原理

移位寄存器是一个具有移位功能的寄存器,是指寄存器中所存的代码能够在移位脉冲的作用下依次左移或右移。既能左移又能右移的称为双向移位寄存器,只需要改变左移、右移的控制信号便可实现双向移位要求。根据移位寄存器存取信息的方式不同分为:串入串出、串入并出、并入串出、并入并出 4 种形式。

本实验选用的 4 位双向通用移位寄存器,型号为 CC40194 或 74LS194,两者功能相同,可互换使用,其逻辑符号及引脚排列如图 4.7.1 所示。

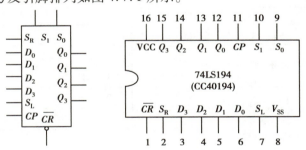

图 4.7.1 74LS194 的逻辑符号及引脚排列图

其中 D_0, D_1, D_2, D_3 为并行输入端;Q_0, Q_1, Q_2, Q_3 为并行输出端;S_R 为右移串行输入端,S_L 为左移串行输入端;S_1, S_0 为操作模式控制端;$\overline{CR}$ 为直接无条件清零端;CP 为时钟脉冲输入端。

74LS194 有 5 种不同操作模式:并行送数寄存、右移(方向由 $Q_0 \to Q_3$)、左移(方向由 $Q_3 \to Q_0$)、保持及清零。

S_1, S_0 和 $\overline{CR}$ 端的控制作用见表 4.7.2。

表 4.7.2 S_1, S_0 和 $\overline{CR}$ 端的控制作用

功能	输入										输出			
	CP	$\overline{CR}$	S_1	S_0	S_R	S_L	D_0	D_1	D_2	D_3	Q_0	Q_1	Q_2	Q_3
清除	×	0	×	×	×	×	×	×	×	×	0	0	0	0
送数	↑	1	1	1	×	×	a	b	c	d	a	b	c	d
右移	↑	1	0	1	D_{SR}	×	×	×	×	×	D_{SR}	Q_0	Q_1	Q_2

续表

功能	输入									输出			
	CP	$\overline{\text{CR}}$	S_1	S_0	S_R	S_L	D_0	D_1	D_2	D_3	Q_0	Q_1	Q_2	Q_3
左移	↑	1	1	0	×	D_{SL}	×	×	×	×	Q_1	Q_2	Q_3	D_{SL}
保持	↑	1	0	0	×	×	×	×	×	×	Q_0^n	Q_1^n	Q_2^n	Q_3^n
保持	0	1	×	×	×	×	×	×	×	×	Q_0^n	Q_1^n	Q_2^n	Q_3^n

移位寄存器应用很广,可构成移位寄存器型计数器、顺序脉冲发生器、串行累加器;可用作数据转换,即把串行数据转换为并行数据,或把并行数据转换为串行数据等。本实验研究移位寄存器用作环形计数器和数据的串、并行转换。

1. 环形计数器

把移位寄存器的输出反馈到它的串行输入端,就可以进行循环移位,如图 4.7.2 所示,把输出端 Q_3 和右移串行输入端 S_R 相连接,设初始状态 $Q_0Q_1Q_2Q_3 = 1\,000$,则在时钟脉冲作用下 $Q_0Q_1Q_2Q_3$ 将依次变为 $0100 \rightarrow 0010 \rightarrow 0001 \rightarrow 1000 \rightarrow \cdots$,见表 4.7.3,可见它是一个具有四个有效状态的计数器,这种类型的计数器通常称为环形计数器。图 4.7.2 电路可以由各个输出端输出在时间上有先后顺序的脉冲,因此也可作为顺序脉冲发生器。

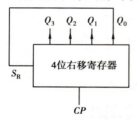

图 4.7.2　环形计数器

表 4.7.3　状态表 1

CP	Q_0	Q_1	Q_2	Q_3
0	1	0	0	0
1	0	1	0	0
2	0	0	1	0
3	0	0	0	1

如果将输出 Q_0 与左移串行输入端 S_L 相连接,即可达左移循环移位。

2. 实现数据串、并行转换

(1)串行/并行转换器

串行/并行转换是指串行输入的数码,经转换电路之后变换成并行输出。

图 4.7.3 是用两片 CC40194(74LS194)四位双向移位寄存器组成的七位串行/并行数据转换电路。

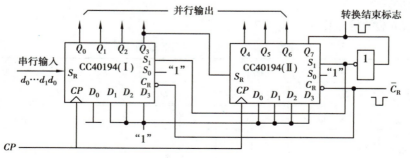

图 4.7.3　七位串行/并行转换器

电路中 S_0 端接高电平 1，S_1 受 Q_7 控制，两片寄存器连接成串行输入右移工作模式。Q_7 是转换结束标志。当 $Q_7 = 1$ 时，$S_1 = 0$，使之成为 $S_1 S_0 = 01$ 的串入右移工作方式；$Q_7 = 0$ 时，$S_1 = 1$，有 $S_1 S_0 = 10$，则串行送数结束，标志着串行输入的数据已转换成并行输出了。串行/并行转换的具体过程如下：

转换前，CR 端加低电平，使 1，2 两片寄存器的内容清零，此时 $S_1 S_0 = 11$，寄存器执行并行输入工作方式。当第一个 CP 脉冲到来后，寄存器的输出状态 $Q_0 \sim Q_7$ 为 01111111，与此同时 $S_1 S_0$ 变为 01，转换电路变为执行串入右移工作方式，串行输入数据由 1 片的 S_R 端加入。随着 CP 脉冲的依次加入，输出状态的变化可列成表 4.7.4。

表 4.7.4　输出状态变化表

CP	Q_0	Q_1	Q_2	Q_3	Q_4	Q_5	Q_6	Q_7	说明
0	0	0	0	0	0	0	0	0	清零
1	0	1	1	1	1	1	1	1	送数
2	d_0	0	1	1	1	1	1	1	右移操作七次
3	d_1	d_0	0	1	1	1	1	1	
4	d_2	d_1	d_0	0	1	1	1	1	
5	d_3	d_2	d_1	d_0	0	1	1	1	
6	d_4	d_3	d_2	d_1	d_0	0	1	1	
7	d_5	d_4	d_3	d_2	d_1	d_0	0	1	
8	d_6	d_5	d_4	d_3	d_2	d_1	d_0	0	
9	0	1	1	1	1	1	1	1	送数

由表 4.7.4 可见，右移操作 7 次之后，Q_7 变为 0，$S_1 S_0$ 又变为 11，说明串行输入结束。这时，串行输入的数码已经转换成了并行输出了。

当再来一个 CP 脉冲时，电路又重新执行一次并行输入，为第二组串行数码转换作好了准备。

（2）并行/串行转换器

并行/串行转换器是指并行输入的数码经转换电路之后，换成串行输出。

图 4.7.4 是用两片 CC40194(74LS194)组成的七位并行/串行转换电路，它比图 4.7.3 多了两只与非门 G_1 和 G_2，电路工作方式同样为右移。

寄存器清零后，加一个转换启动信号（负脉冲或低电平）。此时，由于方式控制 $S_1 S_0$ 为 11，转换电路执行并行输入操作。当第一个 CP 脉冲到来后，$Q_0 Q_1 Q_2 Q_3 Q_4 Q_5 Q_6 Q_7$ 的状态为 $D_0 D_1 D_2 D_3 D_4 D_5 D_6 D_7$，并行输入数码存入寄存器。从而使得 G_1 输出为 1，G_2 输出为 0，结果，$S_1 S_0$ 变为 01，转换电路随着 CP 脉冲的加入，开始执行右移串行输出，随着 CP 脉冲的依次加入，输出状态依次右移，待右移操作 7 次后，$Q_0 \sim Q_6$ 的状态都为高电平 1，与非门 G_1 输出为低电平，G_2 门输出为高电平，$S_1 S_0$ 又变为 11，表示并行/串行转换结束，且为第二次并行输入创造了条件。转换过程见表 4.7.5。

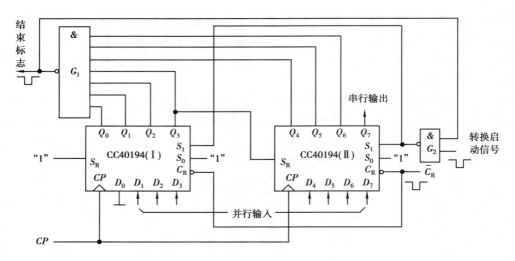

图 4.7.4　七位并行/串行转换器

表 4.7.5　转换过程

CP	Q_0	Q_1	Q_2	Q_3	Q_4	Q_5	Q_6	Q_7	串行输出						
0	0	0	0	0	0	0	0	0							
1	0	D_1	D_2	D_3	D_4	D_5	D_6	D_7							
2	1	0	D_1	D_2	D_3	D_4	D_5	D_6	D_7						
3	1	1	0	D_1	D_2	D_3	D_4	D_5	D_6	D_7					
4	1	1	1	0	D_1	D_2	D_3	D_4	D_5	D_6	D_7				
5	1	1	1	1	0	D_1	D_2	D_3	D_4	D_5	D_6	D_7			
6	1	1	1	1	1	0	D_1	D_2	D_3	D_4	D_5	D_6	D_7		
7	1	1	1	1	1	1	0	D_1	D_2	D_3	D_4	D_5	D_6	D_7	
8	1	1	1	1	1	1	1	0	D_1	D_2	D_3	D_4	D_5	D_6	D_7
9	0	D_1	D_2	D_3	D_4	D_5	D_6	D_7							

　　中规模集成移位寄存器,其位数往往以 4 位居多,当需要的位数多于 4 位时,可把几片移位寄存器用级联的方法来扩展位数。

四、实验内容

1. 测试 CC40194(或 74LS194)的逻辑功能

　　按图 4.7.5 接线,$\overline{C}_R$,S_1,S_0,S_L,S_R,D_0,D_1,D_2,D_3 分别接至逻辑开关的输出插口;Q_0,Q_1,Q_2,Q_3 接至逻辑电平显示输入插口。CP 端接单次脉冲源。按表 4.7.6 所规定的输入状态,逐项进行测试。图 4.7.5 为 CC40194 逻辑功能测试。

　　①清除:令 $\overline{C}_R =0$,其他输入均为任意态,这时寄存器输出 Q_0,Q_1,Q_2,Q_3 应均为 0。

　　②清除后,置 $\overline{C}_R =1$。

③送数：令 $C_R = S_1 = S_0 = 1$，送入任意 4 位二进制数，如 $D_0 D_1 D_2 D_3 = abcd$，加 CP 脉冲，观察 $CP = 0$、CP 由 $0→1$、CP 由 $1→0$ 三种情况下寄存器输出状态的变化，观察寄存器输出状态变化是否发生在 CP 脉冲的上升沿。

④右移：清零后，令 $\overline{C_R} = 1, S_1 = 0, S_0 = 1$，由右移输入端 S_R 送入二进制数码如 0100，由 CP 端连续加 4 个脉冲，观察输出情况，记录之。

⑤左移：先清零或预置，再令 $\overline{C_R} = 1, S_1 = 1, S_0 = 0$，由左移输入端 S_L 送入二进制数码如 1111，连续加四个 CP 脉冲，观察输出端情况，记录之。

⑥保持：寄存器预置任意 4 位二进制数码 abcd，令 $\overline{C_R} = 1, S_1 = S_0 = 0$，加 CP 脉冲，观察寄存器输出状态，记录之。

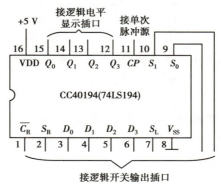

图 4.7.5　CC40194 逻辑功能测试

表 4.7.6　状态表 2

清除	模式		时钟	串行		输入	输出	功能总结
$\overline{C_R}$	S_1	S_0	CP	S_L	S_E	$D_0 D_1 D_2 D_3$	$Q_0 Q_1 Q_2 Q_3$	
0	×	×	×	×	×	× × × ×		
1	1	1	↑	×	×	a b c d		
1	0	1	↑	×	0	× × × ×		
1	0	1	↑	×	1	× × × ×		
1	0	1	↑	×	0	× × × ×		
1	1	0	↑	1	×	× × × ×		
1	1	0	↑	1	×	× × × ×		
1	1	0	↑	1	×	× × × ×		
1	1	0	↑	1	×	× × × ×		
1	0	0	↑	×	×	× × × ×		

2. 环形计数器

自拟实验线路用并行送数法予置寄存器为某二进制数码（如 0100），然后进行右移循环，观察寄存器输出端状态的变化,记入表4.7.7中。

表4.7.7　状态表3

CP	Q_0	Q_1	Q_2	Q_3
0	0	1	0	0
1				
2				
3				
4				

3. 实现数据的串行、并行转换

①串行输入、并行输出按图4.7.3接线,进行右移串入、并出实验,串入数码自定。改接线路用左移方式实现并行输出。自拟表格,记录之。

②并行输入、串行输出。

按图4.7.4接线,进行右移并入、串出实验,并入数码自定。再改接线路用左移方式实现串行输出。自拟表格,记录之。

五、实验报告

①分析表4.7.5的实验结果,总结移位寄存器CC40194的逻辑功能并写入表格"功能总结"一栏中。

②根据实验内容"2"的结果,画出4位环形计数器的状态转换图及波形图。

③分析串行/并行、并行/串行转换器所得结果的正确性。

实验8　智力竞赛抢答装置的设计

一、实验目的

①学习数字电路中D触发器、分频电路、多谐振荡器、CP时钟脉冲源等单元电路的综合运用。

②熟悉智力竞赛抢赛器的工作原理。

③了解简单数字系统实验、调试及故障排除方法。

二、实验设备

实验设备见表4.8.1。

表 4.8.1　实验设备表

序号	名称	型号与规格	数量	备注
1	数字电路实验台	KHD – 2	1	
2	连续脉冲信号源	KHD – 2	1	
3	集成 D 触发器	74LS74	2	
4	集成 4 输入与非门	74LS20	2	
5	集成 2 输入与非门	74LS00	2	
6	逻辑电平开关	KHD – 2	1	

三、实验原理

图 4.8.1 为供四人用的智力竞赛抢答装置线路,用以判断抢答优先权。

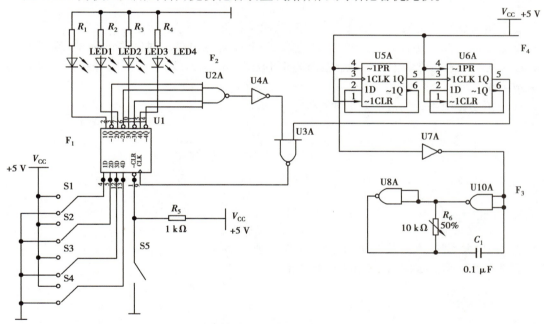

图 4.8.1　智力竞赛抢答器装置原理图

图中 F_1 为四 D 触发器 74LS175,它具有公共置 0 端和公共 CP 端,引脚排列见附录;F_2 为双 4 输入与非门 74LS20;F_3 是由 74LS00 组成的多谐振荡器;F_4 是由 74LS74 组成的四分频电路,F_3,F_4 组成抢答电路中的 CP 时钟脉冲源,抢答开始时,由主持人清除信号,按下复位开关 S,74LS175 的输出 $Q_1 \sim Q_4$ 全为 0,所有发光二极管 LED 均熄灭,当主持人宣布"抢答开始"后,首先作出判断的参赛者立即按下开关,对应的发光二极管点亮,同时,通过与非门 F_2 送出信号锁住其余三个抢答者的电路,不再接受其他信号,直到主持人再次清除信号为止。

四、实验内容

①测试方法参照之前学过的有关内容,判断器件的好坏。

②按图 4.8.1 接线,抢答器 5 个开关接实验装置上的逻辑开关,发光二极管接逻辑电平显示器。

③断开抢答器电路中 CP 脉冲源电路,单独对多谐振荡器 F_3 及分频器 F_4 进行调试,调整多谐振荡器 10 kΩ 电位器,使其输出脉冲频率约为 4 kHz,观察 F_3 及 F_4 输出波形并测试其频率。

④测试抢答器电路功能。

接通 +5 V 电源,CP 端接实验装置上连续脉冲源,取重复频率约为 1 kHz。

a.抢答开始前,开关 S_1,S_2,S_3,S_4 均置"0",准备抢答,将开关 S_5 置"0",发光二极管全熄灭,再将 S_5 置"1"。抢答开始,S_1,S_2,S_3,S_4 某一开关置"1",观察发光二极管的亮、灭情况,然后再将其他三个开关中任一个置"1",观察发光二极管的亮、灭是否改变。

b.重复 a 的内容,改变 S_1,S_2,S_3,S_4 任一个开关状态,观察抢答器的工作情况。

c.整体测试。断开实验装置上的连续脉冲源,接入 F_3 及 F_4,再进行实验。

五、实验报告

①分析说明智力竞赛抢答装置各部分功能及工作原理。

②若在图 4.8.1 电路中加一个计时功能,要求计时电路显示时间精确到秒,最多限制为 2 min,一旦超出限时则取消抢答权,电路应如何改进? 请画出改进电路图,并在 Multisim 软件中完成测试。

③分析实验中出现的故障及解决办法。

实验 9　555 时基电路及其应用

一、实验目的

①熟悉 555 型集成时基电路的结构、工作原理及其特点。
②掌握 555 型集成时基电路的基本应用。

二、实验设备

表 4.9.1　实验设备表

序号	名称	型号与规格	数量	备注
1	数字电路实验台	KHD-2	1	
2	连续脉冲信号源	KHD-2	1	
3	集成 555 时基元件	—	1	
4	电位器	1K、10K	2	DG09
5	双踪示波器	—	1	
6	电阻、电容	—	若干	

三、实验原理

集成时基电路又称为集成定时器或 555 电路,是一种数字、模拟混合型的中规模集成电路,应用十分广泛。它是一种产生时间延迟和多种脉冲信号的电路,由于内部电压标准使用了三个 5 kΩ 电阻,故取名 555 电路。其电路类型有双极型和 CMOS 型两大类,二者的结构与工作原理类似。

几乎所有的双极型产品型号最后的三位数码都是 555 或 556;所有的 CMOS 产品型号最后四位数码都是 7555 或 7556,二者的逻辑功能和引脚排列完全相同,易于互换。555 和 7555 是单定时器。556 和 7556 是双定时器。

双极型的电源电压 $V_{CC} = +5 \sim +15$ V,输出的最大电流可达 200 mA,CMOS 型的电源电压为 $+3 \sim +18$ V。

1. 555 电路的工作原理

555 电路的内部电路方框图如图 4.9.1 所示。它含有两个电压比较器,一个是基本 RS 触发器,一个是放电开关管 T,比较器的参考电压由三只 5 kΩ 的电阻器构成的分压器提供。它们分别使高电平比较器 A_1 的同相输入端和低电平比较器 A_2 的反相输入端的参考电平为 $\frac{2}{3}V_{CC}$ 和 $\frac{1}{3}V_{CC}$。A_1 与 A_2 的输出端控制 RS 触发器状态和放电管开关状态。当输入信号自 6 脚输入,即高电平触发输入并超过参考电平 $2/3V_{CC}$ 时,触发器复位,555 的输出端 3 脚输出低电平,同时放电开关管导通;当输入信号自 2 脚输入并低于 $\frac{1}{3}V_{CC}$ 时,触发器置位,555 的 3 脚输出高电平,同时放电开关管截止。

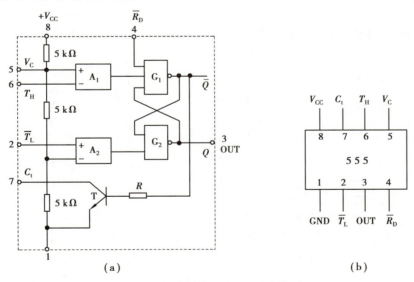

图 4.9.1　555 电路内部框图及引脚排列

$\overline{R_D}$ 是复位端(4 脚),当 $\overline{R_D} = 0$,555 输出低电平。平时 $\overline{R_D}$ 端开路或接 V_{CC}。

V_C 是控制电压端(5 脚),平时输出 $\frac{2}{3}V_{CC}$ 作为比较器 A_1 的参考电平,当 5 脚外接一个输入电压,即改变了比较器的参考电平,从而实现对输出的另一种控制,在不接外加电压时,通常接一个 0.01 μF 的电容器到地,起滤波作用,以消除外来的干扰,从而确保参考电平的稳定。

T 为放电管,当 T 导通时,将给接于脚 7 的电容器提供低阻放电通路。

555 定时器主要是与电阻、电容构成充放电电路,并由两个比较器来检测电容器上的电压,以确定输出电平的高低和放电开关管的通断。这就很方便地构成从微秒到数十分钟的延时电路,可方便地构成单稳态触发器、多谐振荡器、施密特触发器等脉冲产生或波形变换电路。

2.555 定时器的典型应用

(1)构成单稳态触发器

图 4.9.2(a)为由 555 定时器和外接定时元件 R,C 构成的单稳态触发器电路图。触发电路由 C_1,R_1,VD 构成,其中 VD 为钳位二极管,稳态时 555 电路输入端处于电源电平,内部放电开关管 T 导通,输出端 F 输出低电平,当有一个外部负脉冲触发信号经 C_1 加到 2 端,并使 2 端电位瞬时低于 $\frac{1}{3}V_{CC}$ 时,低电平比较器动作,单稳态电路即开始一个暂态过程,电容 C 开始充电,V_C 按指数规律增长。

当 V_C 充电到 $\frac{2}{3}V_{CC}$ 时,高电平比较器动作,比较器 A_1 翻转,输出 V_o 从高电平返回低电平,放电开关管 T 重新导通,电容 C 上的电荷很快经放电开关管放电,暂态结束,恢复稳态,为下个触发脉冲的到来作好准备。单稳态触发器的波形图如图 4.9.2(b)所示。

暂稳态的持续时间 t_w(即为延时时间)决定于外接元件 R,C 值的大小。

$$t_w = 1.1RC$$

通过改变 R,C 的大小,可使延时时间在几个微秒到几十分钟之间变化。当这种单稳态电路作为计时器时,可直接驱动小型继电器,并可以使用复位端(4 脚)接地的方法来中止暂态,重新计时。

此外尚须用一个续流二极管与继电器线圈并接,以防继电器线圈反电势损坏内部功率管。

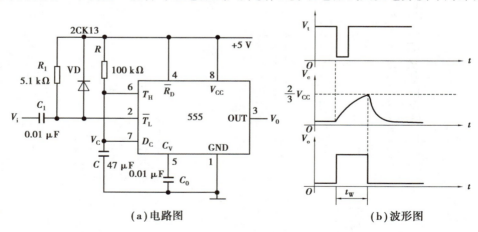

(a)电路图　　　　　　　(b)波形图

图 4.9.2　单稳态触发器

如图 4.9.3(a)所示,由 555 定时器和外接元件 R_1,R_2,C 构成多谐振荡器,脚 2 与脚 6 直接相连。

电路没有稳态,仅存在两个暂稳态,电路也不需要外加触发信号,利用电源通过 R_1,R_2 向

C 充电,以及 C 通过 R_2 向放电端 C_t 放电,使电路产生振荡。电容 C 在 $\frac{1}{3}V_{CC}$ 和 $\frac{2}{3}V_{CC}$ 之间充电和放电,其波形如图4.9.3(b)所示。输出信号的时间参数是:

$$T = t_{w1} + t_{w2}, t_{w1} = 0.7(R_1 + R_2)C, t_{w2} = 0.7R_2C$$

555 电路要求 R_1 与 R_2 均应大于或等于 1 kΩ,但 $R_1 + R_2$ 应小于或等于 3.3 MΩ。

外部元件的稳定性决定了多谐振荡器的稳定性,555 定时器配以少量的元件即可获得较高精度的振荡频率和具有较强的功率输出能力。因此这种形式的多谐振荡器应用很广。

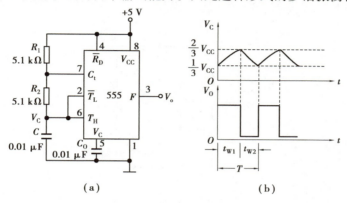

图 4.9.3　多谐振荡器

(2)组成占空比可调的多谐振荡器

如图4.9.4所示,它比图4.9.3所示电路增加了一个电位器和两个导引二极管。VD$_1$,VD$_2$ 用来决定电容充、放电电流流经电阻的途径(充电时 VD$_1$ 导通,VD$_2$ 截止;放电时 VD$_2$ 导通,VD$_1$ 截止)。

占空比:

$$P = \frac{t_{w1}}{t_{w1} + t_2} \approx \frac{0.7R_{SC}}{t0.7C(R_A + R_B)} = \frac{R_{A1}}{R_A + R_B}$$

可见,若取 $R_A = R_B$ 电路即可输出占空比为 50% 的方波信号。

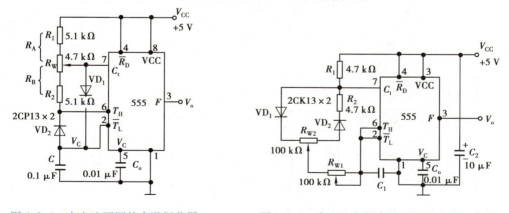

图 4.9.4　占空比可调的多谐振荡器　　图 4.9.5　占空比与频率均可调的多谐振荡器

(3)组成占空比连续可调并能调节振荡频率的多谐振荡器

如图4.9.5所示,对 C_1 充电时,充电电流通过 R_1,VD$_1$,R_{W2} 和 R_{W1};放电时通过 R_{W1},R_{W2},

VD_2, R_2。当 $R_1 = R_2$, R_{W2} 调至中心点, 因充放电时间基本相等, 其占空比约为 50%, 此时调节 R_{W1} 仅改变频率, 占空比不变。如 R_{W2} 调至偏离中心点, 再调节 R_{W1}, 不仅振荡频率改变, 而且对占空比也有影响。R_{W1} 不变, 调节 R_{W2}, 仅改变占空比, 对频率无影响。因此, 当接通电源后, 应首先调节 R_{W1} 使频率至规定值, 再调节 R_{W2}, 以获得需要的占空比。若频率调节的范围比较大, 还可以用波段开关改变 C_1 的值。

（4）组成施密特触发器

如图 4.9.6 所示, 只要将脚 2,6 连在一起作为信号输入端, 即得到施密特触发器。

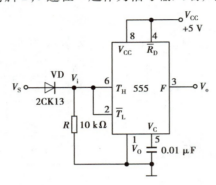

图 4.9.6　施密特触发器

图 4.9.7 示出了 V_s, V_i 和 V_o 的波形图。

设被整形变换的电压为正弦波 V_s, 其正半波通过二极管 VD 同时加到 555 定时器的 2 脚和 6 脚, 得 V_i 为半波整流波形。

当 V_i 上升到 $\frac{2}{3}V_{CC}$ 时, V_o 从高电平翻转为低电平; 当 V_i 下降到 $\frac{1}{3}V_{CC}$ 时, V_o 又从低电平翻转为高电平。电路的电压传输特性曲线如图 4.9.8 所示。

回差电压 $\Delta V = \frac{2}{3}V_{CC} - \frac{1}{3}V_{CC} = \frac{1}{3}V_{CC}$。

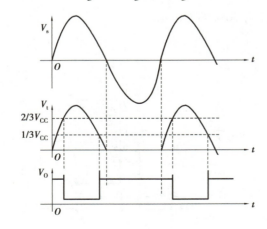

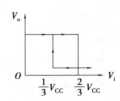

图 4.9.7　波形变换图　　　　　　　　图 4.9.8　电压传输特性曲线

四、实验内容

1. 单稳态触发器

①按图 4.9.2 连线，取 $R = 100\ \text{k}\Omega$，$C = 47\ \mu\text{F}$，输入信号由单次脉冲源提供，用双踪示波器观测 V，V_o 波形，测定幅度与暂稳时间。

②将 R 改为 $1\ \text{k}\Omega$，C 改为 $0.1\ \mu\text{F}$，输入端加 $1\ \text{kHz}$ 的连续脉冲，观测波形 V，V_o，测定幅度及暂稳时间。

2. 多谐振荡器

①按图 4.9.3 接线，用双踪示波器观测 V_c 与 V_o 的波形，测定频率。

②按图 4.9.4 接线，组成占空比为 50% 的方波信号发生器。观测 V，V_o 波形，测定波形参数。

③按图 4.9.5 接线，通过调节 R_{W1} 和 R_{W2} 来观测输出波形。

3. 施密特触发器

按图 4.9.6 接线，输入信号由音频信号源提供，预先调好 V_s 的频率为 $1\ \text{kHz}$，接通电源，逐渐加大 V_o 的幅度，观测输出波形，测绘电压传输特性，算出回差电压 ΔU。

4. 模拟声响电路

按图 4.9.9 接线，组成两个多谐振荡器，调节定时元件，使 IC_1 输出较低频率，IC_2 输出较高频率，连好线，接通电源，试听音响效果。调换外接阻容元件，再试听音响效果。

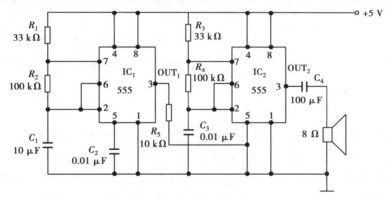

图 4.9.9　模拟声响电路

五、实验预习要求

①复习有关 555 定时器的工作原理及其应用。
②拟定实验中所需的数据、表格等。
③如何用示波器测定施密特触发器的电压传输特性曲线？
④拟定各次实验的步骤和方法。

六、实验报告

①绘出详细的实验线路图，定量绘出观测到的波形。
②分析、总结实验结果。

实验 10　D/A 和 A/D 转 换 器

一、实验目的

①了解 D/A 和 A/D 转换器的基本工作原理和基本结构。
②掌握大规模集成 D/A 和 A/D 转换器的功能及其典型应用。

二、实验设备

实验设备见表4.10.1。

表 4.10.1　实验设备表

序号	名称	型号与规格	数量	备注
1	数字电路实验台	KHD－2	1	
2	连续脉冲信号源	KHD－2	1	
3	D/A 转换器	DAC0832	1	
4	A/D 转换器	ADC0809	1	
5	电位器	1K、10K	2	DG09
6	双踪示波器	—	1	
7	电阻、电容	—	若干	

三、实验原理

在数字电子技术的很多应用场合往往需要把模拟量转换为数字量,称为模/数转换器(A/D 转换器,简称 ADC);或把数字量转换成模拟量,称为数/模转换器(D/A 转换器,简称 DAC)。完成这种转换的线路有多种,特别是单片大规模集成 A/D、D/A 转换器的问世,为实现上述的转换提供了极大的方便。使用者可借助手册提供的器件性能指标及典型应用电路,即可正确使用这些器件。本实验将采用大规模集成电路 DAC0832 实现 D/A 转换,ADC0809 实现 A/D 转换。

1. D/A 转换器 DAC0832

DAC0832 是采用 CMOS 工艺制成的单片电流输出型 8 位数/模转换器。图 4.10.1 是 DAC0832 的逻辑框图及引脚排列。

器件的核心部分采用倒 T 形电阻网络的 8 位 D/A 转换器,如图 4.10.2 所示。它是由倒 T 形 R-$2R$ 电阻网络、模拟开关、运算放大器和参考电压 V_{REF} 共 4 部分组成。

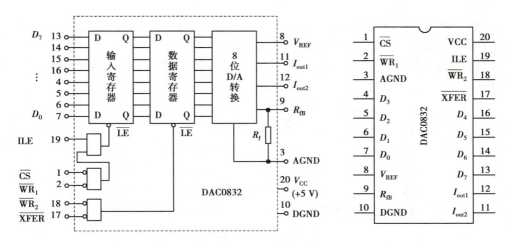

图 4.10.1　DAC0832 单片 D/A 转换器逻辑框图和引脚排列

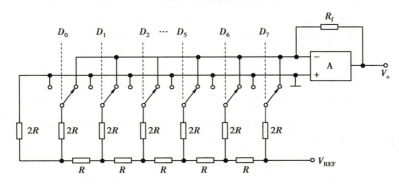

图 4.10.2　倒 T 形电阻网络 D/A 转换电路

运放的输出电压为:

$$V_o = \frac{V_{REF} \times R_f}{2^n \times R}(D_{n-1} \cdot 2^{n-1} + D_{n-2} \cdot 2^{n-2} + \cdots + D_0 \cdot 2^0)$$

由上式可见,输出电压 V_o 与输入的数字量成正比,这就实现了从数字量到模拟量的转换。

一个 8 位的 D/A 转换器,它有 8 个输入端,每个输入端是 8 位二进制数的一位;有一个模拟输出端,输入可有 $2^8 = 256$ 个不同的二进制组态;输出为 256 个电压之一,即输出电压不是整个电压范围内的任意值,而只能是 256 个可能值。

DAC0832 的引脚功能说明如下:

D_0—D_7:数字信号输入端;

ILE:输入寄存器允许,高电平有效;

$\overline{CS}$:片选信号,低电平有效;

$\overline{WR_1}$:写信号 1,低电平有效;

$\overline{XFER}$:传送控制信号,低电平有效;

$\overline{WR_2}$:写信号 2,低电平有效;

I_{out1},I_{out2}:DAC 电流输出端;

R_f:反馈电阻,是集成在片内的外接运放的反馈电阻;

V_{REF}:基准电压 $-10 \sim +10$ V;

209

V_{CC}:电源电压 +5 ～ +15 V;

AGND:模拟地,DGND:数字地,可接在一起使用。

DAC0832 输出的是电流,要转换为电压,还必须经过一个外接的运算放大器,实验线路如图 4.10.3 所示。

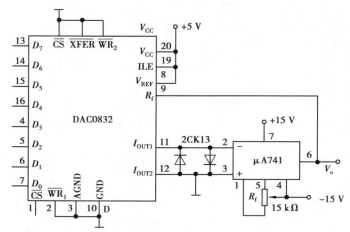

图 4.10.3　D/A 转换器实验线路

2. A/D 转换器 ADC0809

ADC0809 是采用 CMOS 工艺制成的单片 8 位 8 通道逐次渐近型模/数转换器,其逻辑框图及引脚排列如图 4.10.4 所示。

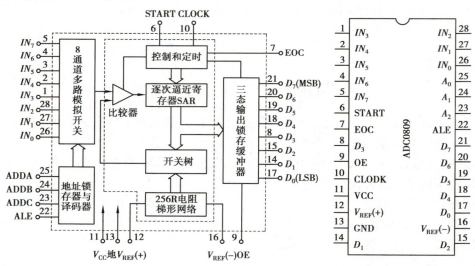

图 4.10.4　ADC0809 转换器逻辑框图及引脚排列

器件的核心部分是 8 位 A/D 转换器,它由比较器、逐次渐近寄存器、D/A 转换器及控制和定时 5 部分组成。

ADC0809 的引脚功能说明如下:

$IN_0 \sim IN_7$:8 路模拟信号输入端。

A_2 , A_1 , A_0:地址输入端。

ALE:地址锁存允许输入信号。在此脚施加正脉冲,上升沿有效,此时锁存地址码,从而选通相应的模拟信号通道,以便进行 A/D 转换。

START:启动信号输入端。当此引脚施加正脉冲,在上升沿到达时,内部逐次逼近寄存器复位;在下降沿到达后,开始 A/D 转换过程。

EOC:转换结束输出信号(转换结束标志),高电平有效。

OE:输入允许信号,高电平有效。

CLOCK(CP:时钟信号输入端,外接时钟频率一般为 640 kHz)。

Voc:+5 V 单电源供电。

$V_{REF}(+)$,$V_{REF}(-)$:基准电压的正极、负极。一般 $V_{REF}(+)$ 接 +5 V 电源,$V_{REF}(-)$ 接地。

$D_7 \sim D_0$:数字信号输出端。

(1)模拟量输入通道选择

8 路模拟开关由 A_2,A_1 和 A_0 三个地址输入端来选通 8 路模拟信号中的任何一路并进行 A/D 转换。地址译码与模拟输入通道的选通关系见表 4.10.2。

表 4.10.2　地址译码与模拟输入通道的选通关系

被选模拟通道		IN_0	IN_1	IN_2	IN_3	IN_4	IN_5	IN_6	IN_7
地址	A_2	0	0	0	0	1	1	1	1
	A_1	0	0	1	1	0	0	1	1
	A_0	0	1	0	1	0	1	0	1

(2)D/A 转换过程

在启动端(START)加启动脉冲(正脉冲),D/A 转换即开始工作。如将启动端(START)与转换结束端(EOC)直接相连,转换将是连续的,在用这种转换方式时,开始应在外部加启动脉冲。

四、实验内容

1. D/A 转换器(DAC0832)

①按图 4.10.3 接线,电路接成直通方式,即 $\overline{CS}$、$\overline{WR_1}$、$\overline{WR_2}$ 和 $\overline{XFER}$ 接地,ALE、V_{CC} 和 V_{REF} 接 +5 V 电源;运放电源接 ±15 V;$D_0 \sim D_7$ 接逻辑开关的输出插口,输出端 V_o 接直流数字电压表。

②调零,令 $D_0 \sim D_7$ 全置零,调节运放的电位器使 μA741 输出为零。

③按表 4.10.3 所列的输入数字信号,用数字电压表测量运放的输出电压 V_0,并将测量结果填入表中,并与理论值进行比较。

表 4.10.3　测量结果

输入数字量								输出模拟量 V_o/V
D_7	D_6	D_5	D_4	D_3	D_2	D_1	D_0	$V_{CC} = +5$ V
0	0	0	0	0	0	0	0	

续表

输入数字量								输出模拟量 V_o/V
D_7	D_6	D_5	D_4	D_3	D_2	D_1	D_0	$V_{CC} = +5$ V
0	0	0	0	0	0	0	1	
0	0	0	0	0	0	1	0	
0	0	0	0	0	1	0	0	
0	0	0	0	1	0	0	0	
0	0	0	1	0	0	0	0	
0	0	1	0	0	0	0	0	
0	1	0	0	0	0	0	0	
1	0	0	0	0	0	0	0	
1	1	1	1	1	1	1	1	

2. A/D 转换器(ADC0809)

图 4.10.5 为 ADC0809 的实验线路。

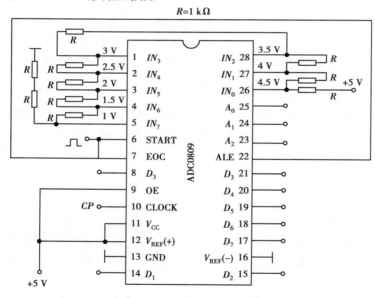

图 4.10.5　ADC0809 实验线路

①8 路输入模拟信号 1~4.5 V 是由 +5 V 电源经电阻 R 分压而成；变换结果 $D_0 \sim D_7$ 接逻辑电平显示器输入插口；CP 时钟脉冲由计数脉冲源提供，取 $f = 100$ kHz；$A_0 \sim A_2$ 地址端接逻辑电子输出插口。

②接通电源后，在启动端(START)加一正单次脉冲，下降沿到来时即开始 A/D 转换。

③按表 4.10.4 的要求观察，记录 $IN_0—IN_7$ 的 8 路模拟信号的转换结果，并将转换结果换算成十进制数表示的电压值，并与数字电压表实测的各路输入电压值进行比较，分析误差原因。

表 4.10.4

被选模拟通道	输入模拟量	地址			输出数字量								
IN	V_i/V	A_2	A_1	A_0	D_7	D_6	D_5	D_4	D_3	D_2	D_1	D_0	十进制
IN_0	4.5	0	0	0									
IN_1	4.0	0	0	1									
IN_2	3.5	0	1	0									
IN_3	3.0	0	1	1									
IN_4	2.5	1	0	0									
IN_5	2.0	1	0	1									
IN_6	1.5	1	1	0									
IN_7	1.0	1	1	1									

五、实验报告

①写出 ADC0809,DAC0832 各引脚功能及其使用方法。

②画出实验电路图,整理实验数据,填写测试表格,并对实验结果进行分析。

③分析实验中的现象、操作中遇到的问题及解决办法。

④回答问题:

a. 模/数转换的过程是怎样?

b. A/D 转换实验中,输入电压多少为最大值?

c. DAC 的分辨率与哪些参数有关?

d. 为什么 D/A 转换器的输出端都要接运算放大器?

第 5 章

电工与电子技术 Multisim 仿真实验

实验 1　Multisim14 软件使用基础

1. 软件简介

Multisim14 是美国国家仪器公司下属的 Electronics Workbench Group 推出的虚拟电子工作台电路仿真软件,它可以实现原理图的捕获、电路分析、交互式仿真、电路板设计、仿真仪器调试、集成测试、射频分析等高级应用。其数量众多的元器件数据库、标准化的仿真仪器、直观的捕获界面、更加简洁明了的操作、强大的分析测试功能、可信的测试结果,将虚拟仪器技术的灵活性扩展到了电子设计者的工作平台,弥补了测试与设计功能之间的缺口,缩短了产品研发周期,强化了电子实验教学,并具有以下特点。

(1)直观的图形界面

整个界面就像是一个电子实验工作平台,绘制电路所需的元器件和仿真所需的仪器仪表均可直接拖放到工作区中,轻点鼠标即可完成导线的连接,软件仪器的控制面板和操作方式与实物相似,测量数据、波形和特性曲线如同在真实仪器上看到的一样。

(2)丰富的元器件库

Multisim14 大大扩充了 EWB 的元件库,包括基本元件、半导体元件、TTL,以及 CMOS 数字 IC,DAC,ADC,MCU 和其他各种部件,且用户可通过元件编辑器自行创建和修改所需元件模型,还可通过公司官方网站和代理商获得元件模型的扩充和更新服务。

(3)丰富的测试仪器仪表

除了 EWB 具备的数字万用表、函数信号发生器、示波器、扫频仪、字信号发生器、逻辑分析仪和逻辑转换仪外,还新增了瓦特表、失真分析仪、频谱分析仪和网络分析仪,且所有仪器均可多台同时调用。

(4)完备的分析手段

除了 EWB 提供的直流工作点分析、交流分析、瞬态分析、傅里叶分析、噪声分析、失真分析、参数扫描分析、温度扫描分析、极点—零点分析、传输函数分析、灵敏度分析、最坏情况分析和蒙特卡罗分析外,新增了直流扫描分析、批处理分析、用户定义分析、噪声图形分析和射频分析等,能基本满足电子电路设计和分析的要求。

（5）强大的仿真能力

Multisim14 既可对模拟电路或数字电路分别进行仿真,也可进行数模混合仿真,尤其新增了射频（RF）电路的仿真功能。仿真失败时会显示错误信息、提示可能出错的原因,仿真结果可随时存储和打印。

2. Multisim14 的主窗口

启动 Multisim14,将出现如图 5.1.1 所示的界面。界面由菜单栏、工具栏、元器件库栏、虚拟仪表栏、电路工作区等构成。通过对各部分的操作可以实现电路图的输入、编辑,并根据需要对电路进行相应的观测和分析。通过菜单栏或工具栏可以改变主窗口的视图内容。

菜单栏包括了提取元件之外的所有操作,工具栏内为一些常用的基本操作命令按钮,元器件库栏内包含了电阻器、电容器、电感器、电源、开关等常用元件和各种常用集成元件,以及各种仪器仪表。中间最大区域为电路工作区,在这里可以建立仿真电路,并进行各种分析和测量。在电路工作区内的下方是电路描述区,可以用来对电路进行注释和说明,其大小和位置可以调整。

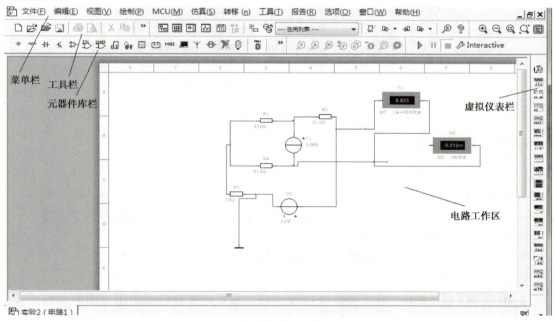

图 5.1.1　Multisim14 主窗口界面

（1）菜单栏

主窗口菜单栏由文件、编辑、视图、绘制、MCU、仿真、转移、工具、报告、选项、窗口和帮助等菜单组成。其中文件和编辑菜单与常用办公软件（如 Word）大致相同,包括建立文件夹、打开文件夹、存盘、打印、拷贝、粘贴等命令,这里不再介绍。下面将该软件部分专用菜单作简要介绍。

①视图菜单。

视图菜单有如下功能:

放大显示电路图、缩小显示电路图、查找、显示网格、显示纸张边界、显示标题栏和边界、显示工具栏、显示元器件栏、显示状态栏、显示仿真错误信息/仿真跟踪、显示 XSpice 命令行界面命令、显示图表、显示仿真开关等。

②绘制菜单。

绘制菜单可以在编辑窗口中放置结点、元器件、总线、输入/输出端、文本、子电路等对象，以及创建电路，其打开界面如图 5.1.2 所示。

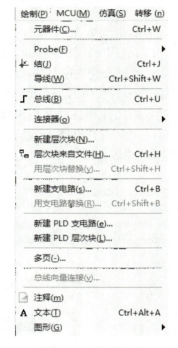

图 5.1.2　绘制菜单　　　　　　　　　图 5.1.3　仿真菜单

③仿真菜单。

仿真菜单用于设置电路的分析选项，其打开界面如图 5.1.3 所示，它包括以下几项：

运行：相当于面板上的启动开关。

暂停：暂停电路分析，另在面板上设有暂停/恢复快捷按钮。

停止：停止电路分析。

Analysis and simulation(分析选择项)：设置有关分析计算和仪器使用方面的内容。双击打开，会出现图 5.1.4 所示界面，其部分选项说明如下。

a. 直流工作点分析：分析显示直流工作点结果。

b. 交流分析：分析电路的频率特性。

c. 瞬态分析：分析电路的瞬时响应。

d. 参数扫描：分析某元件的参数变化对电路的影响。

e. 噪声分析：分析元件的噪声对电路的影响。

f. 蒙特卡罗：分析电路中元件参数在误差范围内随机变化时对电路特性的影响。

g. 傅立叶分析：分析信号的组成。

h. 温度扫描：分析温度的变化对电路的影响。

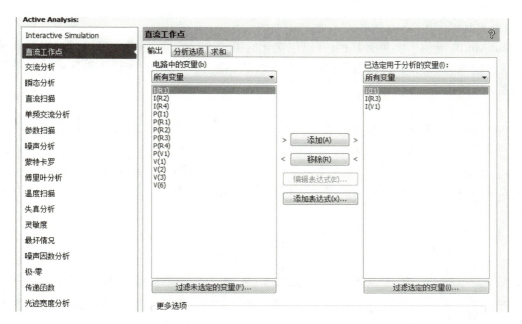

图 5.1.4 分析选择项界面

i. 失真分析：分析电路的谐波失真和内部调制失真。

j. 灵敏度：分析节点电压或支路电流对电路中元件参数变化的灵敏度。

k. 最坏情况：分析电路变化时可能出现的最坏情况。

l. 极-零：分析电路中的零点、极点。

m. 传递函数：分析输入（电源）和输出变量之间的直流小信号传递函数。它可以用于计算电路的输入输出阻抗。

④转移菜单。

转移菜单可以将所搭电路及分析结果传输给其他 EDA 应用程序，实现 Multisim14 向其他文件格式的输出。

转移菜单如图 5.1.5 所示。转移菜单中有如下功能：

当前电路图传送到 Ultiboard、回传、当前电路图传送给其他 PCB、输出电路网表文件等。

⑤工具菜单。

工具菜单提供了创建、编辑、复制、删除元件的功能。工具菜单的功能如下：

新建元器件、编辑元器件、复制元器件、删除元器件、元件数据库管理、更新元器件、远程控制/设计共享、连接到"EDAparts. com"等。

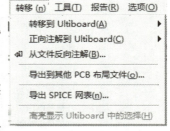

图 5.1.5 转移菜单

⑥选项菜单。

选项菜单可以对程序的运行和界面进行定制和设置，如设置全局参数、设置电路图属性参数和定制用户界面等。选项菜单的功能如下：

设置操作环境、编辑标题栏、设置简化版本、设定软件整体环境参数、设定编辑电路环境参数等。

（2）工具栏

Multisim14 提供了多种工具栏,并以层次化的模式进行管理,用户也可以通过视图菜单中的选项方便地将顶层的工具栏打开或关闭,再通过顶层工具栏中的按钮来管理和控制下层的工具栏。

（3）元器件库栏

Multisim14 拥有庞大的元器件库。元器件总数近万种,其中二极管(含 FET 和 VMOS 管等)2 900 种,运算放大器 2 000 种,给电路仿真带来了极大的方便。元器件主要包括电源、电阻器、电容器、电感器、二极管、双极性晶体管、FET、VMOS、传输线、控制开关、DAC 与 ADC、运算放大器与电压比较器、TTL74 系列与 CMOS4000 系列数字电路、时基电路等。图 5.1.6 对部分元器件库栏给出了标注。

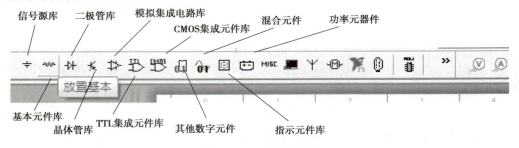

图 5.1.6　元器件库栏

单击元器件库的某一个图标,即可打开该元器件。下面对将要用到的主要元器件库中的元器件逐一给出标注。

①信号源库:单击"信号源库",弹出对话框如图 5.1.7 所示。Multisim 将电源类的所有元器件全部当作虚拟元器件,不能使用元器件编辑工具对其模型及符号进行修改或重新创建,只能通过自身的属性对话框对其相关参数进行设置。

图 5.1.7　信号源库

②基本元件库：单击"基本元件库"，弹出对话框如图 5.1.8 所示。

图 5.1.8　基本元件库

基本元件库共有 22 个现实元件箱，7 个虚拟元件箱，每个现实元件箱中存放着若干与现实元器件一致的仿真元件供选用。虚拟元件箱中的元件不需要选择，而是直接调用，然后通过属性对话框设置其参数。

③二极管库：单击"二极管库"，弹出对话框如图 5.1.9 所示。

④晶体管库、模拟集成电路库、TTL 集成元件库、CMOS 集成元件库：分别单击"晶体管库""模拟集成电路库""TTL 集成元件库""CMOS 集成元件库"，可以导入各种类型晶体管、模拟运算放大器、比较器、功率放大器、TTL74 系列或 CMOS 系列数字集成元件等模拟器件。

⑤指示元件库：单击"指示元件库"，弹出对话框如图 5.1.10 所示。

（4）虚拟仪表栏

在 Multisim14 主窗口最右侧，是虚拟仪表栏，如图 5.1.11 所示，各种虚拟仪表、仪器的操作面板同真实仪表的操作面板一样，使用简单、方便。

从虚拟仪表栏中单击想要调用的仪器图标，将光标移到适当位置后，再次单击可以放置该仪器。若需设置仪器的相应参数，双击仪器图标就可打开仪器的操作面板进行设置。

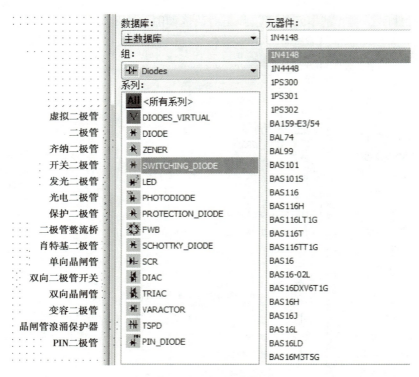

图 5.1.9 二极管库

图 5.1.10 指示元件库

①万用表。

万用表可以自动调整量程。双击其图标可以弹出面板,通过面板可以观察测量数据。按下面板上的"设置"按钮可以在弹出对话框中设置各项参数。图 5.1.12 是其图标和面板及参数设置对话框的标注。

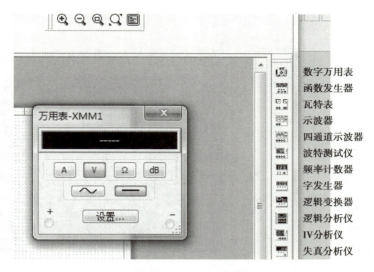

图 5.1.11　虚拟仪表栏

图 5.1.12　万用表

②信号发生器。

信号发生器可以产生正弦波、三角波和方波信号,其图标和面板如图 5.1.13 所示,可调节方波和三角波的占空比。

信号发生器的信号可由任意两端输出,也可由三端输出两路信号。"＋"端子与"Common"端子(公共端一般接电路的公共地)输出信号为正极性信号,而"－"端和"Common"端子之间输出信号为负极性信号。两信号幅度相等,极性相反。要改变输出信号应先按"启动/停止"开关,关闭正在进行的仿真,再调整信号发生器的性质,调整好后再启动仿真,才能输出改动后的信号波形。

③瓦特表。

瓦特表用于测量交、直流电路的功率,使用时,将电流接线端与所测元件串联,电压端与所测元件并联,双击瓦特表面板,即可出现读数框,此时显示值为所测元件的功率。瓦特表图标、面板和连接测试电路如图 5.1.14 所示。

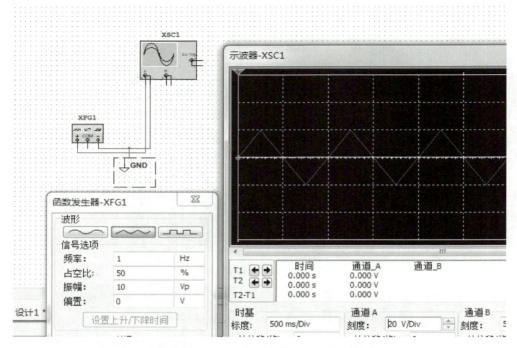

图 5.1.13　函数信号发生器图标和面板

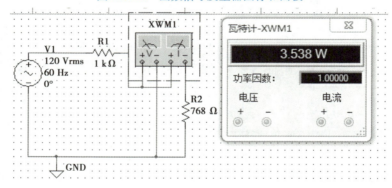

图 5.1.14　瓦特表

④示波器。

此示波器为模拟双踪示波器,图标和面板如图 5.1.15 所示。其中:

面板扩展按钮:单击该按钮可将面板扩展。

时基控制:调整扫描时基,即横向每大格表示的时间数。

触发控制:Edge——上升(下降)沿触发;Level——触发电平。

触发信号选择按钮:Auto(自动触发按钮);A,B(A,B 通道触发按钮);Ext(外触发按钮)。

Y 轴增益:纵向每大格表示的电压数。

显示方式选择按钮:

Y/T——Y 方向显示输入信号,X 方向显示时间基线。

B/A——Y 方向显示 B 通道输入信号,以 A 通道为 X 方向扫描信号。

A/B——Y 方向显示 A 通道输入信号,以 B 通道为 X 方向扫描信号。

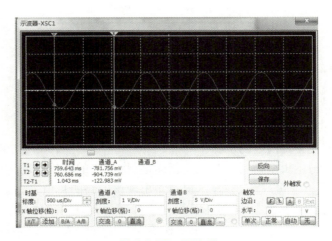

图 5.1.15　示波器

AC,0,DC(Y 轴输入方式按钮):AC 只显示交流分量、0 将信号去掉、DC 将信号的交直流分量都显示出来。

为了能更细致地观察波形,可以通过拖曳指针详细读取波形上任一点的数值及两指针间的各数值之差。按下"保存"按钮可按 ASCII 码格式存储波形读数。

⑤逻辑变换器。

逻辑变换器这种虚拟仪器实际当中并不存在,它是 Multisim 软件开发的一种用于进行数字逻辑分析的虚拟仪器。逻辑变换器可以将逻辑电路变换为真值表、标准与或式、最简与或式、与非-与非式等,其符号和面板如图 5.1.16 所示。

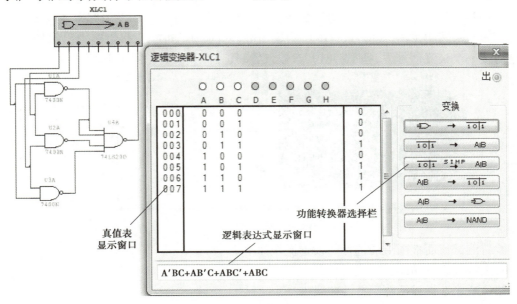

图 5.1.16　逻辑变换器

双击逻辑变换器的图标,出现逻辑变换器的面板,面板分三部分:真值表显示窗口、功能转换器选择栏、逻辑表达式显示窗口。

逻辑变换器提供了 6 种逻辑功能转换选择,它们是:

逻辑电路转换为真值表

真值表转换为逻辑表达式

真值表转换为最简逻辑表达式

逻辑表达式转换为真值表

逻辑表达式转换为逻辑电路

逻辑表达式转换为与非门逻辑电路

a. 逻辑变换器转换为真值表的步骤：

将电路的输入端与逻辑变换器的输入端相连接；将电路的输出端与逻辑变换器的输出端相连接；按下 按钮，在显示窗口将出现该电路的真值表。

b. 真值表转换为逻辑表达式的步骤：

根据输入变量的个数，用鼠标单击逻辑变换器面板顶部代表输入信号的小圆圈（A—H），选定输入变量，此时在真值表显示窗口会自动出现输入变量的所有组合，输出列的初始值为待定；将鼠标移至真值表的输出端，单击鼠标修改输出值（可分别取 0，1 或 x）；按下 按钮，相应的逻辑表达式会出现在显示窗口的下端；按下 按钮，可以化简逻辑表达式。

c. 逻辑表达式转换为逻辑电路的步骤：

在面板底部的逻辑表达式显示窗口内写入逻辑表达式（与-或式、或与式都可以）；按下 按钮，得到相应的真值表；按下 按钮，得到相应的逻辑电路；按下 按钮，得到相应的由与非门构成的逻辑电路。

⑥波特测试仪。

波特测试仪用于测量和显示电路的幅频特性和相频特性。图标上的"IN"端为输入端口，其"＋"和"－"接电路输入信号；"OUT"为输出端口，其"＋"和"－"接电路输出信号。在输入端还需接一个交流信号源，且不需对其参数设置，其图标和面板如图 5.1.17 所示。

图 5.1.17　波特测试仪

波特测试仪面板图上的选择与设置操作如下。

右上排按钮的功能：

幅值——选择显示幅频特性曲线；

相位——选择显示相频特性曲线。

第二行按钮的功能：

水平——测量信号的频率，也叫频率轴。"I""F"分别是频率初始值、频率最终值。可以选择"对数"刻度，也可以选择"线性"刻度。当测量信号的频率范围较宽时，用对数刻度比较合适,相反,用线性刻度比较好。

垂直——测量信号的幅值或相位。

当测量幅频特性时,单击"对数"按钮,单位是 dB(分贝),取值范围是 - 200 ~ + 200 dB;单击"线性"按钮,线性刻度取值范围是 0 ~ 109 dB。

第三行按钮功能:

反向——设定显示屏以反色显示;

保存——保存数据;

设置——设置扫描分辨率。

⑦字信号发生器。

字信号发生器最多可产生 32 路(位)同步逻辑信号,可用于对数字逻辑电路的测试,其图标和面板如图 5.1.18 所示。

双击字信号发生器的图标,窗口出现图 5.1.18 所示的面板,面板由 0—15 及 16—32 位字信号输出端和字信号发生器的控制面板两部分组成,"R"为数据备用信号端,"T"为外触发信号端。

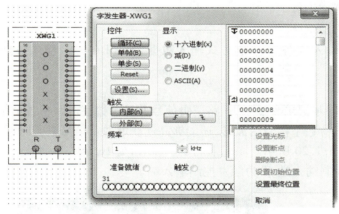

图 5.1.18　字信号发生器

面板图上的选择与设置操作如下:

字信号发生器面板右侧是 32 位字信号编辑窗口,用鼠标移动滚动条,即可翻看编辑窗口内的字信号。将鼠标移至窗口右侧单击右键,出现字信号地址编辑指令,其中有:

设置光标、设置断点、删除断点,可用于分别设置输出字信号的位数。

设置初始位置、设置最终位置,如拟定选用 3 位输出字信号,可分别选定字信号的起始地址和终止地址。

控件区:

循环:字信号在设置的初始地址到最终地址之间周而复始地以设定的频率输出。

单帧:字信号只进行一个循环,即从设定的初始地址开始输出,到最终位置自动停止输出。

单步:字信号单步输出,每单击一次,输出一条字信号。

Reset:单击后字信号的输出将从起始位置重新开始。

设置:单击设置按钮,出现设置数字信号格式对话框,如图 5.1.19 所示。可以选择设置字信号输出模式为加法计数器模式、减法计数器模式、右移移位模式和左移移位模式;也可打开数字信号文件或保存数字信号文件,还可以清除字信号编辑窗口中设置的全部内容。

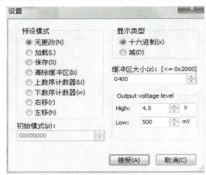

图 5.1.19 "设置"数字信号格式对话框

触发区:触发方式选择区。

内部:字信号输出受循环、单帧、单步按钮控制;

外部:需要设置"上升沿触发"或"下降沿触发"。

频率区:输出频率设置。

显示区:字信号编辑区。

十六进制方式输入数据、十进制方式输入数据、ASCII 码方式输入数据、二进制方式输入数据。

⑧逻辑分析仪。

逻辑分析仪可同步记录和显示 16 路逻辑信号并显示数字电路中各个结点的波形,也可以同时显示电路中 16 位数字信号的波形,还能够高速获取数字信号进行时域分析。逻辑分析仪的图标和面板如图 5.1.20 所示。图标上的 1—F 端口为 16 个数字信号输入端口,C 为外时钟输入端,Q 为时钟控制输入端,T 为触发控制输入端。

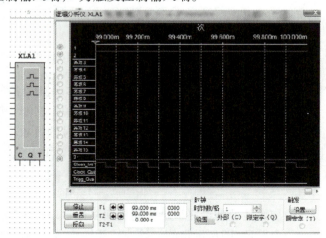

图 5.1.20 逻辑分析仪

面板图上的选择与设置操作如下:

左侧 16 个小圆圈表示 16 个输入端,接有输入信号的输入端在小圆圈内会出现黑圆点。"停止"按钮——停止仿真;"重置"按钮——复位并清除显示波形;"反向"按钮——设定显示屏以反色显示;T1——读数指针 1 和零点的时间;T2——读数指针 2 和零点的时间;T2 – T1——两个读数指针之间的时间差;时钟数/格——设置每个水平刻度显示的时钟数;"设置"按钮——设置时钟脉冲;触发区——设置触发方式。

⑨失真分析仪。

失真分析仪用于测试电路总谐波失真与信噪比。

3. Multisim14 的基本操作

（1）创建电路

用 Multisim14 软件进行电路分析、仿真,第一步就是建立仿真电路。仿真电路的建立,首先就要进行元件和仪器仪表的选取,即将需要的元件和仪器仪表从元器件库、仪器库拖放到电路工作区,再设定元件和仪器的参数,连接导线建立电路图。其方法说明如下。

①元件和仪器仪表的操作。

元件和仪器仪表选用:首先在元器件库和虚拟仪表栏中单击包含该元器件的图标,打开该元件库和仪器库。移动鼠标到需要的元件和仪器图形上,按下左键不放,将该元件和仪器符号拖曳到工作区。

元件的移动:用鼠标拖曳操作。

元件的旋转、反转、复制和删除:单击元件符号选定元件,然后用相应的菜单、工具栏或单击右键激活弹出菜单,选定需要的动作。

元器件参数设置:选定该元件后,再按下工具栏中的期间特性按钮,或从右键弹出菜单中选"属性"可设定元器件的标签、编号、数值、模型参数和故障等内容。

元器件各种特性参数的设置可通过双击元器件弹出的对话框进行。元器件编号通常由系统自动分配,必要时可以修改,但必须保证编号的唯一性。故障选项可供人为设置元器件的隐含故障,包括开路、短路、漏电、无故障等。

②导线的操作。

导线的连接:先将鼠标指向元件和仪器的端点,使其出现小圆点后,按下左键并拖曳导线到另一个元件或仪器的端点或其他导线上,待出现小圆点后松开鼠标左键,两端之间将自动出现导线连接。

导线的删除和改动:选定该导线,单击鼠标右键,在弹出菜单中选"删除",或者用鼠标将导线的端点拖曳离开它与元件的连接点。再单击鼠标右键,在弹出菜单中还可以选择另一项来设置导线的颜色。

连接点是一个小圆点,存放在基本元件库中,一个连接点最多可以连接来自四个方向的导线,连接点可以赋予标志。向电路插入元器件,可直接将元器件拖曳放置在导线上,待其两端变为天蓝色后再释放,即可插入电路中。

③电路图选项的设置。

单击选项菜单,在弹出的对话框中可设置电路的标识、编号、数值、模型参数、节点号等的显示方式及有关栅格、显示字体的设置,该设置对整个电路图的显示方式有效。其中节点号是在连接电路时,Multisim14 自动为每个连接点分配的,也可以在电路工作区的空白地方单击鼠标右键,在弹出菜单中选属性项进行这些操作。

（2）Multisim14 常用的电路分析方法

①用虚拟仪器、仪表直接测量。

从前面已经知道 Multisim14 有丰富的虚拟仪器、仪表。在电路工作区内进行仿真实验，可利用这些虚拟器件直接测量仿真电路的各个参数。这种方法可以进行仿真实验，其操作简单、直观，是 Multisim14 仿真分析中最常用的方法。

②直流工作点的分析。

直流工作点的分析是对电路进行进一步分析的基础。在进行分析时电路中的交流电源将被置零，电容被开路，电感被短路。在分析直流工作点之前，要选择选项菜单下电路图属性子菜单中全部显示项，以把电路的节点号显示在电路图上。

③交流频率分析。

交流频率分析，即分析电路的频率特性。需先选定被分析的电路节点，在分析时，电路的直流电源将自动置零，交流信号源、电容、电感等均处于交流模式，输入信号也设定为正弦波形式。交流电源所设定的值都将不起作用，需要双击电源图标在弹出的对话框中进行专门设置。

④瞬态分析。

瞬态分析用于观察所选定的节点在任意时刻的电压波形。在进行瞬态分析时，直流电源保持常数，交流信号源随时间改变。在对选定的节点作瞬态分析时，一般可先对该节点作直流工作点的分析，这样直流工作点的结果就可作为瞬态分析的初始条件。

⑤参数扫描分析。

参数扫描分析可以研究电路中某元件参数在一定范围内变化对电路特性的影响。首先要显示电路的节点编号，再选择仿真菜单下分析子菜单的参数扫描项，在弹出的对话框中设置好要分析的元件的参数、输出节点等内容。设置好后单击仿真运行进行分析。

⑥小信号传递函数分析。

小信号传递函数是用来分析独立源和两个节点间的输出电压或独立源和一个电流输出变量之间的小信号传递函数。分析时软件先计算电路的直流工作点，再在工作点附近将信号作线性处理来计算传递函数。用这种分析方法求电路的输入、输出阻抗很方便。

Multisim14 还包含了前面菜单中所列出的傅立叶分析等多种分析方法，对于这些分析方法可参阅有关介绍 Multisim 软件的教材和文献。

实验 2　网孔电流法和节点电压分析法仿真实验

一、实验目的

①熟悉和掌握网孔方程和节点方程的列写。
②学习 Multisim14 的基本操作。

二、实验设备

实验设备见表 5.2.1。

表 5.2.1　实验设备表

序号	名称	型号与规格	数量	备注
1	Multisim 软件(以下为虚拟仪器和元件)			
2	直流电压源	—	2	
3	直流电压表	0 ~ 600 V	1	
4	直流电流表	0 ~ 10 A	3	
5	电阻元件	—	若干	

三、实验原理

网孔电流分析法简称网孔电流法,是根据 KVL 定律,以网孔电流为未知量,列出各网孔回路电压 KVL 方程,并联立求解出网孔电流,再进一步求解出各支路电流以求解电路的方法。

节点电压(节点电位)是节点相对于参考点的电压降。对于具有 n 个节点的电路一定有 $n-1$ 个独立节点 KCL 方程。节点电压分析法是以节点电压为变量,列出节点电流(KCL)方程求解电路的方法。

四、实验内容

①网孔电流分析法仿真实验。

在 Multisim14 中,搭建仿真实验电路如图 5.2.1 所示,并设网孔电流 I_1,I_2,I_3 在网孔中按顺时针方向流动。(图中电源和电阻各参数可自行设定)

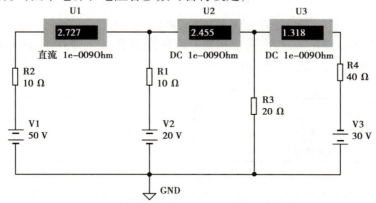

图 5.2.1　网孔电流法仿真实验电路

由网孔电流法可列方程为:

$$20I_1 - 10I_2 = 30$$
$$-10I_1 + 30I_2 - 20I_3 = 20$$
$$-20I_2 + 60I_3 = 30$$

联立求解上述方程,可得:$I_1 \approx 2.727\ 2$ A,$I_2 \approx 2.455$ A,$I_3 \approx 1.318$ A。

在 Multisim14 中,打开仿真开关,读出 3 个电流表的数据,记录并将测量值填入表 5.2.2 中,比较计算值和测量值,验证网孔电流分析法。

229

表 5.2.2　测量值 1

	I_1/A	I_2/A	I_3/A
理论计算值			
仿真测量值			

②在 Multisim14 中,搭建仿真实验电路如图 5.2.2 所示,并设网孔电流 I_1,I_2,I_3 在网孔中按顺时针方向流动。(图中电源和电阻各参数可自行设定)

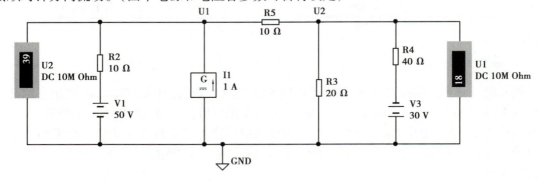

图 5.2.2　节点电压法仿真实验电路

由节点电压法列出节点电压方程:

$$\left(\frac{1}{10}+\frac{1}{10}\right)U_1-\frac{1}{10}U_2=6$$

$$-\frac{1}{10}U_1+\left(\frac{1}{10}+\frac{1}{20}+\frac{1}{40}\right)U_2=-\frac{30}{40}$$

解此联立方程组,可得节点电压:$U_1=39$ V,$U_2=18$ V。

在 Multisim14 中,打开仿真开关,读出两个电压表的数据,记录并将测量值填入表 5.2.3 中,比较计算值和测量值,验证节点电压分析法。

表 5.2.3　测量值 2

	U_1/V	U_2/V
理论计算值		
仿真测量值		

③在图 5.2.1 和图 5.2.2 所示电路中,网孔电流和节点电压的测量值与计算值比较,结论如何?

五、实验报告

①按照实验内容"①"和"②",在 Multisim14 中完成电路的搭建,电路中各元件数值自行设定。

②用 Multisim14 进行电路的仿真测试,并分别建立电路的网孔方程和节点方程,计算电路中的电流和电压,与仿真测试值进行比较。

③写出心得体会及其他。

实验 3　RLC 元件阻抗特性的测定

一、实验目的

①验证电阻、感抗、容抗与频率的关系,测定 R—f,X_L—f 及 Xc—f 特性曲线。

②加深理解 RLC 元件端电压与电流间的相位关系。

二、实验设备

实验设备见表 5.3.1。

表 5.3.1　实验设备表

序号	名称	型号与规格	数量	备注
1	Multisim14 软件(以下为虚拟仪器和元件)			
2	低频信号发生器		1	
3	交流毫伏表	$0 \sim 600$ V	1	
4	双踪示波器		1	
5	频率计		1	
6	实验线路元件	$R = 1$ kΩ,$C = 1$ μF　$L = 1$ H	1	
7	电阻	10 Ω	1	

三、实验原理

①在正弦交变信号作用下,RLC 电路元件在电路中的阻抗作用与信号的频率有关,它们的阻抗频率特性 R—f,X_L—f,Xc—f 曲线如图 5.3.1 所示。

②元件阻抗频率特性的测量电路如图 5.3.2 所示。

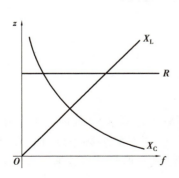

图 5.3.1　阻抗频率特性曲线

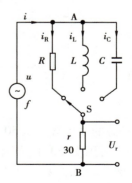

图 5.3.2　元件阻抗频率特性的测量电路图

图 5.3.2 中的 r 是提供测量回路电流用的标准小电阻,由于 r 的阻值远小于被测元件的阻抗值,因此可以认为 AB 之间的电压就是被测元件 R,L 或 C 两端的电压,流过被测元件的电流则可由 r 两端的电压除以电阻 r 所得。

若用双踪示波器同时观察 r 与被测元件两端的电压,也就可展现出被测元件两端的电压和流过该元件电流的波形,从而可在荧光屏上测出电压与电流的幅值及它们之间的相位差。

将 RLC 元件串联或并联相接,也可用同样的方法测得 $Z_串$ 与 $Z_并$ 的阻抗频率特性 Z—f,根据电压、电流的相位差可判断 $Z_串$ 或 $Z_并$ 是感性还是容性负载。

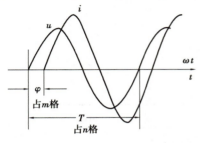

元件的阻抗角(即相位差 φ)随输入信号的频率变化而改变,将各个不同频率下的相位差画在以频率 f 为横坐标、阻抗角 φ 为纵坐标的坐标纸上,并用光滑的曲线连接这些点,即得到阻抗角的频率特性曲线。

图 5.3.3　用双踪示波器测量阻抗角

用双踪示波器测量阻抗角的方法如图 5.3.3 所示。从荧光屏上数得一个周期占 n 格,相位占 m 格,则实际的相位差 φ(阻抗角)为

$$\varphi = m \times \frac{360°}{n}$$

四、实验内容

本实验可用 Multisim14 软件进行仿真测试。

①测量 RLC 元件的阻抗频率特性。

将低频信号发生器输出的正弦信号接至如图 5.3.4 的电路,使激励电压的有效值 $U_S = 10$ V,并保持不变,保持 R_2 为 5 Ω,元件 1 支路分别接 R,L,C,测试并观察示波器中被测元件两端的电压 U 和流过该元件电流的波形,如图 5.3.5(a),(b),(c)所示。

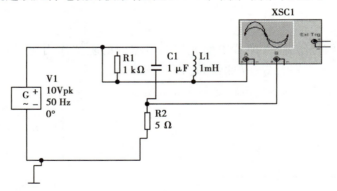

图 5.3.4　电路图

使信号源的输出频率从 50 Hz 逐渐增至 4 kHz(用频率计测量),并使开关 S 分别接通 R,L,C 三个元件,用交流毫伏表测量电阻 R_2 两端的电压 U_R,并计算各频率点时的 I_R,I_L 和 I_C(即 U_R/R)以及 $R = U/I_R$,$X_L = U/I_U$ 及 $X_C = U/I_C$ 之值,将测试数据和计算数据填写在表5.3.2中。

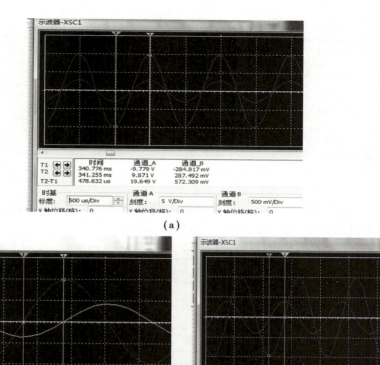

图 5.3.5　波形图

表 5.3.2　测试数据 1

	频率 f/Hz	200	600	1 000	1 500	3 000	4 000
R	U_R/mV						
	$I_R = \dfrac{U_R}{R_2}$/mA						
	$R = \dfrac{U}{I_R}$/Ω						
L	U_R/mV						
	$I_L = \dfrac{U_R}{R_2}$/mA						
	$X_L = \dfrac{U}{I_L}$/Ω						

续表

频率 f/Hz		200	600	1 000	1 500	3 000	4 000
C	U_R/mV						
	$I_C = \dfrac{U_R}{R_2}$/mA						
	$X_C = \dfrac{U}{I_C}$/Ω						

注:在接通 C 测试时,信号源的频率应控制在 200～2 500 Hz。

②测量单个阻抗的相频特性,用双踪示波器观察在不同频率下各元件阻抗角的变化情况,记录 n 和 m 并算出 φ,将测试数据和计算数据填入表 5.3.3 中。

表 5.3.3　测试数据 2

频率 f/Hz		200	600	1 000	1 500	3 000	4 000
R	m						
	n						
	φ						
L	m						
	n						
	φ						
C	m						
	n						
	φ						

五、注意事项

①交流毫伏表属于高阻抗电表,测量前必须先调零。

②测 φ 时,示波器的"V/div"和"t/div"的微调旋钮应旋置"校准位置"。

六、实验报告

①分析实验内容"①"中 R,L,C 三个元件的阻抗频率特性曲线,从中可得出什么结论?

②分析从示波器所观测到 R,L,C 三个元件串联的阻抗角频率特性曲线,并总结、归纳出结论。

③回答问题:测量 R,L,C 各个元件的阻抗角时,为什么要与它们串联一个小电阻? 可否用一个小电感或大电容代替? 为什么?

④写出心得体会及其他。

实验 4　RC 一阶电路的响应测试

一、实验目的

①测定 RC 一阶电路的零输入响应、零状态响应及完全响应。
②学习电路时间常数 τ 的测量方法。
③掌握有关微分电路和积分电路的概念。
④通过学习 Multisim14 软件,掌握 Multisim14 软件的使用。

二、实验设备

实验设备见表5.4.1。

表 5.4.1　实验设备表

序号	名称	型号与规格	数量	备注
1	Multisim 软件(以下为虚拟仪器和元件)			
2	脉冲信号源	—	1	
3	双通道示波器	—	1	
4	电阻器	参数自拟定	1	
5	电容器	参数自拟定	1	

三、实验原理

零输入响应:激励为零,初始状态不为零产生的电路响应。
零状态响应:初始状态为零,而激励不为零产生的电路响应。
完全响应:激励与初始状态均不为零时产生的电路响应。

1. 一阶 RC 电路的零输入响应(电容的放电过程)

图 5.4.1(a)所示电路中的开关原来连接在 1 端,电压源 U_0 通过电阻 R_0 对电容充电,假设在开关转换以前,电容电压已经达到 U_0。在 $t=0$ 时开关迅速由 1 端转换到 2 端,已经充电的电容脱离电压源而与电阻 R 并联,电容进行放电,如图 5.4.1(b)所示。

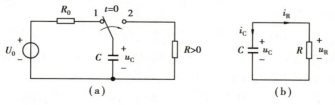

图 5.4.1　一阶 RC 电路

此时,图 5.4.1(b)一阶 RC 放电电路中响应分别按指数规律衰减:

$$u_C(t) = U_0 \mathrm{e}^{-\frac{t}{RC}} \quad (t \geqslant 0)$$

$$i_C(t) = C\frac{\mathrm{d}u_C}{\mathrm{d}t} = -\frac{U_0}{R}\mathrm{e}^{-\frac{t}{RC}} \quad (t > 0)$$

电路中电容电压和电流的变化曲线如图 5.4.2(a),(b)所示。其中时间常数 $\tau = RC$。τ 的大小反映了电路暂态过程的进展速度。

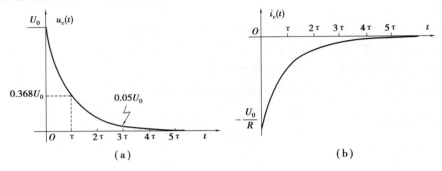

图 5.4.2　一阶 RC 电路零输入响应

2. 一阶 RC 电路的零状态响应(电容的充电过程)

在图 5.4.1 所示电路中,当开关位置由 2 转向 1 时,电源将向电容充电,电路变成零状态响应。

$$u_C(t) = U_S\left(1 - \mathrm{e}^{-\frac{t}{RC}}\right) = U_S\left(1 - \mathrm{e}^{-\frac{t}{\tau}}\right) \quad (t \geqslant 0)$$

$$i_C(t) = C\frac{\mathrm{d}u_C}{\mathrm{d}t} = \frac{U_S}{R}\mathrm{e}^{-\frac{t}{RC}} = \frac{U_S}{R}\mathrm{e}^{-\frac{t}{\tau}} \quad (t > 0)$$

电路中电容电压和电流的变化曲线如图 5.4.3(a),(b)所示。

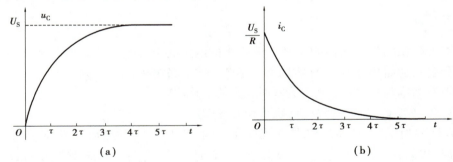

图 5.4.3　一阶 RC 电路的零状态响应

3. 时间常数 τ 的测定方法

根据一阶微分方程的求解得知,零输入响应中 $u_C = U_m \mathrm{e}^{-t/RC} = U_m \mathrm{e}^{-t/\tau}$。当 $t = \tau$ 时,$u_C(\tau) = 0.368U_m$。此时所对应的时间就等于 τ,也可用零状态响应波形增加到 $0.632U_m$ 所对应的时间测得。一阶 RC 电路 τ 的定义如图 5.4.4 所示。

当 $t = 2\tau$、$t = 3\tau$ 时,$u_C(2\tau) = 0.135U_0$、$u_C(3\tau) = 0.05U_0$,所以实际上只要经过 $(4 \sim 5)\tau$ 的时间就可以认为充电或者放电过程基本结束。

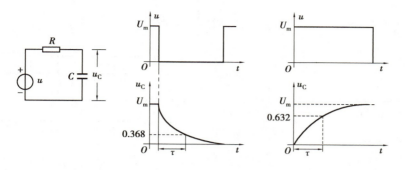

图 5.4.4　一阶 RC 电路 τ 的定义

4. 方波响应

动态网络的过渡过程是十分短暂的单次变化过程。要用普通示波器观察过渡过程和测量有关的参数,就必须使这种单次变化的过程重复出现。为此,我们利用信号发生器输出的方波来模拟阶跃激励信号,即利用方波输出的上升沿作为零状态响应的正阶跃激励信号;利用方波的下降沿作为零输入响应的负阶跃激励信号。只要选择方波的重复周期远大于电路的时间常数 τ,那么电路在这样的方波序列脉冲信号的激励下,它的响应就和直流电路接通与断开的过渡过程是基本相同的。

图 5.4.5(a) 为 RC 一阶电路,图 5.4.5(b) 为 RC 一阶电路的零输入响应,图 5.4.5(c) 为 RC 一阶电路的零状态响应,其电容两端的电压分别按指数规律衰减和增长,其变化的快慢决定于电路的时间常数 τ。

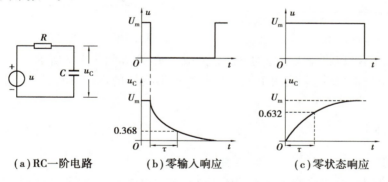

（a）RC一阶电路　　（b）零输入响应　　（c）零状态响应

图 5.4.5　方波响应

5. 微分电路和积分电路

微分电路和积分电路是 RC 一阶电路中较典型的电路,它对电路元件参数和输入信号的周期有着特定的要求。

①微分电路:一个简单的 RC 串联电路,在方波序列脉冲的重复激励下,当满足 $\tau = RC \ll \dfrac{T}{2}$($T$ 为方波脉冲的重复周期),且由 R 两端的电压作为响应输出,则该电路就是一个微分电路。因为此时电路的输出信号电压与输入信号电压的微分成正比,如图 5.4.6 所示。

用微分电路可以使输入信号的方波转变成输出尖脉冲,如图 5.4.7 所示。

$$u_i = u_o + u_C \approx u_C$$

$$u_o = R_i = RC \frac{\mathrm{d}u_C}{\mathrm{d}t} \approx RC \frac{\mathrm{d}u_i}{\mathrm{d}t}$$

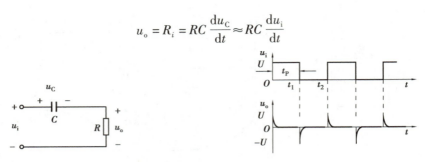

图 5.4.6　微分电路　　　　　　　　　图 5.4.7　微分电路输入输出波形

②积分电路:若将图 5.4.6 中的 R 与 C 位置调换一下,如图 5.4.8 所示,由 C 两端的电压作为响应输出,且当电路的参数满足 $\tau = RC \gg \dfrac{T}{2}$,则该 RC 电路称为积分电路。因为此时电路的输出信号电压与输入信号电压的积分成正比。

$$u_i = u_o + u_R$$

$$u_i \approx u_R = iR$$

$$i = C \frac{\mathrm{d}u_o}{\mathrm{d}t}, u_o = \frac{1}{C}\int i\mathrm{d}t = \frac{1}{RC}\int u_i\mathrm{d}t$$

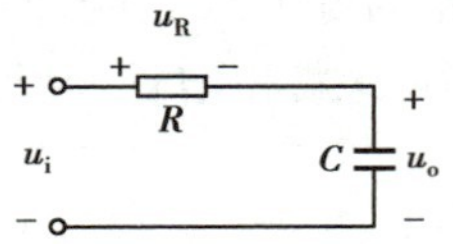

图 5.4.8　积分电路 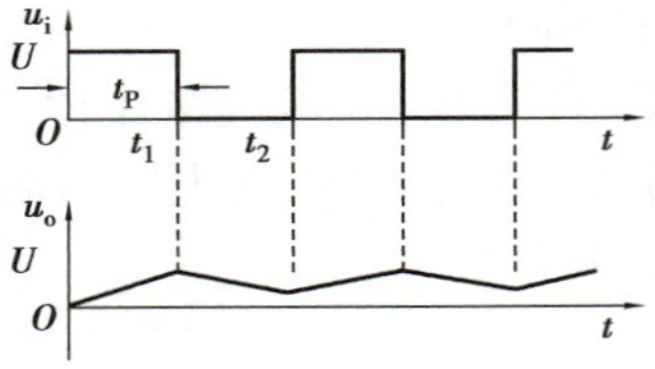　　　　　　　　　图 5.4.9　积分电路输入输出波形

利用积分电路可以将输入信号的方波转变成三角波,如图 5.4.9 所示。

从输入输出波形来看,上述两个电路均起着波形变换的作用,请在实验过程仔细观察与记录。

四、实验内容

1.组成 RC 充放电电路,进行时间常数 τ 的测试

用 Multisim14 软件构成如图 5.4.10 所示的 RC 充放电电路(其中可取 $R = 1$ kΩ,$C = 0.68$ μF,此取值仅作参考),u_i 为脉冲信号发生器输出的 $U_m = 10$ V、$f = 10$ Hz 的方波电压信号,这时可在虚拟示波器的屏幕上观察并记录 RC 一阶电路零输入、零状态响应曲线。选择其中的充电或者放电曲线,用示波器测出时间常数 τ,并与理论值 $\tau = RC$ 进行比较。

2.组成积分电路

在图 5.4.11 所示电路中,取 $U_s = 10$ V,$f = 5$ kHz。

①$R = 1$ kΩ,$C = 0.01$ μF;

②$R = 3$ kΩ,$C = 0.01$ μF;

③$R = 3$ kΩ,$C = 0.1$ μF。

观察并记录 RC 电路在以上不同参数值时电容电压的波形变化。

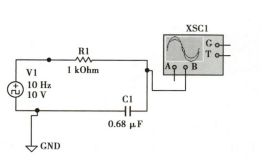

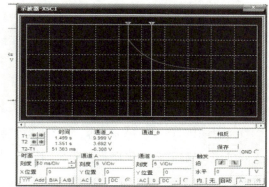

图 5.4.10　一阶 RC 充放电电路

3. 组成微分电路

在图 5.4.12 所示电路中,取 $U_s = 10$ V。

① $f = 5$ kHz, $R = 1$ kΩ, $C = 0.1$ μF;

② $f = 5$ kHz, $R = 100$ Ω, $C = 0.1$ μF;

③ $f = 100$ Hz, $R = 100$ Ω, $C = 0.5$ μF。

观察并记录 RC 电路在以上不同参数值时电容电压的波形变化。

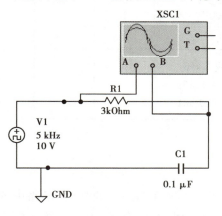

图 5.4.11　积分电路

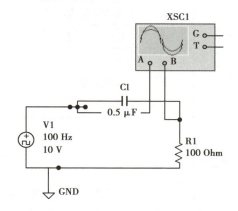

图 5.4.12　微分电路

五、实验报告

①计算零输入或零状态响应时的 τ 值,并与实验内容“1”测得的 τ 值作比较,分析误差原因。

②打印绘出实验内容“2”“3”中 RC 一阶电路零输入响应和零状态响应曲线,并根据电路参数的变化,观察曲线的变化,分析说明原因。

③根据实验观测结果,回答问题:什么是积分电路? 什么是微分电路? 归纳、总结积分电路和微分电路的形成条件。

④写出心得体会及其他。

实验 5　RLC 串联谐振电路的研究

一、实验目的

①学习用实验方法绘制 RLC 串联电路的幅频特性曲线。

②加深理解电路发生谐振的条件、特点,掌握电路品质因数(电路 Q 值)的物理意义及其测定方法。

二、实验设备

实验设备见表5.5.1。

表 5.5.1　实验设备表

序号	名称	型号与规格	数量	备注
1	Multisim14 软件(以下为虚拟仪器和元件)			
2	低频函数信号发生器		1	
3	交流毫伏表	$0 \sim 600$ V	1	
4	双踪示波器		1	
5	虚拟元件	$R = 200$ Ω 或 1 kΩ $C = 1$ μF 或 0.1 μF $L = 1$ mH 或 200 mH		

三、实验原理

①在图 5.5.1 所示的 RLC 串联电路中,当正弦交流信号源的频率 f 改变时,电路中的感抗、容抗随之而变,电路中的电流也随 f 而变。取电阻 R 上的电压 u_o 作为响应,当输入电压 u_i 的幅值维持不变时, 在不同频率的信号激励下,测出 U_o 之值,然后以 f 为横坐标,以 U_o/U_i 为纵坐标(因 U_i 不变,故也可直接以 U_o 为纵坐标),绘出光滑的曲线,此即为幅频特性曲线,也称谐振曲线,如图 5.5.2 所示。

②在 $f = f_0 = \dfrac{1}{2\pi\sqrt{LC}}$ 处,即幅频特性曲线尖峰所在的频率点称为谐振频率。此时 $X_L = X_C$,电路呈纯阻性,电路阻抗的模最小。在输入电压 U_i 为定值时,电路中的电流达到最大值,且与输入电压同相位。从理论上讲,此时 $U_i = U_R = U_o$,$U_L = U_C = QU_i$,式中的 Q 称为电路的品质因数。

③电路品质因数 Q 值的两种测量方法:

一是根据公式 $Q = \dfrac{U_L}{U_o} = \dfrac{U_C}{U_o}$ 测定,U_C 与 U_L 分别为谐振时电容器 C 和电感线圈 L 上的电

压;另一方法是通过测量谐振曲线的通频带宽度 $\Delta f = f_2 - f_1$,再根据 $Q = \dfrac{f_0}{f_2 - f_1}$ 求出 Q 值。式中 f_0 为谐振频率,f_2 和 f_1 是失谐时,也即输出电压的幅度下降到最大值的 $1/\sqrt{2}$(0.707)倍时的上、下频率点。Q 值越大,曲线越尖锐,通频带越窄,电路的选择性越好。在恒压源供电时,电路的品质因数、选择性与通频带只决定于电路本身的参数,而与信号源无关。

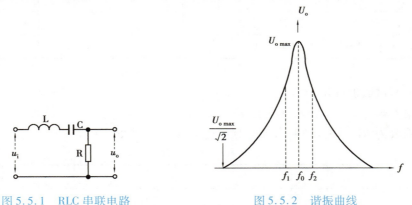

图 5.5.1　RLC 串联电路　　　　　　图 5.5.2　谐振曲线

四、实验内容

①按图 5.5.3 组成测量电路,先选用 L_1,C_1,R_1。用交流毫伏表测电阻两端的电压,用示波器监视信号源输出和电阻两端电压波形。令信号源输出电压 $U_i = 10$ V,并保持不变。

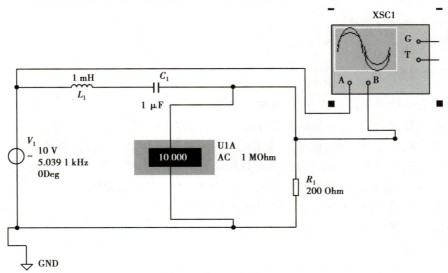

图 5.5.3　R,L,C 串联谐振测试电路

②找出电路的谐振频率 f_0,其方法是,将毫伏表接在 R(200 Ω)两端,令信号源的频率由小逐渐变大(注意要维持信号源的输出幅度不变),当 U_o 的读数为最大时,频率计上的频率值即为电路的谐振频率 f_0,并测量 U_C 与 U_L 之值。

③在谐振点两侧,按频率递增或递减 100 Hz(间隔视 f_0 大小而定),依次各取 8 个测量点,

其中应包含 f_1, f_2 点,逐点测出 U_o, U_L, U_C 之值,记入表 5.5.2 中。

表 5.5.2　测量数据 1

f/kHz										
U_o/V										
U_L/V										
U_C/V										
$U_i = 10$ V, $C = 0.1$ μF, $L = 200$ mH, $R = 200$ Ω										

根据以上测试数据确定:

谐振频率 $f_0 =$ 　　　　, 　　 $f_2 - f_1 =$ 　　　　, 　　 $Q =$ 　　　　。

④将电阻改为 R_2,重复步骤②,③的测量过程,记入表 5.5.3 中。

表 5.5.3　测量数据 2

f/kHz										
U_o/V										
U_L/V										
U_C/V										
$U_i = 10$ V, $C = 0.1$ μF, $L = 200$ mH, $R = 1\,000$ Ω										

根据以上测试数据确定:

谐振频率 $f_0 =$ 　　　　, 　　 $f_2 - f_1 =$ 　　　　, 　　 $Q =$ 　　　　。

五、实验报告

①根据表格给出元件参数,计算电路的谐振频率。

②根据测量数据,绘出三条幅频特性曲线:$U_o = f(f)$,$U_L = f(f)$,$U_C = f(f)$。

③计算出通频带与 Q 值,说明 R 取不同值时对电路通频带与品质因数的影响。

④对两种测量 Q 值的方法进行比较,分析误差产生的原因。

⑤谐振时,比较输出电压和输入电压,看看是否相等,并分析原因。

⑥根据本实验,分析、归纳、总结串联谐振电路的特性。

⑦写出心得体会及其他。

实验 6　负反馈放大电路性能参数测试实验

一、实验目的

①熟悉和运用 Multisim 软件的相关功能。

②研究基于电压串联负反馈对放大器性能的影响。

二、实验设备

完成本实验所需元器件参数及数量见表 5.6.1。

表 5.6.1　实验设备表

序号	名称	型号与规格	数量	备注
1	Multisim 软件(以下为虚拟仪器和元件)			
2	信号发生器	—	1	
3	双通道示波器	—	1	
4	电阻器	参数见仿真电路图	若干	
5	电容器	参数见仿真电路图	若干	
6	三极管	2N2222A	2	
7	开关	—	1	

三、实验原理

在放大电路中,由于晶体管的参数会随着环境条件的改变而改变,特别是温度的变化,不仅会使放大器的工作点、放大倍数不稳定,而且还存在失真、干扰等问题。为改善放大器的性能,常常在放大器中加入反馈网络。

反馈就是把放大器输出量(电压或电流)的部分或全部通过一定的方式送回到输入回路的过程。反馈有交流反馈和直流反馈,交流反馈用于改善放大器的动态性能,直流反馈用于稳定工作点。根据输出端取样方式和输入端比较方式的不同,可以把负反馈放大器分为 4 种基本组态:电压串联负反馈、电流串联负反馈、电压并联负反馈和电流并联负反馈。

负反馈放大器可以使放大器的许多性能指标得以改善,具体如下:

①提高放大器增益的稳定性;

②改变放大器输入、输出阻抗,以满足系统匹配的不同需要;

③提高放大器的信噪比;

④扩展放大器的通频带;

⑤提高放大器输入信号的动态范围;

⑥降低放大器的增益。

反馈对放大器性能的改善程度,取决于反馈量的大小。反馈深度是衡量反馈强弱的重要物理量,记为 $1 + AF$。

式中,A 为开环增益;F 为反馈系数。若引入负反馈后的闭环增益为 A_f 则

$$A_f = \frac{A}{1 + AF}$$

从上面的分析可知,引入负反馈会使放大器的增益降低。但是事物是一分为二的,负反馈虽然牺牲了放大器的放大倍数,但它改善了放大器的其他性能指标,因此负反馈在放大器中仍得到广泛的应用。

采用 Multisim 软件仿真负反馈放大电路如图 5.6.1 所示。

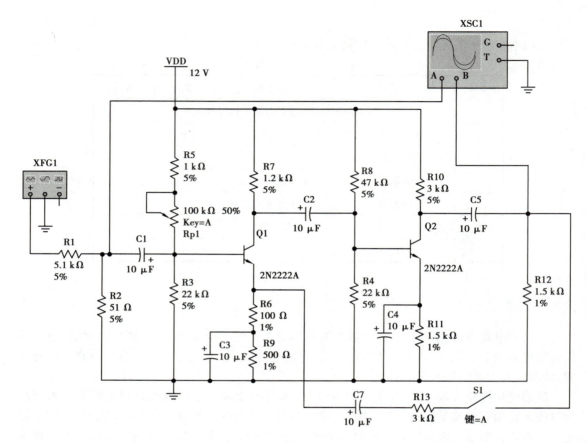

图 5.6.1　负反馈放大电路

四、实验内容

1. 开环电路

①按图 5.6.1 接线,断开反馈回路电阻 R_{13},即断开开关 S_1。

②输入端接入峰—峰值为 $V_{iP-P}=500$ mV,$f=1\,000$ Hz 的正弦波。调整参数使输出不失真且无振荡。

③按表 5.6.2 要求测量并填入表中。

表 5.6.2　负反馈性能测试表

	$R_L/k\Omega$	V_i/mV	U_o/mV	$A_u(A_{uf})$
开环	∞			
	1.5			
闭环	∞			
	1.5			

2. 闭环电路

接通 R 13,闭合开关 S_1。

按表 5.6.2 要求测量并填入表中,计算 A_{uf}。

根据实测结果,验证 $A_{uf} \approx \dfrac{1}{F}$。

3. 负反馈对失真的改善作用

①将图 5.6.1 电路开环,逐步加大 U_i 的幅度,使输出信号出现失真(注意不要过分失真),记录失真波形幅度。

②将电路闭环,观察输出情况。

③画出上述各步实验的波形图。

4. 测放大电路频率特性

①将图 5.6.1 电路先开环,选择输入端接入峰-峰值 $V_{iP-P} = 500$ mV,$f = 1\ 000$ kHz 的正弦波,使输出信号在示波器上有满幅正弦波显示。

②保持输入信号幅度不变逐步增加频率,直到波形减小为原来的 70% ,此时信号频率即为放大电路 f_H。

③条件同上,但逐渐减小频率,测得 f_L。

④将电路闭环,重复步骤①—③,并将结果填入表 5.6.3 中。

表 5.6.3　开环闭环频率

	f_H/Hz	f_L/Hz
开环		
闭环		

五、实验报告

①利用 Multisim 仿真软件搭建仿真电路。

②对设计方案的各部分电路进行简单说明。

③用 Multisim 软件仿真测试结果,对存在的问题提出实际解决方案。

④通过仿真分析、总结实验结论。

实验 7　基于 OCL 功率放大电路的输出功率和效率的仿真实验

一、实验目的

①熟悉和运用 Multisim 软件的相关功能。

②研究功率放大电路的输出功率和效率。

二、实验设备

实验设备见表 5.7.1。

表 5.7.1　实验设备表

序号	名称	型号与规格	数量	备注
1	Multisim 软件（以下为虚拟仪器和元件）			
2	信号发生器	—	1	
3	双通道示波器	—	1	
4	电阻器	参数见仿真电路图	若干	
5	电解电容器	参数见仿真电路图	2	
6	瓷片电容器	参数见仿真电路图	2	
7	三极管	参数见仿真电路图	7	
8	二极管	1N4148	2	
9	扬声器	LS1	1	

三、实验原理

在实用电路中,通常要求放大电路的输出级具有一定的功率,用于驱动负载,以便向负载提供足够的信号功率,这样的电路称为功率放大电路,简称"功放"。功率放大电路的本质依然是放大电路,只是功放要求输出既不是单独的输出高电压,也不是单独的输出大电流,而是追求在供电电源一定的时候,尽可能实现输出功率最大。本实验主要以 OCL 功率放大电路为基础进行分析。

采用 Multisim 软件仿真 OCL 功率放大电路如图 5.7.1 所示。

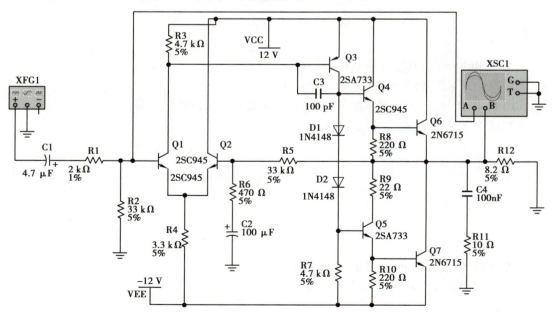

图 5.7.1　OCL 功率放大电路

四、实验内容

1. 静态工作点的测量

测量三极管各极对地电压,并计算各三极管的静态工作点 I_{CQ} , U_{BEQ} , U_{CEQ} ,填入表 5.7.2 中。

表 5.7.2　OCL 功放的静态工作点实测数据

三极管	V_B/V	V_E/V	U_C/V	I_{CQ}/mA	U_{BEQ}/V	U_{CEQ}/V
Q1 管						
Q2 管						
Q3 管						
Q4 管						
Q5 管						
Q6 管						
Q7 管						

2. 波形及频率特性记录

逐渐调大信号源的输出电压 U_i ,直至功放输出最大不失真电压。记录 u_o 波形填入表 5.7.3中。

表 5.7.3　仿真结果

测试项目	u_o 波形	放大倍数	频率响应范围	失真度
记录数据	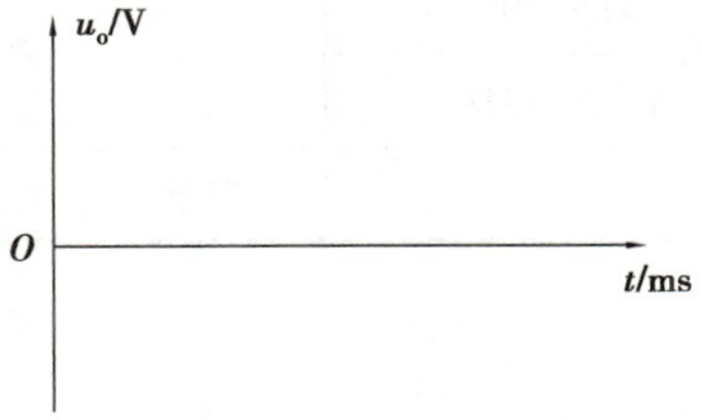			

五、实验报告

①利用 Multisim 仿真软件搭建仿真电路。

②对设计方案的各部分电路进行简单说明。

③用 Multisim 软件仿真测试结果,对存在的问题提出实际解决方案。

④通过仿真分析、总结实验结论。

实验 8　用 Multisim 仿真数字集成器件的逻辑功能

一、实验目的

①学习 Multisim 软件在数字电路中的应用。
②学会使用 Multisim 软件进行逻辑功能的测试和分析。
③进一步掌握基本门电路、译码器、编码器、计数器等逻辑器件的逻辑功能。

二、实验设备

实验设备见表 5.8.1。

表 5.8.1　实验设备表

序号	名称	型号与规格	数量	备注
1	Multisim 软件(以下为虚拟仪器和元件)			
2	直流电源	VCC	1	
3	逻辑变换器	XLC1	1	
4	字信号发生器	XWG1	1	
5	逻辑分析仪	XLA1	1	
6	与非门	74LS00	1	
7	译码器	74LS139D	1	
8	数据选择器	74LS153D	1	
9	开关	—	若干	

三、实验原理

集成逻辑门电路是最简单、最基本的数字集成元件,任何复杂的组合逻辑电路和时序逻辑电路都是由逻辑门电路通过适当的逻辑组合连接而成的。常用的基本逻辑门电路有:与门、或门、非门、与非门、或非门等。

1.基本门电路的逻辑功能

与门逻辑运算规律为:输入全 1 则输出为 1,输入有 0 则输出为 0。或门逻辑运算规律为:输入有 1 输出为 1,输入全 0 则输出为 0。与非门在与的运算后取反,或非门在或运算后取反。

2.编码器的逻辑功能

编码器的逻辑功能是将输入的每一个信号编成一个对应的二进制代码。优先编码器的特点是允许编码器同时输入两个以上编码信号,但只对优先级别最高的信号进行编码。

8 线 −3 线优先编码器 74LS148 有 8 个信号输入端,输入端为低电平时表示请求编码,为高电平时表示没有编码请求;有 3 个编码输出端,输出 3 位二进制代码;编码器还有一个使能端 EI,当其为低电平时,编码器才能正常工作;还有两个输出端 GS 和 E0,用于扩展编码功能,GS 为 0 表示编码器处于工作状态,且至少有一个信号请求编码;E0 为 0 表示编码器处于工作状态,但没有信号请求编码。

3. 译码器的逻辑功能

译码是编码的逆过程。译码器就是将输入的二进制代码翻译成输出端的高、低电平信号。3 线 − 8 线译码器 74LS138 有 3 个代码输入端和 8 个信号输出端。此外还有 G1,G2A,G2B 使能控制端,只有当 G1 = 1,G2A = 0,G2B = 0 时,译码器才能正常工作。7 段 LED 数码管俗称数码管,其工作原理是将要显示的十进制数分成 7 段,每段为一个发光二极管,利用不同发光段的组合来显示不同的数字。74LS48 是显示译码器,可驱动共阴极的 7 段 LED 数码管。

4. 计数器的逻辑功能

在数字电路中,能计算输入脉冲个数的电路称为计数器。计数器的基本功能是统计时钟脉冲的个数,即实现计数操作,也可用于分频、定时、产生节拍脉冲等。根据计数脉冲引入的不同,可将计数器分为同步计数器和异步计数器;根据计数过程中数值的增减情况,可将计数器分为加法计数器、减法计数器和可逆计数器;根据计数器中计数长度的不同,可将计数器分为二进制计数器、十进制计数器和 N 进制计数器,可以利用适当的集成块及其级联实现任意进制的计数器。

四、实验内容

1. 用 Multisim 仿真分析门电路的逻辑功能

逻辑门是实现逻辑运算的电路,各种逻辑门都有确定的逻辑运算功能,可用逻辑表达式、真值表等方式描述其功能。

以 2 输入四与非门 74LS00 作为仿真实验器件,使用其中的一个与非门。

(1)仿真实验方案 1——用逻辑变换器将逻辑门转换成真值表

①仿真实验电路创建。构建仿真实验电路如图 5.8.1 所示。与非门的两个输入端接逻辑变换器的输入端,与非门的一个输出端接逻辑变换器的输出端。

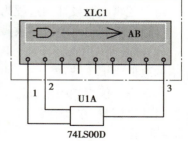

②仿真运行分析。打开逻辑变换器的面板,运行仿真开关,单击"电路→真值表"按钮,在真值表栏内出现与非门的真值表,如图 5.8.2 所示。

③单击"真值表→表达式"按钮,在真值表栏下方出现与非门的逻辑表达式,如图 5.8.2 所示。

图 5.8.1　与非门仿真实验电路 1

(2)仿真实验方案 2——用开关控制与非门的输入状态、指示灯指示输出状态

在基本元件栏中找出与非门、两个开关元件和指示灯,分别连接电源和数字地,构建仿真实验电路如图 5.8.3 所示。

改变开关状态使输入信号分别为 00,01,10,11 四种组合状态,从指示灯读出输出状态,亮为 1,不亮为 0,填写与非门的真值表。

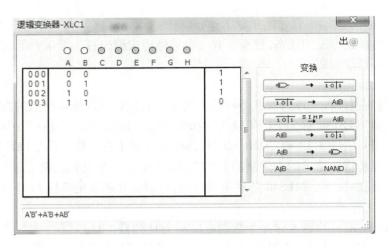

图 5.8.2　与非门仿真实验的真值表

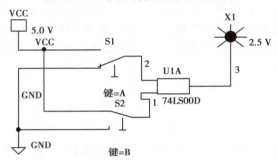

图 5.8.3　与非门仿真实验电路 2

2. 用 Multisim 仿真设计组合逻辑电路

组合逻辑电路设计的过程为：

逻辑抽象列出真值表→求最简逻辑表达式并变换成所需的表达形式→画逻辑图。

例：Multisim 仿真设计一个用与非门构成的三变量的判奇电路，三个输入变量为奇数 1 时输出的取值为 1。

①在虚拟仪表栏中选取逻辑变换器，打开面板，在真值表区单击 A，B，C 逻辑变量，建立三个变量的真值表，在真值表区输出一栏顺序单击，改变输出取值，得到判奇电路的真值表，如图 5.8.4 所示。

②按下逻辑变换器面板上"真值表→简化逻辑表达式"按钮，在逻辑表达式一栏得到相应的最简逻辑表达式，如图 5.8.4 面板底部表达式栏所示。

③按下"逻辑表达式→与非门逻辑电路"按钮，在工作平台的电路工作区得到与非门构成的逻辑电路，如图 5.8.5 所示。

④逻辑功能测试，在所设计的逻辑电路的输入端接入三个开关，用来选择"＋5 V"和"地"，输出端接指示灯。按下仿真开关，按真值表的输入状态组合选择开关状态组合，观察指示灯的亮暗状态，可以对真值表的每一行进行逐一验证。

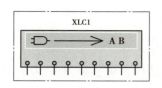
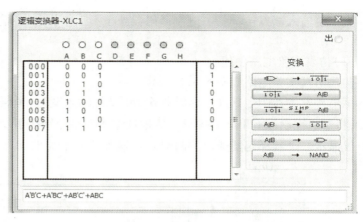

图 5.8.4　逻辑变换器中建立真值表

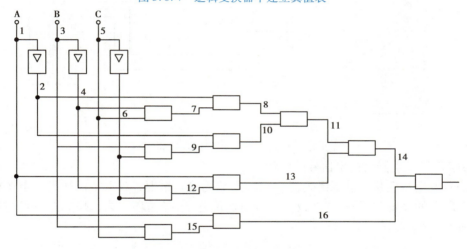

图 5.8.5　仿真设计的三变量判奇电路

3. 用 Multisim 仿真分析二进制译码器的工作过程

二进制译码器是具有译码功能的组合逻辑器件,当控制端使译码器处于工作状态时,能将地址输入端输入的二进制代码翻译成相应的十进制数,使多个输出端中相应的一个输出端有信号输出。

用 Multisim 仿真软件进行二进制译码器工作过程波形仿真分析,用虚拟仪器中的字信号发生器作实验中的信号源,产生所需的各个输入变量信号,用逻辑分析仪显示输入变量信号、输出函数信号波形,可直观描述二进制译码器的工作过程及译码关系。

以低电平输出有效的双 2 线—4 线二进制译码器 74LS139 作为仿真实验器件,使用其中一个译码器,74LS139 的逻辑功能如下。

当 $\overline{G}=0$ 时,处于译码工作状态,各输出函数逻辑表达式为:

$$\overline{Y_0} = \overline{\overline{A_1} \cdot \overline{A_0}}$$

$$\overline{Y_1} = \overline{\overline{A_1} \cdot A_0}$$

$$\overline{Y_2} = \overline{A_1 \cdot \overline{A_0}}$$

$$\overline{Y_3} = \overline{A_1 \cdot A_0}$$

当控制输入端 $\overline{G} = 1$ 时,二进制译码器处于不工作状态,各输出函数均为1,即

$$\overline{Y}_0 = \overline{Y}_1 = \overline{Y}_2 = \overline{Y}_3 = 1$$

(1)仿真实验电路创建

构建仿真实验电路如图5.8.6所示。

字信号发生器产生二进制译码器 A_1,A_0 地址输入变量,译码器的选通控制端 $\overline{G}$ 为低电平有效,将选通控制端 $\overline{G}$ 和译码器 A_1,A_0 地址输入变量分别接字发生器的三位信号输出端,逻辑分析仪显示二进制译码器选通控制端 $\overline{G}$ 和输入地址变量 A_1,A_0 及 $\overline{Y}_0 \sim \overline{Y}_3$ 输出信号的波形。

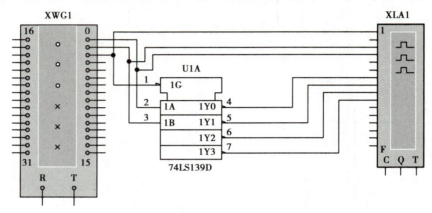

图5.8.6　二进制译码器仿真实验电路

(2)字信号发生器组输出信号的设计

字信号发生器反映二进制译码器不同输入端的输入情况,双击字信号发生器图标,出现图5.8.7所示的设置对话框,选择设置信号断点位置,选择循环方式,显示方式可选择十六进制或二进制,频率选择为1 kHz。

图5.8.7　字信号发生器组输出信号的设计

(3)仿真运行分析

开启仿真,打开逻辑分析仪,逻辑分析仪显示的波形如图5.8.8所示。

在图5.8.8中,2为选通控制端 $\overline{G}$ 的输入波形,8和1为输入地址变量 A_1,A_0 的波形,"4"为 Y_0 输出信号的波形,"5"为 Y_1 输出信号的波形,"6"为 Y_2 输出信号的波形,"7"为 Y_3 输出信号的波形。

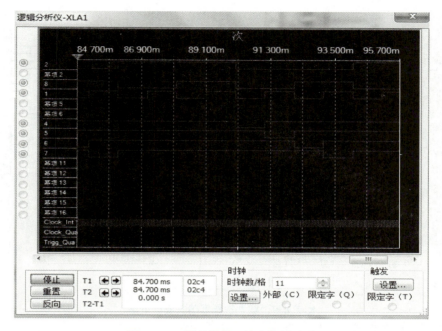

图 5.8.8　译码器输入输出信号波形

由图 5.8.8 可知：在选通控制输入端 $\overline{G} = 1$ 时，无论 A_1，A_0 地址输入如何，二进制译码器各输出函数均为 1，处于不工作状态。

控制输入端 $\overline{G} = 0$ 时，二进制译码器各输出函数与 A_1，A_0 地址有关：

$A_1A_0 = 00$ 时，仅输出函数 $Y_0 = 0$，实现了对 Y_0 译码；$A_1A_0 = 01$ 时，仅输出函数 $Y_1 = 0$，实现对 Y_1 的译码；$A_1A_0 = 10$ 时，仅输出函数 $Y_2 = 0$，实现对 Y_2 的译码；$A_1A_0 = 11$ 时，仅输出函数 $Y_3 = 0$，实现对 Y_3 的译码。

仿真实验结果与给定的逻辑功能一致。

4. 用 Multisim 仿真数据选择器的工作过程

数据选择器是具有数据选择功能的组合逻辑器件，当在选择控制端加上选择变量时，可从多个数据输入变量中选择一个为输出函数。

用 Multisim 仿真软件进行数据选择器工作过程波形仿真分析，用虚拟仪器中的字信号发生器作实验中的信号源产生所需的各个数据输入变量信号，用逻辑分析仪显示输入变量信号、输出函数信号波形，可直观描述数据选择器的工作过程及数据选择关系。

以双 4 选 1 数据选择器 74LS153 作为仿真实验器件，使用其中的 1 个选择器。

当使能端 $S = 0$ 处于工作状态时，4 选 1 数据选择器的输出函数逻辑表达式为：

$$Y = \overline{A_1}\,\overline{A_0}\,D_0 + \overline{A_1}A_0D_1 + A_1\overline{A_0}D_2 + A_1A_0D_3$$

式中，A_1，A_0 为选择控制变量，D_0—D_3 为数据输入变量，Y 为输出函数。

（1）仿真实验电路创建

构建仿真实验电路如图 5.8.9 所示。

字信号发生器产生数据选择器的 D_0—D_3 数据输入变量，逻辑分析仪显示数据选择器 D_0—D_3 的数据输入变量信号及 Y 输出函数信号的波形，数据选择器的选择控制端 A_1，A_0 的输入状态由两个开关 A、B 控制。

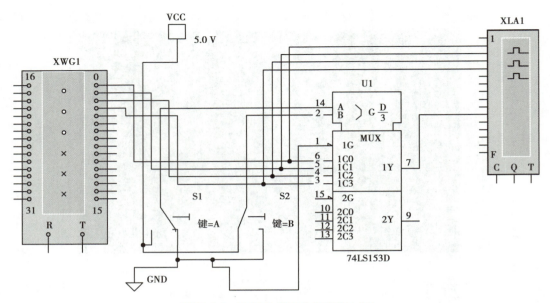

图5.8.9 数据选择器仿真实验电路

（2）字信号发生器输出信号的设计

双击字信号发生器图标,选择设置信号断点位置,D_0—D_3的输入信号选择为四位二进制数,选择循环方式,显示方式可选择十六进制或二进制,频率选择 1 kHz。

（3）仿真运行分析

开启仿真,打开逻辑分析仪,逻辑分析仪显示的波形如图5.8.10所示。

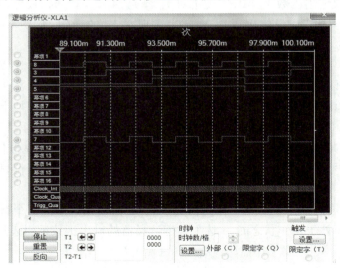

图5.8.10 $A_1A_0 = 00$ 时的仿真实验波形

图5.8.10中,"7"为 Y 输出函数的波形,"8"为 D_0 数据输入变量的波形、"3"为 D_1 数据输入变量的波形、"4"为 D_2 数据输入变量的波形、"5"为 D_3 数据输入变量的波形。当 $A_1A_0 = 00$ 时,Y 输出函数的波形和 D_0 输入变量的波形相同,实现了 D_0 的数据输出。

当 $A_1A_0 = 01$ 时,Y 输出函数的波形和 D_1 输入变量的波形相同,如图5.8.11所示,实现了 D_1 的数据输出。

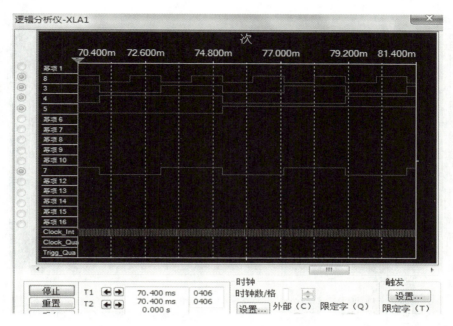

图 5.8.11　$A_1A_0 = 01$ 时的仿真实验波形

当 $A_1A_0 = 10$ 时，Y 输出函数的波形和 D_2 输入变量的波形相同，如图 5.8.12 所示，实现了 D_2 的数据输出。

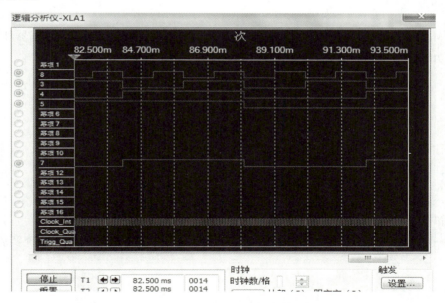

图 5.8.12　$A_1A_0 = 10$ 时的仿真实验波形

当 $A_1A_0 = 11$ 时，Y 输出函数的波形和 D_3 输入变量的波形相同，如图 5.8.13 所示，实现了 D_3 的数据输出。

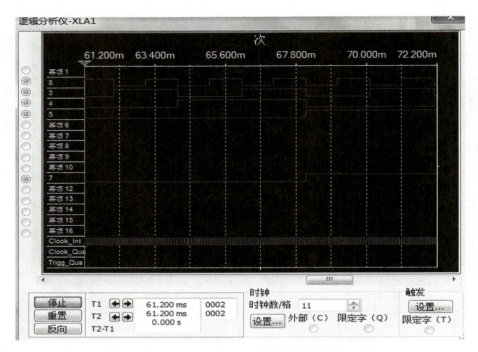

图 5.8.13　$A_1A_0 = 10$ 时的仿真实验波形

五、实验报告

利用 Multisim 软件,按照实验内容要求,自己构建电路,对集成门电路、译码器和数据选择器的逻辑功能进行仿真验证。

实验 9　简易计算器的设计与仿真

一、实验目的

①进一步学习和掌握加法器、编码器、显示译码器的功能及应用。

②了解简易计算器的工作原理,掌握逻辑电路的设计方法。

③进一步学习 Multisim 软件,掌握 Multisim 软件的使用,掌握简单数字系统实验、调试及故障排除方法。

二、实验设备

实验设备见表 5.9.1。

表 5.9.1　实验设备表

序号	名称	型号与规格	数量	备注
1	Multisim 软件（以下为虚拟仪器和元件）			
2	直流电源	VCC	1	
3	加法器	74LS283	2	
4	显示译码器	自选		
5	编码器	74LS148N	2	
6	与非门	74LS00、74LS20	若干	
7	其他集成门电路	自拟定		
8	开关	—	若干	

三、实验原理

本计算器可以实现简单的 10 以内数的加减法，其设计框图如图 5.9.1 所示。

先利用单刀双掷开关将加数（减数）与被加数（被减数）输入，并显示输入数据，然后通过置数开关选择运算方式，译码器显示计算结果。

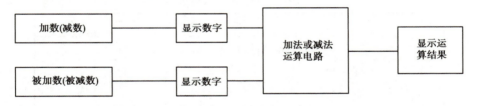

图 5.9.1　简易计算器设计框图

置入两个四位二进制数（要求置入的数小于 1010），如 $(1001)_2$ 和 $(0111)_2$ 同时在两个七段译码显示器上显示出对应的十进制数 9 和 7，通过开关选择运算方式加或者减，若选择加运算方式，所置数送入加法运算电路进行运算，同理若选择减运算方式，则所置数送入减法运算电路运算。前面所得结果通过另外两个七段译码器显示，即若选择加法运算方式，则 $(1001)_2 + (0111)_2 = (10000)_2$，十进制则为 $9 + 7 = 16$，并在七段译码显示器上显示 16。若选择减法运算方式，则 $(1001)_2 - (0111)_2 = (00010)_2$，十进制则为 $9 - 7 = 2$，并在七段译码显示器上显示 02。

四、实验内容

基本要求：实现两个和在 10 以内数字的加法运算，并显示出运算结果。

具体描述：A,B 均为（0—9）的 1 位十进制数，要求电路能够实现 $C = A + B$ 的运算（$C \leqslant 9$），并显示运算结果。

拓展要求：若 $C \geqslant 10$，将运算结果进行显示。

用 Multisim 软件仿真实现，进行验证。

思考实现：$D = A - B$；$E = A * B$；$F = A/B$。

五、实验报告

①要求写出设计思路和设计方案的结构框图。
②对设计方案的各部分电路进行简单说明。
③分析测试结果,对存在的问题提出实际解决方案。

实验 10　循环彩灯设计

一、实验目的

①进一步学习和掌握多谐振荡器和移位寄存器的功能及应用。
②了解掌握循环彩灯循环发光的方法。
③通过学习 Multisim 软件,掌握 Multisim 软件的使用。

二、实验设备

实验设备见表 5.10.1。

表 5.10.1　实验设备表

序号	名称	型号与规格	数量	备注
1	Multisim 软件(以下为虚拟仪器和元件)			
2	直流电源	VCC	1	
3	555 定时器	LM555CN	1	
4	10 进制计数器	74LS160D	2	
5	移位寄存器	74LS194	4	
6	集成与非门	74LS00	若干	
7	电阻	参数自拟定		
8	电容	参数自拟定		
9	LED 灯	—	若干	
10	开关	—	若干	

三、实验原理

　　多谐振荡器向移位寄存器发出脉冲,用几个移位寄存器串联实现 8 位的连续移位,难点在于如何实现 8 位二进制数的循环,即移位到最后一位时,如何使下一个时钟脉冲让最前面的一位重新开始。解决的方法可以利用逻辑门电路的组合来控制移位寄存器的复位。

　　多谐振荡器可以用 555 定时器作为主要元件构成,这样电路简单可靠,也便于调整振荡周期。移位寄存器可以用单向移位寄存器实现,如果要改变彩灯循环方向,可以使用双向移位寄存器。LED 可以用移位寄存器芯片的输出端口直接驱动,如果选用输出端低电平有效来进行驱动,要注意在 LED 上加限流电阻。

彩灯控制器原理框图如图 5.10.1 所示。

图 5.10.1　彩灯控制器原理框图

1. 脉冲产生电路

脉冲产生电路由 555 定时器构成多谐振荡电路,如要求每只彩灯亮 5 s,则可设计多谐振荡器电路和分频电路,使输出脉冲频率为 0.2 Hz。脉冲产生电路及分频电路如图 5.10.2 所示。

2. 编码及控制电路

根据花形要求按节拍实现状态编码,以控制彩灯按规律亮、灭。控制电路采用移位寄存器实现。74LS194 为四位移位寄存器,控制 8 位彩灯需要两片 74LS194。74LS194 的 8 个输出端接发光二极管,数据输入端和控制端的接法由花形决定。如选定下列两种花形:

花形 1——由中间到两边对称性依次亮,全亮后仍由中间向两边依次灭;

花形 2——8 路灯分两半,从左自右顺次亮,再顺次灭。

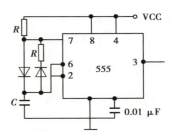

图 5.10.2　脉冲产生电路及分频电路

根据选定的花形,可列出移位寄存器的输出状态编码表见表 5.10.2。

表 5.10.2　移位寄存器状态编码表

节拍脉冲	编码 $Q_7Q_6Q_5Q_4Q_3Q_2Q_1Q_0$	
	花形 1	花形 2
1	00000000	00000000
2	00011000	10001000
3	00111100	11001100
4	01111110	11101110
5	11111111	11111111
6	11100111	01110111
7	11000011	00110011
8	10000001	00010001
9	00000000	00000000

从表 5.10.2 可以看出,如果要实现花形 1 的循环,状态变化左右对称,可将两片移位寄存器分别实现左移和右移的扭环计数器即可。

四、实验报告

①写出彩灯控制电路的设计思路和设计方案的结构框图,画出完整的逻辑电路图,并说明其工作原理和过程。

②对设计方案的各部分电路进行简单说明。

③用 Multisim 软件仿真测试结果,对存在的问题提出实际解决方案。

④回答问题:如果更改花形的变化形式,将如何进行改进?

实验 11　电子秒表

一、实验目的

①学习数字电路中基本 RS 触发器、单稳态触发器、时钟发生器、计数及译码显示等单元电路的综合应用。

②学习电子秒表的调试方法。

二、实验设备

实验设备见表 5.11.1。

表 5.11.1　实验设备表

序号	名称	型号与规格	数量	备注
1	Multisim 软件(以下为虚拟仪器和元件)			
2	直流电源	VCC	1	
3	555 定时器	LM555CN	1	
4	二进制计数器	74LS90	3	
5	显示译码器	DCD_HEX	4	
6	集成与非门	74LS00	若干	
7	电阻	参数自拟定		
8	电容	参数自拟定		
9	LED 灯	—	若干	
10	开关	—	若干	

三、实验原理

图 5.11.1 为电子秒表的原理图,可按其功能分成 4 个单元电路进行分析。

1. 基本 RS 触发器

图 5.11.1 中单元 Ⅰ 为用集成与非门构成的基本 RS 触发器,属低电平直接触发的触发器,有直接置位、复位的功能。

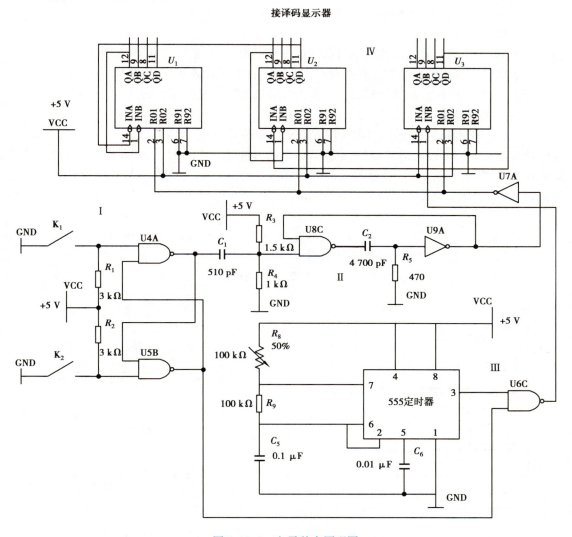

图 5.11.1 电子秒表原理图

基本 RS 触发器的一路输出 Q 作为单稳态触发器的输入,另一路输出 $\overline{Q}$ 作为与非门 5 的输入控制信号。按动按钮开关 K_2(接地),则门 1 输出 $Q = 1$;门 2 输出 $\overline{Q} = 0$,K_2 复位后 Q 状态保持不变。再按动按钮开关 K_1,则 $\overline{Q}$ 由 0 变为 1,门 5 开启,为计数器启动做好准备。Q 由 1 变 0,送出负脉冲,启动单稳态触发器工作。

基本 RS 触发器在电子秒表中的职能是启动和停止秒表的工作。

2. 单稳态触发器

图 5.11.2 中单元 Ⅱ 为用集成与非门构成的微分型单稳态触发器,图 5.11.2 为各点波形图。

单稳态触发器的输入触发负脉冲信号 V_i 由基本 RS 触发器 Q 端提供,输出负脉冲 V_o 通过

261

非门加到计数器的清除端 R。静态时，门 4 应处于截止状态，故电阻 R 必须小于门的关门电阻 R_{off}。定时元件 R_C 取值不同，输出脉冲宽度也不同。当触发脉冲宽度小于输出脉冲宽度时，可以省去输入微分电路的 RP 和 CP。

单稳态触发器在电子秒表中的职能是为计数器提供清零信号。

3. 时钟发生器

图 5.11.1 中单元 Ⅲ 为用 555 定时器构成的多谐振荡器，是一种性能较好的时钟源。

调节电位器 R_W，使输出端 3 获得频率为 50 Hz 的矩形波信号，当基本 RS 触发器 $Q=1$ 时，门 5 开启，此时 50 Hz 脉冲信号通过门 5 作为计数脉冲加于计数器 1 的计数输入端 CP_2。

4. 计数及译码显示

二-五-十进制加法计数器 74LS90 构成电子秒表的计数单元，如图 5.11.1 中单元 Ⅳ 所示。其中计数器 1 接成五进制形式，对频率为 50 Hz 的时钟脉冲进行五分频，在输出端 QD 取得周期为 0.1 s 的矩形脉冲，作为计数器 2 的时钟输入。计数器 2 及计数器 3 接成 8421 码十进制形式，其输出端与实验装置上译码显示单元的相应输入端连接，可显示 0.1~0.9 s；1~9.9 s 计时。

注：集成异步计数器 74LS90 是异步二-五-十进制加法计数器，它既可以作二进制加法计数器，又可以作五进制和十进制加法计数器。

图 5.11.3 为 74LS90 引脚排列，表 5.11.2 为其功能表。

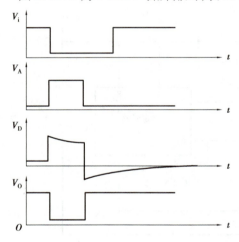

图 5.11.2　单稳态触发器波形图

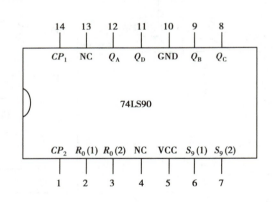

图 5.11.3　74LS90 引脚排列

通过不同的连接方式，74LS90 可以实现四种不同的逻辑功能；而且还可借助 $R_0(1)$，$R_0(2)$ 对计数器清零，借助 $S_9(1)$，$S_9(2)$ 将计数器置 9。其具体功能详述如下：

①计数脉冲从 CP_1 输入，Q_A 作为输出端，为二进制计数器。

②计数脉冲从 CP_2 输入，Q_D，Q_C，Q_B 作为输出端，为异步五进制加法计数器。

③若将 CP_2 和 Q_A 相连，计数脉冲由 CP_1 输入，Q_D，Q_C，Q_B，Q_A 作为输出端，则构成异步 8421 码十进制加法计数器。

④若将 CP_1 与 Q_D 相连，计数脉冲由 CP_2 输入，Q_A，Q_D，Q_C，Q_B 作为输出端，则构成异步 5421 码十进制加法计数器。

⑤清零、置 9 功能。

a. 异步清零。

当 $R_0(1)$，$R_0(2)$ 均为"1"；$S_9(1)$，$S_9(2)$ 中有"0"时，实现异步清零功能，即 $Q_DQ_CQ_BQ_A = 0000$。

b. 置 9 功能。

当 $S_9(1)$，$S_9(2)$ 均为"1"；$R_0(1)$，$R_0(2)$ 中有"0"时，实现置 9 功能，即 $Q_DQ_CQ_BQ_A = 1001$。

表 5.11.2　74LS90 功能表

输入						输出				功能
清零		置 9		时钟		Q_D	Q_C	Q_B	Q_A	
$R_0(1)$	$R_0(2)$	$S_9(1)$	$S_9(2)$	CP_1	CP_2					
1	1	0	×	×	×	0	0	0	0	清零
		×	0							
0	×	1	1	×	×	1	0	0	1	置 9
×	0									
0	×	0	×	↓	1	Q_A 输出				二进制计数
×	0	×	0	1	↓	$Q_DQ_CQ_B$ 输出				五进制计数
				↓	Q_A	$Q_DQ_CQ_BQ_A$ 输出 8421BCD 码				十进制计数
				Q_D	↓	$Q_DQ_CQ_BQ_A$ 输出 5421BCD 码				十进制计数
				1	1	不变				保持

四、实验内容

由于实验电路中使用器件较多，实验前必须合理安排各器件在实验装置上的位置，使电路逻辑清楚，接线较短。

实验时，应按照实验任务的次序，将各单元电路逐个进行接线和调试，即分别测试基本 RS 触发器、单稳态触发器、时钟发生器及计数器的逻辑功能，待各单元电路工作正常后，再将有关电路逐级连接起来进行测试，直到测试电子秒表整个电路的功能。

这样的测试方法有利于检查和排除故障，保证实验顺利进行。

1. 基本 RS 触发器的测试

测试方法可参考第 4 章实验 5。

2. 单稳态触发器的测试

（1）静态测试

用直流数字电压表测量 A，B，D，F 各点电位值，记录之。

（2）动态测试

输入端接 1 kHZ 连续脉冲源，用示波器观察并描绘 D 点（V_D）、F 点（V_0）波形，如为避免单稳输出脉冲持续时间太短，难以观察，可适当加大微分电容 C（如改为 0.1 μF）待测试完毕，再恢复至 4 700 pF。

3. 时钟发生器的测试

测试方法参考第 4 章实验 9,用示波器观察输出电压波形并测量其频率,调节 R_W,使输出矩形波频率为 50 Hz。

4. 计数器的测试

①计数器 1 接成五进制形式,$R_0(1)$,$R_0(2)$,$S_9(1)$,$S_9(2)$ 接逻辑开关输出插口,CP_2 接单次脉冲源,CP_1 接高电平"1",Q_D—Q_A 接实验设备上译码显示输入端 D,C,B,A,按表 5.11.2 测试其逻辑功能,记录之。

②计数器 2 及计数器 3 接成 8421 码十进制形式,同内容①进行逻辑功能测试,记录之。

③将计数器 1,2,3 级连,进行逻辑功能测试,记录之。

5. 电子秒表的整体测试

各单元电路测试正常后,按图 5.11.1 把几个单元电路连接起来,进行电子秒表的总体测试。

先按下按钮开关 K_2,此时电子秒表不工作,再按下按钮开关 K_1,则计数器清零后便开始计时,观察数码管显示计数情况是否正常,如不需要计时或暂停计时,按下开关 K_2,计时立即停止,但数码管保留所计时之值。

6. 电子秒表准确度的测试

利用电子钟或手表的秒计时对电子秒表进行校准。

五、实验报告

①总结电子秒表整个调试过程。
②分析调试中发现的问题及故障排除方法。
③列出电子秒表单元电路的测试表格。
④列出调试电子秒表的步骤。

实验 12　交通灯信号控制器的仿真设计

城市十字交叉路口为确保车辆、行人安全有序地通过,都设有指示信号灯。本实验设计一个简单的交通灯控制系统。

一、实验目的

①进一步学习和掌握数字电路的设计方法。
②了解十字路口红绿灯控制电路的工作原理。
③通过学习 Multisim 软件,掌握 Multisim 软件的使用。

二、实验设备

实验设备见表 5.12.1。

表 5.12.1　实验设备表

序号	名称	型号与规格	数量	备注
1	Multisim 软件（以下为虚拟仪器和元件）			
2	直流电源	VCC	1	
3	秒信号发生器	—	1	
4	二进制计数器	74LS192	2	
5	JK 触发器	74LS112	2	
6	集成与非门	74LS00、74LS20	若干	
7	LED 灯	—	若干	
8	开关	—	若干	

三、实验要求

①要求东西方向车道和南北方向车道两条道路上的车辆交替通行，每次通行时间假设为 12 s，时间设置可修改。

②在绿灯转为红灯时，要求黄灯先亮 5 s，才能变换运行车道。

③黄灯亮时，要求每秒闪亮一次。

④东西方向、南北方向车道除了有红、黄、绿灯指示外，每一种灯亮的时间都用显示器进行显示（采用倒计时的方法）。

四、实验原理

依据功能要求，交通灯控制系统主要由秒脉冲信号发生器、倒计时计数电路和信号灯转换组成，系统框图如图 5.12.1 所示。秒脉冲信号发生器是该系统中倒计时计数电路和黄灯闪烁控制电路的标准时钟信号源。倒计时计数器输出两组驱动信号 T_5 和 T_0，分别为黄灯闪烁和变换为红灯的控制信号，这两个信号经信号灯转换器控制信号灯工作。倒计时计数电路是系统的主要部分，它控制信号灯转换器的工作。

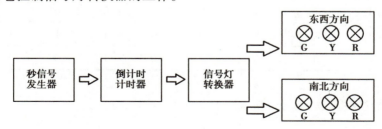

图 5.12.1　交通灯控制系统框图

1. 信号灯转换器

信号灯状态与车道运行状态如下：

· S_0：东西方向车道的绿灯亮，车道通行；南北方向车道的红灯亮，车道禁止通行。当东西方向车道绿灯亮够规定的时间后，控制器发出状态转换信号，系统进入下一个状态。

·S_1:东西方向车道的黄灯亮,车道缓行,南北方向车道的红灯亮,车道禁止通行。当东西方向车道黄灯亮够规定的时间后,控制器发出状态转换信号,系统进入下一个状态。

·S_2:东西方向车道的红灯亮,车道禁止通行;南北方向车道的绿灯亮,车道通行。当南北方向车道绿灯亮够规定的时间后,控制器发出状态转换信号,系统进入下一个状态。

·S_3:东西方向车道的红灯亮,车道禁止通行;南北方向车道的黄灯亮,车道缓行。当南北方向车道黄灯亮够规定的时间后,控制器发出状态转换信号,系统进入下一个状态。

用以下6个符号来分别代表东西(A)、南北(B)方向上各灯的状态:

·$G_A=1$:东西方向车道绿灯亮;
·$Y_A=1$:东西方向车道黄灯亮;
·$R_A=1$:东西方向车通红灯亮;
·$G_B=1$:南北方向车道绿灯亮;
·$Y_B=1$:南北方向车道黄灯亮;
·$R_B=1$:南北方向车道红灯亮。

由以上分析可以看出,交通信号灯有4个状态,可分别分配状态编码为00,01,11,10,由此可得信号灯控制器的状态编码与信号灯关系见表5.12.2。

实现信号灯的转换有多种方法,现采用JK触发器实现,由表5.12.2可得出信号灯状态的逻辑表达式为

$$G_A=\overline{Q_1^n}\,\overline{Q_0^n} \qquad Y_A=\overline{Q_1^n}Q_0^n \qquad R_A=Q_1^n$$
$$G_B=Q_1^nQ_0^n \qquad Y_B=Q_1^n\overline{Q_0^n} \qquad R_B=\overline{Q_1^n}$$

且:$Q_1^{n+1}=Q_0^n,Q_0^{n+1}=\overline{Q_1^n}$,因此可得

$$J_1=Q_0^n,K_1=\overline{Q_0^n}$$
$$J_0=\overline{Q_1^n},K_0=Q_1^n$$

表5.12.2 状态编码与信号灯关系表

现态		次态		输出					
Q_1^n	Q_0^n	Q_1^{n+1}	Q_0^{n+1}	G_A	Y_A	R_A	G_B	Y_B	R_B
0	0	0	1	1	0	0	0	0	1
0	1	1	1	0	1	0	0	0	1
1	1	1	0	0	0	1	1	0	0
1	0	0	0	0	0	1	0	1	0

可得JK触发器构成的信号转换电路如图5.12.2所示。

2. 倒计时计数器

十字路口要有数字显示作为倒计时提示,以便人们更直观地把握时间,具体工作方式为:当某方向绿灯亮时,置显示器为某值,然后以每秒减1计数方式工作,直至减到数为"5"和"0"时,十字路口绿、黄、红灯变换,一次工作循环结束,而进入下一步某方向的工作循环。在倒计时过程中,计数器还向信号灯转换器提供模5的定时信号T_5和模0的定时信号T_0,用以控制黄灯的闪烁和黄灯向红灯的变换。

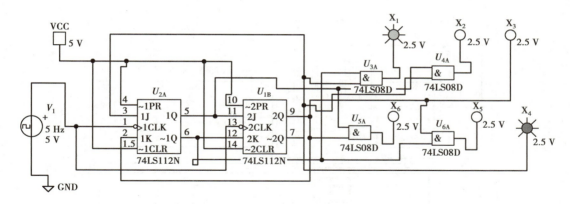

图 5.12.2　JK 触发器构成的信号转换电路

倒计时显示采用七段数码管作为显示,它由计数器驱动并显示计数器的输出值。

计数器选用集成电路 74LS192 进行设计比较简便。74LS192 是十进制同步可逆计数器,它具有异步清零和置数的功能。用两个 74LS192 级联可构成 99—0 的减法计数器,利用计数器的置数端设置为 12 s 的倒计时器,在时钟脉冲的作用下,计数器开始倒计时,当倒计时减到数 00 时,LOAD 端又预置数 12,之后又倒计时。如此循环下去。倒计时 12 s 的电路如图 5.12.3 所示。如果需要修改计时长度,只需要修改计数器置数输入端即可。

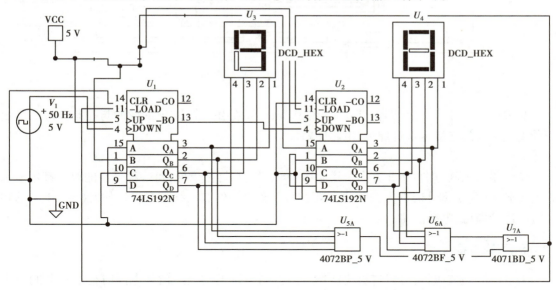

图 5.12.3　倒计时 12 s 的电路

3. 倒计时计数器与信号灯转换器的连接

倒计时计数器向信号灯转换器提供定时信号 T_5 和定时信号 T_0 以实现信号灯的转换。T_0 表示倒计时减到数“00”时(即绿灯的预置时间,因为到“00”时,计数器重新置数),此时给信号灯转换器一个脉冲,使信号灯发生转换,一个方向的绿灯亮,另一个方向的红灯亮。T_5 表示倒计时减到数“5 s”时,给信号灯转换器一个脉冲使信号灯发生转换,绿灯的变为黄灯,红灯的不变。最后将 T_5 和 T_0 两个定时信号用与门连接接入信号灯转换器的时钟端。连接后的电路如图 5.12.4 所示。

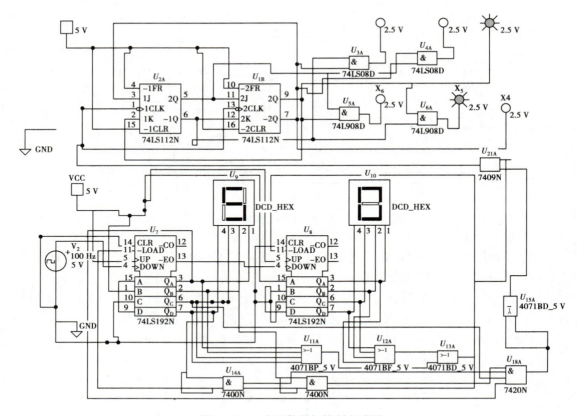

图 5.12.4　交通信号灯控制电路图

4.黄灯闪烁控制

要求黄灯每秒闪一次,即黄灯0.5 s亮0.5 s灭,故用一个1 Hz的脉冲与控制黄灯的输出信号用一个与门连接至黄灯即可,电路图略。

5.时间显示器

设计要求东西方向、南北方向车道除了有红、黄、绿灯指示外,每一种灯亮的时间都用显示器进行显示(采用倒计时的方法),则需要在每条车道的红、黄、绿灯旁将计数器(倒计时)的相应输出连接即可,电路图略。

五、实验内容

①单击启动按钮,便可以进行交通信号灯控制系统的仿真。设计电路时把通行时间设为12 s,打开开关,东西方向车道的绿灯亮,南北方向车道的红灯亮。时间显示器从预置的12 s以每秒减1,减到数"5"时,东西方向车道的绿灯转换为黄灯,而且黄灯每秒闪一次,南北方向车道的红灯都不变。减到数"0"时,1 s后显示器又转换成预置的12 s,东西方向车道的黄灯转换为红灯,南北方向车道的红灯转换为绿灯。减到数"5"时,南北方向车道的绿灯转换为黄灯,而且黄灯每秒闪一次,东西方向车道的红灯不变。如此循环下去。

②通过调整置数输入端的连接,可以把通车时间修改为其他的值再进行仿真(时间范围为 1~99 s),效果同①一样,总开关一打开,东西方向车道的绿灯亮,时间倒计数 5,车灯进行一次转换,到 0 s 时又进行转换,而且时间重置为预置的数值,如此循环。

六、实验报告

①写出交通灯控制电路的设计思路和设计方案的结构框图,画出完整的逻辑电路图,并说明其工作原理和过程。
②对设计方案的各部分电路进行简单说明。
③用 Multisim 软件仿真测试结果,对存在的问题提出实际解决方案。

实验 13　篮球竞赛 30 s 计时器

一、实验目的

①具有显示 30 s 的计时功能。
②设置外部操作开关,控制计时器的直接清零、启动和暂停/连续功能。
③计时器为 30 s 递减计时器,其计时间隔为 1 s。
④计时器递减计时到零时,数码显示器不能灭灯,应发出光电报警信号。

二、实验设备

实验设备见表 5.13.1。

表 5.13.1　实验设备表

序号	名称	型号与规格	数量	备注
1	Multisim 软件(以下为虚拟仪器和元件)			
2	直流电源	VCC	1	
3	秒信号发生器	—	1	
4	二进制计数器	74LS192	2	
5	JK 触发器	74LS112	2	
6	集成与非门	74LS00、74LS20	若干	
7	LED 灯	—	若干	
8	开关	—	若干	

三、设计原理

1. 设计原理框图

根据功能要求绘制原理框图,如图 5.13.1 所示。该图包括秒脉冲发生器、计数器、译码显示电路、辅助时序控制电路(简称控制电路)和报警电路等5个部分。其中,计数器和控制电路是系统的主要部分。计数器完成30 s计时功能,而控制电路具有直接控制计数器的启动计数、暂停/连续计数、译码显示电路的显示和灭灯等功能。为了满足系统的设计要求,在设计控制电路时,应正确处理各个信号之间的时序关系。在操作直接清零开关时,要求计数器清零,数码显示器灭灯。当启动开关闭合时,控制电路应封锁时钟信号CP(秒脉冲信号),同时计数器完成置数功能,译码显示电路显示30 s字样;当启动开关断开时,计数器开始计数;当暂停/连续开关拨在暂停位置上时,计数器停止计数,处于保持状态;当暂停/连续开关拨在连续时,计数器继续递减计数。

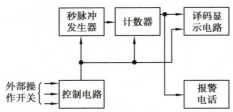

图 5.13.1　30 s 计时器的总体框图

2. 单元电路

8421BCD 码三十进制递减计数器是由 74LS192 构成的,如图 5.13.2 所示。三十进制递减计数器的预置数 $N = (0011\ 0000)8421\text{BCD} = (30)_D$。它的计数原理是每当低位计数器的 $\overline{BO}$ 发出负跳变借位脉冲时,高位计数器减 1 计数。当高、低位计数器处于全 0,同时在 $CP_D = 0$ 期间,高位计数器 $\overline{BO} = \overline{LD} = 0$,计数器完成异步置数,之后 $\overline{BO} = \overline{LD} = 1$,计数器在 CP_D 时钟脉冲作用下,进入下一轮减计数。

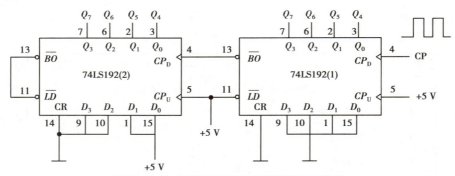

图 5.13.2　8421BCD 码三十进制递减计数器

辅助时序控制电路图如图 5.13.3 所示,与非门 G_2、G_4 的作用是控制时钟信号 CP 的放行与禁止,当 G_4 输出为 1 时,G_2 关闭,封锁 CP 信号,当 G_4 输出为 0 时,G_2 打开,放行 CP 信号,而 G_4 的输出状态又受外部操作开关 S_1,S_2(即启动、暂停/连续开关)的控制。

篮球竞赛 30 s 计时器参考电路如图 5.13.4 所示。

四、实验报告

①根据要求进行总体方案设计。

②具体单元电路设计。

③计算元器件参数,并选择相应的元器件型号,列出元器件清单。

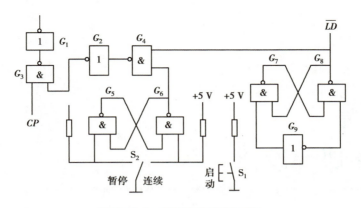

图 5.13.3　辅助时序控制电路

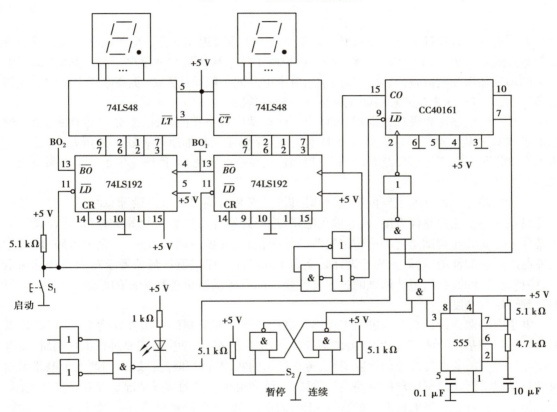

图 5.13.4　篮球竞赛 30 s 计时器参考电路

④画出完整的电路原理图。

⑤分析 30 s 计时器电路部分功能及工作原理。

⑥总结系统的设计、调试方法。

第 **6** 章
电子电路课程设计

电子电路课程设计是电类本科专业教学中的一个重要组成部分。电子电路课程设计的主要任务是通过解决一两个实际问题,巩固"模拟电子技术基础"和"数字电子技术基础"课程中所学的理论知识和实验技能,基本掌握常用电子电路的一般设计方法,提高电子电路的设计和实验能力,为以后从事生产和科研工作打下一定的基础。

通过电子电路课程设计的训练,可以全面调动学生的主观能动性,融会贯通其所学的"模拟电子技术""数字电子技术"和"电子技术实验"等课程的基本原理和基本分析方法,进一步把书本知识与工程实际需要结合起来,实现知识向技能的转化,以便毕业生走上工作岗位能较快地适应社会的要求。

电子电路课程设计的主要内容包括理论设计、安装与调试及写出设计总结报告等。其中理论设计又包括选择总体方案、设计单元电路、选择元器件及计算参数等步骤,是课程设计的关键环节。安装与调试是把理论付诸实践的过程,通过安装与调试,进一步完善电路,使之达到课题所要求的性能指标,使理论设计转变为实际产品。课程设计最后要求写出设计总结报告,将理论设计的内容、组装调试的过程及性能指标的测试结果进行全面的总结,把实践内容上升到理论的高度。

电子电路课程设计是学生进入工作岗位进行电子产品研制的一次重要尝试,课程设计重在教学练习和基础训练,设计题目由教师指定,给定性能指标,学生不需要进行市场调研;而电子产品的研制需要进行充分的调查研究,考虑产品的实用价值和经济效益,因此电子电路课程设计只是电子产品研制原理的电路设计阶段,与研制电子产品的实际情况还存在一定的差距。

衡量课程设计合格的标准:理论设计正确无误;产品工作稳定可靠,能达到所要求的性能指标;电路设计性能价格比高,便于生产、测试和维修;设计总结报告翔实,数据完整、可靠等。

6.1 课程设计的基本原则和步骤

通常,电路设计的最终任务是制造出成品电路板或整机。电子电路课程设计的任务可以分成两种:一种是纯理论设计,即仅要求设计出电路图纸和写出设计报告;另一种是不仅要求设计出电路图纸和写出设计报告,还要求做出试验产品。

1. 电子电路系统设计的基本原则

①满足系统功能和性能要求,这是电子电路系统设计时必须满足的基本条件。

②电路简单,成本低,体积小,尽可能选用集成度高的元器件是简化电路的最好办法。

③可靠性高。

④调试方便,生产工艺简单。

⑤操作简便是现代电子电路系统的重要特征,难以操作的系统是很难有市场价值的。

⑥功耗低,性价比高。

通常希望所设计的电子电路能同时满足以上各项要求,但有时会出现相互矛盾的情况。例如,对用于交流电网供电的电子设备,更多的是考虑设备的可靠性和操作的简便,此时功耗的大小不是主要矛盾,而对于用微型电池供电的小型仪器、仪表类,功耗的大小则是主要矛盾之一。

2. 电子电路系统设计的主要步骤

一般说来,设计者接受某项设计任务后,其设计步骤大致如下。

(1)课题分析

根据课题设计所提出的任务、要求和性能指标,结合已掌握的基本理论,查阅文献资料,收集同类电路图作为参考,并分析同类电路的性能,提出若干不同的方案,然后仔细分析每个方案的可行性和优缺点,加以比较,从中取优。

(2)方案论证

根据系统的总体要求,把电路划分成若干功能块,从而得到系统框图。框图应能说明方案的基本原理,应能正确反映系统完成的任务和各组成部分的功能,清楚表示出系统的基本组成和相互关系。每个框图里边可以是一个或几个基本单元电路,并将总体指标分配给每个单元电路,然后根据各单元电路所要完成的任务来决定电路的总体结构。框图可以不必画得太详细,只要说明基本原理就可以了,但有些关键部分一定要画清楚,必要时需画出具体电路来加以分析。

为完成系统的总体要求,由系统框图到单元电路的具体结构是多种多样的,经过较为详细的方案比较和论证,最后选定方案。

方案选择须注意下面两个问题:

①要有全局观念,抓住主要矛盾。

②在方案选择时要充分开动脑筋,不仅要考虑方案是否可行,还要考虑怎样保证性能可靠,考虑如何降低成本,如何降低功耗,如何减小体积等许多实际的问题。

(3)方案实现

完成了系统方案的选择,确定了系统的基本结构,接下来的工作就是进行各部分功能电路以及分电路连接的具体设计。此时需要考虑主要单元电路的性能指标,各单元电路之间的相互配合,与前后级之间的关系。可以从已掌握的知识和了解的电路中选择一个合适的电路,如果确实没有性能指标完全满足要求的电路时,可以选用相应的电路进行元器件参数的调整,因此设计人员平时要注意电路资料的积累。

在单元电路的实现过程中,一个非常重要的问题就是选择元器件,不仅在设计单元电路和总体电路及计算参数时要考虑选哪些元器件合适,而且在提出方案、分析和比较方案的优缺点时,有时也需要考虑用哪些元器件以及它们的性能价格比如何等。

选择元器件时,必须搞清两个问题:第一,根据具体问题和方案,需要哪些元器件,每个元器件应具有哪些功能和性能指标;第二,哪些元器件实验室有,哪些在市场上能买到,性能如何,价格如何,体积多大。电子元件种类繁多,新产品不断出现,这就需要经常关心元器件的信息和新动向,多查资料。尽量选用市场上可以提供的中、大规模集成电路芯片和各种分立元件等电子器件,并通过应用性设计来实现各功能单元的要求以及各功能单元之间的协调关系。

本步骤的要点是:

①熟悉目前数字或模拟集成电路等电子器件的分类、特点,从而合理选择所需要的电子器件。要求工作可靠、价格低廉。

②对所选功能器件进行应用性设计时,要根据所用器件的技术参数和应完成的任务,正确估算外围电路的参数;对于数字集成电路要正确处理各功能输入端。

③要保证各功能器件协调一致地工作。对于模拟系统,按照需要采用不同耦合方式把它们连接起来;对于数字系统,协调工作主要通过控制器来完成。

为保证单元电路达到功能指标要求,常需要计算某些参数。例如放大器电路中各电阻值、放大倍数,振荡器中电阻、电容、振荡频率等参数。只有很好地理解电路的工作原理,正确利用计算公式,计算的参数才能满足设计工作要求。

一般来说,计算参数应注意以下几点:

①各元器件的工作电压、电流、频率和功耗等应在允许的范围内,并留有一定的裕量。

②对于环境温度、交流电网电压等工作条件,计算参数时应按最不利的情况考虑。

③涉及元器件的极限参数必须留有足够的裕量,一般按 1.5 倍左右考虑。

④电阻值尽可能选在 1 MΩ 范围内,最大一般不应超过 10 MΩ。非电解电容尽可能在 100 pF ~ 0.1 μF 内选择,其数值应在常用电容器标称值系列之内,并根据具体情况正确选择电容的品种。

⑤在保证电路性能的前提下,尽可能降低成本,减少器件品种,减少元器件的功耗和减小体积,为安装调试创造有利条件。

⑥如有些参数难以用公式计算确定,可待仿真时再确定。

(4)仿真和实验

随着计算机的普及和 EDA 技术的发展,电子电路设计中的实验已经演变为仿真和实验相结合。

仿真具有下列优越性:

①对电路中只能依据经验来确定的元器件参数,可以通过电路仿真的方法确定,而且参数的大小容易调整。

②由于设计的电路中可能存在错误,或者在搭接电路时出错,可能损坏元器件和仪器,利用仿真模拟电路真实的运行过程,了解元器件和仪器的损坏情况,不会造成经济损失。

③电路仿真不受工作场地、仪器设备、元器件品种、数量的限制。

尽管电路仿真有诸多优点,但仍然不能完全代替实验。对于电路中关键部分或采用新技术、新电路、新器件的部分,一定要进行实验。

（5）安装调试

如果课程设计要求作出试验产品,则需要将所设计的电子系统在实验板或逻辑电路实验箱上进行安装与调试,其目的是使所设计的电路达到任务书中的各项要求。

安装与调试过程应按照先局部后整机的原则,根据信号的流向逐个单元进行,使各功能单元都要达到各自技术指标的要求,然后把它们连接起来进行统调和系统测试。调试包括调整与测试两部分:调整主要是调节电路中可变元器件或更换元器件(部分电路的更改也是有的),使之达到性能的改善;测试是采用电子仪器测量电路相关节点的数据或波形,以便准确判断设计电路的性能。调试步骤大致如下:

①通电观察。

在电路与电源连线检查无误后,方可接通电源。电源接通后,不要急于测量数据和观察结果,而要先检查有无异常,包括有无打火冒烟,是否闻到异常气味,用手摸元器件是否发烫,电源是否有短路现象等。如发现异常,应立即关断电源,等排除故障后方可重新通电。然后测量电路总电源电压及各元器件引脚的电压,以保证各元器件正常工作。

②分块调试。

分块调试是把电路按功能分成不同部分,把每个部分看作一个模块进行调试;在分块调试过程中逐渐扩大范围,最后实现整机调试。

分块调试顺序一般按信号流向进行,这样可把前面调试过的输出信号作为后一级的输入信号,为最后联调创造有利条件。

分块调试包括静态调试和动态调试。静态调试是指在无外加信号的条件下测试电路各点的电位并加以调整,以达到设计值。如模拟电路的静态工作点,数字电路的各输入端和输出端的高、低电平值和逻辑关系等。通过静态测试可及时发现已损坏和处于临界状态的元器件。静态调试的目的是保证电路在动态情况下正常工作,并达到设计指标。动态调试可以利用自身的信号,检查功能块的各种动态指标是否满足设计要求,包括信号幅值、波形形状、相位关系、频率、放大倍数等。对于信号电路一般只看动态指标。

测试完毕后,要把静态和动态测试结果与设计指标加以比较,经深入分析后对电路参数进行调整,使之达标。

③整机联调。

在分块调试的过程中,因是逐步扩大调试范围的,实际上已完成某些局部电路间的联调工作。在联调前,先要做好各功能块之间接口电路的调试工作,再把全部电路连通,然后进行整机联调。

整机联调就是检测整机动态指标,把各种测量仪器及系统本身显示部分提供的信息与设计指标逐一对比,找出问题,然后进一步修改、调整电路的参数,直至完全符合设计要求为止。在有微机系统的电路中,先进行硬件和软件调试,最后通过软件、硬件联调实现目的。

调试过程中,要始终借助仪器观察,而不能凭感觉和印象。使用示波器时,最好把示波器信号输入方式置于"DC"挡,它是直流耦合方式,可同时观察被测信号的交直流成分。被测信号的频率应在示波器能稳定显示的范围内。如频率太低,观察不到稳定波形时,应改变电路参数后再测量。例如,观察只有几赫兹的低频信号时,通过改变电路参数,使频率提高到几百赫兹以上,就能在示波器中观察到稳定信号并可记录各点的波形形状及相互间的相位关系。测量完毕,再恢复到原来的参数,继续测试其他指标。

（6）撰写课程设计报告

完成安装调试，达到设计任务的各项技术指标后，一定要撰写课程设计报告，以便验收和评审。

课程设计报告的内容如下：

①课题名称。

②设计任务及主要技术指标和要求。

③电路的设计。其内容包括以下几个部分：

a. 确定方案：对于考虑的方案，经过比较后，选择最佳方案；

b. 单元电路的设计和元器件的选择；

c. 画出完整的电路图和必要的波形图，并说明工作原理；

d. 计算出各元器件的主要参数，并标在电路图中恰当的位置；

e. 画出印制电路板图和装配图；

f. 焊接和装配电路元器件；

g. 调试电路的有关技术指标。

④整理测试数据，并分析是否满足要求。

⑤列出元器件清单。

⑥说明在设计和安装调试中遇到的问题及解决问题的措施。

⑦总结设计收获、体会，并对本次设计提出建议。

⑧列出主要参考书目。

6.2 模拟电子电路设计的基本方法

模拟电子系统的输入与输出信号是模拟信号，其主要功能是对模拟信号进行检测、处理、变换或产生。模拟信号的特点是在时间和幅度上都是连续的，在一定的动态范围内可以任意取值。

1. 模拟电子系统的设计过程

上节已经对电子电路系统的设计原则和基本步骤进行了介绍，然而，具体到模拟电子系统的设计，又因其特殊性而有所不同。模拟电子系统的设计步骤通常可分为选择总体方案，画出系统框图，设计单元电路，选择元器件，计算参数，画出总体电路图等步骤，具体设计流程如图6.2.1所示。

（1）设计要求的分析及总体方案的选择

先分析模拟电子系统的输入信号和输出信号，要将每一个输入信号的波形、幅度和频率等参数以及输出的要求都准确地弄清楚，从而明确系统的功能和各项性能指标，例如增益、频带宽度、信噪比、失真度等，作为设计的基本要求，并由此选择系统的方案。

在考虑总体方案时，应特别注意考虑方案的可行性，这是与设计数字电子系统的重要区别之处，因为数字电子系统主要完成功能设计，在工作频率不高时，通常都是能实现的，不同设计方案之间的差异充其量是电路的繁简不同而已。模拟电子系统则不然，其各个指标之间有相关性，各种方案又有其局限性，如果所提的要求搭配不当或所选择的电路不适合，有时从原理上就不可能实现或非常难以实现设计的要求。设计者在这方面应有足够的知识和经验,对方案进行充分的论证。此外,对模拟电子系统的设计还应重视技术指标的精度及稳定性,调试的方便性,应尽量设法减少调试工作。这些要求不能都放到设计模块时去讨论,必须从确定总体方案时就加以考虑。倘若从原理上看,所考虑的模拟电子系统的精度和稳定性就不高,则在进行模块设计时无论怎样努力也是无济于事的。

在总体方案设计完成后,应作出电子系统的框图。接着,应将某些技术指标在各级框中进行合理分配,这些指标包括增益、噪声、非线性等,因为它们都是各部分指标的综合结果。将指标分配到各模块以后,就对各模块提出了定量的要求,而不是含含糊糊地设计,这样有效地提高了设计的效率。

（2）单元电路的设计

这一步应选择单元电路的具体电路,在模拟电子系统的设计过程中还要考虑以下问题。

①模拟电子系统的设计不仅应满足一般的功能和指标要求,还应特别注意技术指标的精度及稳定性,应充分考虑元器件的温度特性、电源电压波动、负载变化及干扰等因素的影响。要注意各功能单元的静态与动态指标及其稳定性,更要注意组成系统后各单元之间的耦合形式、反馈类型、负载效应及电源内阻、地线电阻等对系统指标的影响。

②应十分重视级间阻抗匹配的问题。例如一个多级放大器,其输入级与信号源之间的阻抗匹配有利于提高信噪比;中间级之间的阻抗匹配有利于提高开环增益;输出与负载之间阻抗匹配有利于提高输出功率与效率等。

③元器件选择方面应注意参数的分散性及其温度的影响。在满足设计指标要求的前提下,应尽量选择来源广泛的通用型元器件。

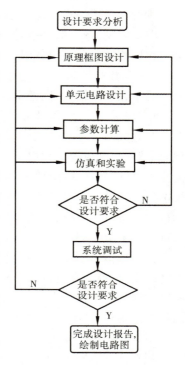

图 6.2.1　模拟电子系统
设计流程图

可供选择的元器件有:

①各类晶体管。

②运算放大器。

③专用集成电路。属于功能块的专用集成电路有:模拟信号发生器(如单片精密函数发生器、高精度时基发生器、锁相环频率合成器等),模拟信号处理单元(如测量放大器、RC 有源滤波器等),模拟信号变换单元(如电压比较器、采样保持器、多路模拟开关、电压—电流变换器、电压—频率变换器、频率解码电路等),属于小系统级的专用集成电路有调频发射机、调频接收机、手表表芯等。

④可编程模拟器件。这是一种新型的大规模集成器件。

为了节省设计和制作的时间,提高电路的稳定性,在题目要求许可的条件下,若能选择到合适的专用集成电路,则应优先使用专用集成电路。否则应尽量使用运算放大器,在不得已的情况下,例如对功率的要求比较苛刻,普通大功率运放不能实现时才考虑使用晶体管。

无论使用什么器件都应认真阅读器件手册,弄清器件的各个参数是否符合技术指标要求

（这些指标应在查阅前预先拟好），对关键的参数千万不可错过，不可凑合。要多查阅一些同类的器件，经过比较选取其中较优者，但在选取时还应考虑如下问题：

①器件的来源是否广泛，切不可选取那些市场上很少见、难以买到的产品。

②应尽量选取新问世的产品，不要选取那些已经被淘汰的产品。

③尽量选取调试容易的器件。

④价格过于昂贵的器件不宜使用。

由此可见，选取器件也是一项重要的技能，它需要经过一段时间的磨练方可具备，我们在学习和训练时对此不可忽略。

（3）参数的计算

对于数字系统设计，通常到前一步就可以结束了，因为数字电子系统的设计主要依赖于逻辑，在模块设计完毕，除非有些地方因为竞争存在出现逻辑错误，需要做时序上的调整外，一般不需要做大的变动。但在模拟电子系统的设计过程中，常常需要计算一些参数，例如，在设计积分电路时，不仅要求出电阻值和电容值，而且还要估算出集成运放的开环电压放大倍数、差模输入电阻、转换速率、输入偏置电流、输入失调电压和输入失调电流及温漂，才能根据计算结果选择元器件。至于计算参数的具体方法，主要在于正确运用在"模拟电子技术"课程中已经学过的分析方法，搞清电路原理，灵活运用计算公式。对于一般情况，计算参数所需要注意事项可见 6.1 节所述。

由于模拟电子系统在相当程度上是依赖参数之间的配合，而每一步设计的结果又总会有一定的误差，整个系统的误差是各部分误差的综合结果，就有可能使系统误差超出指标要求，所以对模拟电子系统而言，在完成前一步设计后，有必要重新核算一次系统的参数，看它是否满足指标要求，并有一定余地。核算系统指标的方法是按与设计相反的路径进行。

（4）计算机仿真

随着计算机技术的飞速发展，电子系统的设计方法也发生了很大的变化。目前，电子设计自动化技术已成为现代电子系统设计的必要手段。在计算机工作平台上，利用电子设计自动化软件，可以对各种电路进行仿真、测试、修改，从而大大提高了电子设计的效率和准确度，同时节约了设计费用。目前电子线路辅助分析设计的常见软件有 Multisim（或 EWB）、PSPICE、Protel－99。

（5）实验的验证

设计要考虑的因素和问题相当多，由于电路在计算机上进行模拟时采用元器件的参数和模型与实际器件有差别，所以对计算机模拟正确的电路，还要进行实验验证。通过实验可以发现问题、解决问题。若性能指标达不到要求，应该深入分析问题出在哪些元件或单元电路上，再对它们重新设计和选择，直到完全满足性能指标为止。

（6）总体电路图的绘制

总体电路图是在原理框图、单元电路、参数计算和元器件的基础上绘制的，它是安装、调试、印制电路板设计和维修的依据。

2. 设计过程中 EDA 技术的使用

EDA 是电子设计自动化（Electronic Design Automation）的缩写，是从 CAD（计算机辅助设计）、CAM（计算机辅助制造）、CAT（计算机辅助测试）和 CAE（计算机辅助工程）的概念发展而来的。EDA 技术是以计算机为工具，集数据库、图形学、图论与拓扑逻辑、计算数学、优化理论等多学科最新理论于一体,是计算机信息技术、微电子技术、电路理论、信息分析与信号处理的结晶。

对模拟电子系统设计而言,EDA 技术的应用主要有以下两个方面:一是模拟(仿真)软件的使用,这类软件有 Multisim(或 EWB)、PSPICE、Protel-99 等;二是系统可编程模拟器件(isp-PAC)的应用。

在系统设计阶段以及单元电路设计阶段,可使用 Multisim(或 EWB)、PSPICE 等软件进行仿真。与数字系统不同的是,对模拟电路的模拟结果与其器件参数关系甚大。这是因为电路中使用的模拟器件本身参数的离散性非常大,而实际使用的物理器件的参数又常常与模拟时所使用的标准器件参数相差甚远,因而模拟的结果与实际制作的结果常常会有较大差异,所以模拟的结果不能相对数字电子系统的逻辑模拟那样准确,但作为对设计方案的探讨,一般还是有参考价值的。如果希望模拟结果尽量靠近真实结果,可采用 PSPICE 或高版本的 Multisim,将所选用的器件用实测参数(而不是通过手册查得的参数)输入,则模拟的结果与实际情况就会较为接近。

当采用可编程模拟器件时,其设计都是靠 EDA 软件工具辅助完成的。目前已经进入使用领域的可编程模拟器件主要有以下几种。

①芯片中集成有若干可编程放大器和可编程滤波器。这类器件可以通过编程改变放大器的增益、带宽以及级联情况,也可通过编程改变滤波器的类型和截止频率,使用非常方便。这类产品有 LATTICE 公司的 ispPAC 系列,如 ispPAC10,ispPAC20,isp PAC30 以及 ispPAC80,isp-PAC81 等,其中 ispPAC10 和 ispPAC20 中可编程放大器是由两个仪表放大器(增益和带宽可配置)和一个输出放大器组成的真差分输入与真差分输出的基本单元,而 isp PAC80 则包含了仪表放大器的增益级、带宽为 50 ~ 500 kHz 的精密有源滤波器以及两个组态存储器,可实现椭圆、切比雪夫、巴塞尔、巴特沃斯、高斯、线性相移和莱金德雷等滤波器,它们都属于系统可编程器件,即可以将芯片装配在用户的系统板上,然后通过编程电缆对器件编程并可实时地对电路进行重构,可重复下载的次数达 10^4。

LATTICE 公司为开发这类可编程器件提供了一个 EDA 开发平台 PAC_Designer 和一条下载电缆。

②芯片中集成了许多个模拟处理单元,使用时像 FPGA 那样对它们编程和互连,使之实现各种信号处理。例如 Zetex 公司的可再配置模拟万用电路 TRAC 系列中,TRAC020CH 器件有 20 个模拟处理单元(工作频率从直流到 1 MHz),通过编程设置,可对每个单元的功能和操作对象进行多种类型的定义:开路、短路、加、求反、对数、反对数、整流、微分、积分及放大和衰减。使用该器件时应使用器件公司提供的配套工具:一套仿真板(上面有 4 组 TRAC 芯片和 E-2PROM),一套运用于 PC 上的 Windows 版本的设计软件。

模拟可编程器件是一种新器件,它既具备标准集成电路使用灵活和开发费用低、周期短的优点,又具备专用集成电路保密性强、针对特定应用的优点,随着模拟可编程技术的不断进步和器件品种的逐步丰富,其将成为实现模拟电路的首选器件。

6.3 数字电子系统设计的基本过程

数字电子系统是用来对数字信号进行采集、加工、传输和处理的电子电路。其设计步骤除了一般不需要进行参数计算外,与模拟电子系统的设计步骤大致相同,如图 6.3.1 所示。

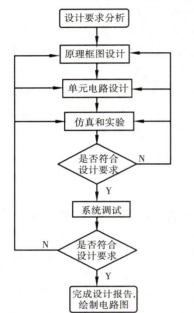

图 6.3.1 数字电子系统设计流程图

1. 数字电子系统的设计过程

（1）总体方案的确定

首先明确数字系统的输入和输出以及深刻理解系统所要完成的功能,然后对可能的实现方法及其优缺点作深入研究、全面分析和比较,选择一个好的方案以保证达到所要求的全部功能与精度,同时还要兼顾工作量和成本。完成此部分后可画一张简单的流程图。

（2）单元电路设计

单元电路设计是数字电子技术课程设计的关键一步,它的完成情况决定了数字电子技术课程设计的成功与失败。它将总体方案化整为零,分解成若干个子系统和单元电路,然后逐个进行设计。在设计时要尽可能选择现成的电路,这样有利于减少今后的调试工作量。在元器件的选择上应优先选用中大规模集成电路,这样做不但能够简化设计,而且有利于提高系统的可靠性。对于规模较大或功能较特殊的模块,市场上买不到相应的产品或库中没有相应的元器件时,需要设计者自行设计。在采用 PLD 的设计方法中,设计者可以利用已有的模块组建新模块,也可用硬件描述语言来制作。

无论采用什么方法,都需要对各集成功能模块相当熟悉,所以在学习过程中,应注意积累关于各种模块的使用知识,特别注意什么样的功能可使用什么样的器件来实现,其优缺点如何等问题。

在单元电路中控制电路的设计尤为重要。控制电路如系统清零、复位,安排子系统的时序先后及启动停止等,在整个系统中起核心和控制作用,设计时应画好时序图,根据控制电路的任务和时序关系反复构思,选用合适的元器件,使其达到功能要求。由于控制电路在系统中只有一个,所占的资源比例很小,所以在设计时,往往不过分讲究其占用资源的多少,而是力求逻辑清楚、修改方便。

（3）绘制系统总原理草图

在单元电路设计的基础上,完成系统的总原理图。

（4）EDA 仿真设计

完成了以上设计,接下来采用 MAX PLUS Ⅱ 等软件进行仿真以验证设计电路的正误。如果仿真结果有误,需要返回到前两步重新设计。若采用可编程器件实现,则需要用原理图输入法或 VHDL 等硬件语言输入法,进行编译、仿真。待正确无误后,适配管脚并下载,并在实验箱上验证结果。若采用中、小规模集成电路设计,则可直接仿真验证结果。

（5）绘制总体电路图

在仿真结果正确或验证结果正确后,确定最终方案并绘制总体电路图。

2. EDA 和 VHDL 语言的应用

用 PLD 设计数字系统与前面所述完全相同,只是设计在开发软件平台上进行而已。设计完毕（编译通过）就利用开发平台上的模拟软件进行模拟（PLD 厂家称此项工作为仿真）,然后烧录（下载）到 PLD 芯片中去。对使用频率不是很高的子系统而言,只要逻辑模拟结果正确,下载以后系统功能一般不会出现问题。

目前在我国各大专院校流行的 PLD 器件有 XILINX 公司的 XC3000 及 XC4000 系列,AL-TERA 公司的 FLEX10K 系列、MAX7000 系列,LATTICE 公司的 1000 系列等,还有少数院校使用原 AMD 公司的产品,所用的开发软件有 XILINX 公司的 FUNDATION；ALTERA 公司的 MAXPLUS Ⅱ,QUARTUS；LATTICE 公司的 SYNARIO,EXPERT 等以及原 AMD 公司的开发软件,此外还有少数院校使用大型软件 SYNOPSYS 等。应当说,任何公司的芯片,只要它的资源能满足设计的需要,都是可以使用的,关键是使用者是否能较熟练地掌握这些器件及其开发软件的使用。

用 PLD 开发软件设计数字子系统的常用方法有原理图输入法和语言输入法。原理图输入法与传统的采用中小规模芯片设计的方法基本相同,只是多一步下载过程。另外需要特别提到的是 VHDL 或 Verilog 等高级硬件描述语言的使用。VHDL 或 Verilog 都是 IEEE 支持的高级硬件描述语言,是 IEEE 的标准之一。它们的功能强大,适用面广,不仅可以描述电路的结构,还可以直接描述电路的行为,这样,对控制器的设计便可以直接根据 ASM 图在行为域上完成,而不必先设计出控制器的电路再用语言来输入,这无疑给设计工作带来极大的方便。更有甚之,VHDL 与 Verilog 不仅可以用来描述所有的模块,还可以用它们描述子系统本身。所以应熟练掌握 VHDL 或 Verilog,以便在设计过程中能够很好地应用。

6.4　电子电路课程设计题目选编

1. 数字频率计

数字频率计是用来测量正弦信号、矩形信号、三角波等波形工作频率的仪器,其测量结果直接用十进制数字显示。本题目要求采用中、小规模芯片设计一个具有下列功能的数字频率测量仪。

①频率测量范围:1 Hz ~ 10 kHz。

②数字显示位数:4 位数字显示。

③测量时间:$t \leqslant 1.5$ s。

④被测信号幅度 $U_0 = 0.5 \sim 5$ V（正弦波、三角波、方波）。

2. 低频功率放大器设计

（1）设计任务与要求

①设计任务:设计并制作具有弱信号放大能力的低频功率放大器。

②设计要求。

a. 在放大器输入正弦信号电压幅值为 $5 \sim 700$ mV，等效电阻 R_L 为 8 Ω 条件下，放大通道应满足：

- 额定输出功率 $P_o \geqslant 10$ W；
- 带宽 $B_W \geqslant 50 \sim 10\ 000$ Hz；
- 在 P_{on} 下和 B_W 内的非线性失真系数 ≤3%；
- 在 P_{on} 下的效率 ≥55%；
- 在前置放大级输入端交流短接到地时，$R_L = 8$ Ω 上的交流噪声功率 ≤10 mW。

b. 设计并制作满足本任务要求的直流稳压电源。

c. 由外供正弦信号源经变换电路产生正、负极性的对称方波；频率为 $1\ 000$ Hz，上升和下降时间 ≤1 s、峰值电压为 200 mV。

（2）基本原理和设计思路

现在市场上有许多性能优良的集成功放芯片，如 TDA2040A，IM1875，TDA1514 等。集成功放具有工作可靠，外围电路简单，保护功能较完善，易制作易调试，性价比高等特点。

在集成功放中，TDA2040A 功率裕量不大，TDA1514 外围电路较复杂，且易自激。这两种功放的低频特性都欠佳，IM1875 外围电路简单，电路成熟，低频特性好，保护功能齐全。它的不足之处是高频特性较差（$B_W \leqslant 70$ kHz），但对于本设计要求的 $50 \sim 10$ kHz 已足够，因此可以选用 LMI875。

设计要求前置放大输入交流短接到地时，$R_L = 8$ Ω 的电阻负载上的交流噪声功率低于 10 mW，因此要选用低噪声运放。本装置可选用优质低噪声运放 NE5532N。设计要求输入电压幅度为 $5 \sim 700$ mV 时输出都能在 $P \geqslant 10$ W 条件下不失真，信号需放大几千倍；又考虑到运放的放大倍数与通频带的关系故应采用两级放大。

3. 集成运算放大器简易测试仪

测试集成运算放大器的性能和参数的方法有多种，本课题采用简易电路实现对运放性能好坏的测试。

（1）设计任务与要求

①设计一种集成运算放大器简易测试仪，能用于判断集成运放放大功能的好坏。

②设计本测试仪器所需的直流稳压电源。

（2）基本原理和设计思路

测试集成运算放大器放大性能的好坏，可以采用交流放大法，其原理电路框图如图 6.4.1 所示。

被测试运放 A 接成反相放大器，其闭环放大倍数 $A = -R_f/R_1$，若取 $R_f = 510$ kΩ，$R_1 = 5.1$ kΩ，则 $A_v = -100$。输入信号取 70 mV 时，其输出幅度为 7 V 左右。若无输出或输入幅度偏小，则说明运放损坏或者性能不好。利用这一直观方法，可方便地判断运放的好坏。为此，需要有产生正弦波信号 v_i 的波形产生电路，而且还需用交流毫伏表对运放输出信号电压进行测量。

测试仪原理框图如图 6.4.2 所示。

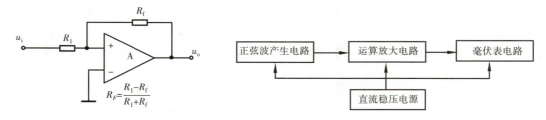

图 6.4.1　交流放大法测量原理图　　　　图 6.4.2　集成运放测试仪原理框图

①正弦波产生器:可采用文氏电桥正弦波振荡电路或 RC 移相式正弦波信号产生电路。

例如,采用三节 RC 网络和运算放大器构成 RC 移相式正弦波产生电路,将双向稳压管接于反馈支路起稳幅作用,可获得一定频率、幅度稳定和失真较小的正弦波信号输出。

②毫伏表:可用集成运放、整流电桥和电流表组成,使流过电流表的电流值正比于输入电压值,其原理电路如图 6.4.3 所示。

毫伏表输入信号通过阻容耦合加到集成运放的同相输入端,其输出信号通过整流电桥、电流表反馈到反相输入端,整流二极管和电流表的电阻可等效为电阻 R_{F0}。由于运放开环增益、输入电阻很高,则同相端电压与反相端电压近似相等,流过 R_{F0} 的电流等于流过 R 的电流,则 $i_{F0} = u_i / R_0$,可见流过表头的电流 i_{F0} 与 u_i 成正比,而与 R_{F0} 无关,因此可构成线性良好的交流毫伏表。R_0 可用电位器 R_p 代替,用来调整流过表头的电流,使表头指针偏转满量程。

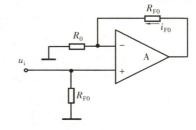

图 6.4.3　毫伏表测量原理图

③直流稳压电源:要求有 ± 15 V 两路电压输出,可采取跟踪式正负输出集成稳压器 SW1568。该稳压器具有 ± 15 V 对称输出电压,每路电流大于 50 mA,并有过流保护电路。

4. 可编程函数发生器

函数发生器是一种能够产生方波、三角波和正弦波的装置,在测量技术、计算技术、自动控制及遥测遥控等领域中广泛应用。实现函数发生器的方案很多,目前已有专用的函数发生器集成芯片。本课题要求采用集成运放及各种无源元件,根据振荡原理和波形转换原理实现函数发生器。

(1)设计要求及技术指标

设计一可编程函数发生器,设计要求及技术指标如下:

①输入 8 位二进制数,数值由最小值到最大值变化时,要求输出方波、三角波和正弦波,其频率在 50 Hz ~ 1 kHz 变化。

②输出方波的幅值 ±6 V。

③输出三角波的幅值 ±4 V。

④输出正弦波的幅值大于 2 V。

(2)基本原理和设计思路

可编程函数发生器的原理框图如图 6.4.4 所示。可以看出,可编程函数发生器由三部分组成。第一部分是 D/A 数模转换器,它的任务是把通过编程得到的二进制代码 000-FFH 转换成与其大小成比例的控制电压 U_c;第二部分是压控方波—三角波发生器,它是一个振荡频率

受 U_c 控制的振荡器,其输出的方波和三角波的频率与控制电压 U_c 的大小成正比;第三部分是波形变换器,它的任务是将三角波变换成正弦波。如果采用 8 位 D/A 转换器,输出频率变化可分为 256 个等级,再选择适当的积分电容、电阻值,可使信号频率在 50 ~ 1 kHz 内变化。

图 6.4.4　可编程函数发生器原理框图

5. 音乐彩灯控制器

音乐彩灯控制器是用音乐信号控制多组颜色的灯泡,利用其亮度变化反映音乐信号,是一种将听信号转换为视信号的装置,用来调节听众欣赏音乐时的情绪和气氛。

（1）设计要求及技术指标

设计一音乐彩灯控制器,要求电路把输入的音乐信号分为高、中、低 3 个频段,并分别控制 3 种颜色的彩灯。每组彩灯的亮度随各自输入音乐信号大小分 8 个等级。输入信号最大时,彩灯最亮。当输入信号的幅度小于 10 mV 时,要求彩灯全亮。主要技术指标如下:

①高频段 2 000 ~ 4 000 Hz,控制蓝灯。

②中频段 500 ~ 1 200 Hz,控制绿灯。

③低频段 50 ~ 250 Hz,控制红灯。

④电源电压交流 220 V,输入音乐信号 ≥10 mV。

（2）工作原理及设计思路

彩灯用双向晶闸管控制,将同步触发脉冲每八个分为一组,利用音乐信号的大小控制每组脉冲出现的个数,就可以控制加在正弦波半波的个数,从而也就控制了灯泡的亮度。图 6.4.5 所示为音乐彩灯控制器低频段的电路框图。根据题目要求,用带通滤波器把音乐信号分成三个频段,经放大器放大后经过整流器变为直流,其直流电平随音乐信号大小而上下浮动。此电平作为参考电压加在电压比较器的一个输入端,由同步触发脉冲作为计数信号的数模转换器,输出阶梯波作为比较电压加在电压比较器的另一个输入端,使电压比较器的输出高电平的时间与参考电压成正比,并控制与门打开时间,以决定放过同步脉冲的个数去触发晶闸管,从而控制灯泡的亮度。其他两个频段的电路框图与低频段的电路框图相同。

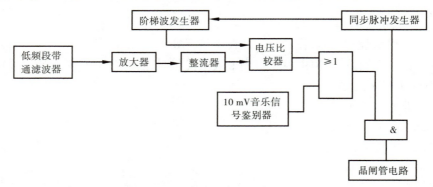

图 6.4.5　音乐彩灯控制器低频段的电路框图

6. 数字电子秤

数字电子秤具有精度高、性能稳定、测量准确、使用方便等优点,该产品不仅用于商业上而且还广泛用于各个生产领域。

(1)设计要求及技术指标

设计一个数字电子秤,设计要求及技术指标如下:

①测量范围:0 ~ 1.999 kg、0 ~ 19.99 kg。

②用数字显示被测质量,小数点位置对应不同的量程显示。

③能够自动切换量程。

(2)基本原理和设计思路

数字电子秤一般由以下 5 部分组成:传感器、信号放大系统、A/D 转换器、显示器和切换量程系统,其原理框图如图 6.4.6 所示。

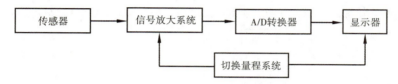

图 6.4.6　数字电子秤原理框图

电子秤的测量过程是把被测物体的质量通过传感器将质量信号转换成电压信号输出,放大系统把来自传感器的微弱信号放大,放大后的电压信号经过 A/D 转换把模拟量转换成数字量,数字量通过数字显示器显示质量。由于被测物体的质量相差较大,根据不同的质量可以切换量程系统选择不同的量程,显示器的小数点对应不同的量程显示。传感器测量电路通常使用电桥测量电路,应变电阻作为桥臂电阻接在电桥电路中。无压力时,电桥平衡,输出电压为零;有压力时,电桥的桥臂电阻值发生变化,电桥失去平衡,有相应电压输出。此信号经放大器放大后输出应满足 A/D 转换的要求,当选用 $3\frac{1}{2}$ 位 A/D 转换器 CC7107 时,A/D 转换器的输入量应是 0 ~ 1.999 V。当测量的质量范围很大时,可以通过设置量程转换来切换量程。

7. 出租车计费器

出租车计费器是根据客户用车的实际情况而自动显示用车费用的数字仪表。仪表根据用车起价、行车里程计费及等候时间计费三项求得客户用车的总费用,通过数码自动显示,还可以连接打印机自动打印数据。

(1)任务要求

①自动计费器具有用车起价、行车里程计费和等候时间计费三部分,三项计费统一用 4 位数码管显示,最大金额为 99.99 元。

②行车里程单价设定为 1.80 元/km,等候时间计费设定为 1.2 元/10 min,用车起价设定为 10.00 元。要求行车时,计费值每千米刷新一次,等候时间每 10 min 刷新一次,行车不到 1 km 或者等候不足 10 min 则忽略计费。

③在启动和停车时给出声音提示。

(2)基本原理及设计思路

分别将行车里程和等候时间都按相同的比价转换为脉冲信号,然后对这些脉冲信号进行计数,而起价可以通过预置数送入计数器作为初值,行车里程计数电路每行车一千米输出一个脉冲信号,启动行车单价计数器输出与单价对应的脉冲数,例如本设计要求单价为1.80 元/km,则设计一个 180 进制的计数器,每千米输出 180 个脉冲到总费计数器,即每个脉冲为 0.01 元。等候时间计数器将来自时钟电路的秒脉冲作为 600 进制计数,得到 10 min 信号,用 10 min 信号控制一个 120 进制计数器(等候 10 min 单价计数器)向总费计数器输入 120个脉冲。这样,总费计数器根据起步价所置的初值,加上里程脉冲、等候时间脉冲即可得到总的用车费用。

行车里程转换成脉冲由里程传感器实现,安装在汽车轮相连接的涡轮变速器上的磁铁使干簧继电器在汽车每前进十米闭合一次,即输出一个脉冲信号,若每前进 1 km,则输出 100 个脉冲信号,实验仿真时可用一个脉冲信号源模拟。

图 6.4.7 框图中表示的起价数据直接预置到计数器中作为初始状态。行车里程计费和等候时间计费这两项的脉冲信号不是同时发生的,因而可利用一个或门进行求和运算,即或运算后的信号即为两个脉冲之和,然后用计数器对此脉冲进行计数,即求得总的用车费用。

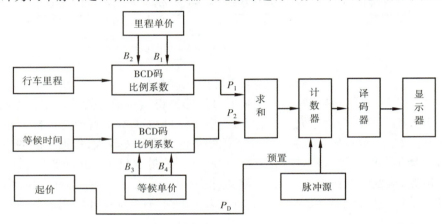

图 6.4.7　出租车计费器原理框图

8. 带报警装置的电子密码锁

电子密码锁具有保密性强、防盗性能好等优点。电子密码锁具有机械锁无法比拟的优越性,它不仅可以完成锁本身的功能,还可以兼有记忆、识别报警和门铃等功能。作为电子密码锁,不需要带钥匙,只需要记住密码即可。另外,主人可以随时更换密码。

(1)设计要求及技术指标

①设计一个电子密码锁,其密码为 8 位二进制代码,开锁指令为串行输入码。

②用发光二极管作为输出指示灯,灯亮代表锁"开",灯灭为"不开"。

③当输入代码与密码一致时,电子密码锁被打开。

④当输入代码与密码不一致,开锁时间超过 5 min 时,电子密码锁发出报警信号,报警时间设定为 1 min。

⑤电子密码锁同时作为门铃使用,响铃时间为 10 s。

(2)基本原理及设计思路

电子密码锁主要由输入元件、电路(包括电源)和锁体三部分组成,后者包括电磁线圈、锁栓、弹簧和锁框等。当电磁线圈中有一定的电流通过时,磁力吸动锁栓,锁便打开。否则,锁栓进入锁框,即处在锁住状态。为了便于实验,我们用发光二极管代表电磁线圈,当发光二极管为亮状态时,代表电子锁被打开,当发光二极管为灭状态时代表锁住。

图 6.4.8 所示为该系统的电路框图。由图可知,每来一个输入时钟,编码电路的相应状态就前进一步。在操作过程中,按照规定的密码顺序,按动编码按键,编码电路的输出就跟随这个代码的信息。正确输入编码按键的数字,通过控制电路供给编码电路时钟,一直按规定编码顺序操作完,则驱动开锁电路把锁打开。用十进制计数器/分配器 CC4017 的顺序脉冲输出功能可以实现密码锁的功能。

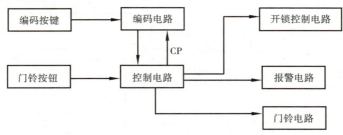

图 6.4.8　电子密码锁原理框图

在操作过程中,如果密码顺序不对或密码有误,控制电路使编码电路自动复位,当开锁时间超过 5 min 时,控制电路使防盗报警电路产生 1 kHz 的报警。

按动门铃及清零按钮可使 500 Hz 振荡电路工作,门铃发出响声,同时该按钮还使编码电路清零并解除防盗报警。

9. 光电计数器

在啤酒、汽水和罐头等灌装生产线上,常常需要对随传送带传送到包装处的成品瓶进行自动计数,以便统计产量或为计算机管理系统提供数据。本课题要求设计一光电计数器,当瓶子从发光器件和光接收器件之间通过时,通过瓶子的挡光作用,使接收到的光强发生变化,并通过光电转换电路变换成输出电压的变化。当把输出电压的变化转换成计数脉冲时,就可实现自动计数。

(1)设计要求及技术指标

①发光器件和光接收器件之间的距离大于 1 m。

②有抗干扰技术,防止背景光或瓶子抖动产生误计数。

③每计数 100,用灯闪烁 2 s 指示一下。

④LED 数码管显示计数值。

(2)基本原理及设计思路

在光电转换电路中,发光器件(例如 LED)的输出光强与通过其工作电流成正比,发光侧与接收侧的距离越大时,要求输出光强也越强,即要求工作电流越大。一般 LED 的工作电流为 10 ~ 50 mA,因此为了提高传送距离,必须提高 LED 的工作电流。当使 LED 处于脉冲导电状态时(脉冲调制),允许的工作电流可增大 $\sqrt{\dfrac{T_0}{t_w}}$ 倍,(T_0 为脉冲周期,t_w 为脉冲宽度),即光强扩大了 $\sqrt{\dfrac{T_0}{t_w}}$,大大提高了传送距离。

图 6.4.9 为光电计数器的电路框图。无瓶子挡光时,整形后输出和调制光是同频率的脉冲信号,挡光时输出一个高电平,如图 6.4.10 所示,即有没有瓶子挡光,整形输出信号的脉冲

宽度是不一样的。把不同的脉宽变换为不同的电平,形成触发沿,作为计数脉冲,便可实现对瓶子的自动计数。脉宽变电平电路如图 6.4.11 所示。把脉宽变为电容上电压,并以此作为控制信号。瓶子不挡光时,信号脉冲窄,电容上电压小,使脉宽变电平电路输出为 1,挡光后脉冲变宽,电容上电压能达到某阈值电压使脉宽变电平电路输出为 0。从而瓶子挡一次光、能形成一个计数脉冲沿。

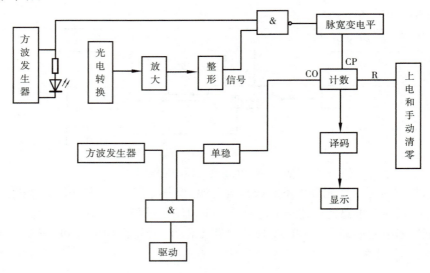

图 6.4.9　光电计数器的电路框图

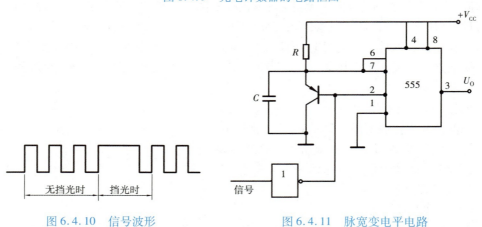

图 6.4.10　信号波形　　　　图 6.4.11　脉宽变电平电路

10.数显电容测试仪

电容器在电子线路中得到了广泛应用,它的容量大小对电路性能有重要影响,本课题设计一个简易电容测试仪,可以分挡测量电容值,并将测量结果用数码管显示。

（1）设计要求及技术指标

①测量电容范围为 1 000 pF ~ 100 μF。

②用四位数码管显示测量结果。

③测量精度要求为 ±10%（准确值以万用表的测量值为准）。

288

（2）基本原理及设计思路

电容测量的方法有谐振法、电桥法、电流法等,这里采用 555 定时器构成单稳态触发器测试 1 000 pF 以上的电容。测量的基本原理是把电容量通过电路转换为电压,然后把电压经过模数转换器转换成数字量进行显示,其原理框图如图 6.4.12 所示。

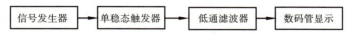

图 6.4.12　数显电容测试仪原理框图

信号发生器产生触发脉冲,单稳态触发器的输出脉冲宽度为

$$t_{\mathrm{w}} = RC \ln 3$$

从上式可以看到,当电阻 R 固定,改变电容则输出脉宽随着改变,由输出脉宽即可求出电容的大小。利用低通滤波器获得单稳态触发器输出脉冲的平均值,其平均值与电容值对应。把低通滤波器的输出电压送入 ICL7106 或 ICL7107 等模数转换器中,经过译码器、数码管即可显示电容值的大小。

11. 路灯控制器

在公共场所或道路两旁的路灯通常希望随日照光亮度的变化而开启或关断,以满足行人的需求,又能节电。

（1）设计要求及技术指标

①设计一个路灯自动照明的控制电路,当日照光亮到一定程度时使灯自动熄灭,而日照光暗到一定程度时又能自动点亮。开启和关断的日照光照度根据用户进行调节。

②设计计时电路,用数码管显示路灯当前一次的连续开启时间。

③设计计时显示电路,统计路灯的开启次数。

（2）基本原理及设计思路

①要用日照光的亮度来控制灯的开启和关断,首先必须检测出日照光的亮度,可采用光敏三极管、光敏二极管或光敏电阻等光敏元件作传感器得到信号,再通过信号鉴幅,取得上限和下限门槛值,用以实现对路灯的开启和关断控制。

②若将路灯开启的启动脉冲信号作计时起点,控制一个计数器对标准时基信号作计数,则可计算出路灯的开启时间,使计数器中总是保留着最后一次的开启时间。

③路灯的驱动电路可用继电器或晶闸管电路。

路灯控制器原理框图如图 6.4.13 所示。

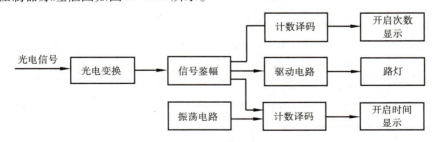

图 6.4.13　路灯控制器原理框图

12. 洗衣机控制器

普通洗衣机的主要控制电路是一个定时器,它按照一定的洗涤程序控制电机作正向和反

向转动。定时器可以采用机械式,也可以采用电子式,这里要求用中小规模集成芯片设计制作一个电子定时器,来控制洗衣机的电机作如图6.4.14所示的运转。

图 6.4.14　洗衣机的电机运转图

（1）设计要求及技术指标

①设电动机 M 的正转和反转可分别由两组不同颜色的 LED 灯代替,洗涤时间在 0～20 min可任意设定。

②用两位数码管显示洗涤的预置时间 Z（分钟数）,按倒计时方式对洗涤过程作计时显示,直至时间到而停机。

③当定时时间到达终点时,使电动机停转,同时发出音响信号提醒用户注意。

④洗涤过程在送入预置时间后即开始运转。

（2）基本原理及设计思路

①本定时器实际上包含两级定时的概念,一是总洗涤过程的定时,二是在总洗涤过程中又包含电动机的正转、反转和暂停三种定时,并且这三种定时是反复循环直至所设定的总定时时间到为止。依据上述要求,可画出总定时时间 Z 和电动机驱动信号 Z_1,Z_2 的工作波形,如图6.4.15 所示。

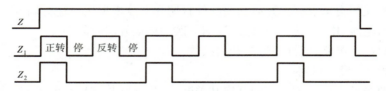

图 6.4.15　定时器信号时序图

当总定时时间在 0～20 min 以内设定一个数值后,在此时间内 Z 为高电平 1,然后用倒计时的方法每分钟减 1 直至 Z 变为零。在此期间,若 $Z_1 = Z_2 = 1$,实现正转;若 $Z_1 = Z_2 = 0$,实现暂停;若 $Z_1 = 1$,$Z_2 = 0$,实现反转。

②实现定时的方法很多,比如采用单稳电路实现定时,又如将定时初值预置到计数器中,使计数器运行在减计数状态,当减到全零时,则定时时间到。图 6.4.16 所示的洗衣机定时器

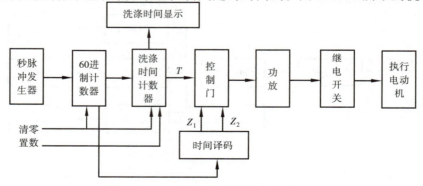

图 6.4.16　洗衣机定时器电路原理框图

电路原理框图就是采用后一种方法实现的。由秒脉冲产生器产生的时钟信号经 60 分频后,得到分频脉冲信号。洗涤定时时间的初值可通过拨盘或数码开关设置到洗涤时间计数器中,每当分脉冲到来,计数器减 1,直至减到定时时间为止。运行中间,剩余时间经译码后在数码管上进行显示。

　　由于 Z_1 和 Z_2 的定时长度可分解为 10 s 的倍数,由秒脉冲到分脉冲变换的六十进制计数器的状态中可以找到 Z_1,Z_2 定时的信号,经译码后得到 Z_1,Z_2 波形所示的信号。

附　录

附录Ⅰ　示波器的原理及使用

一、示波器的基本结构

示波器的种类很多,但它们都包含下列基本组成部分,如附图1.1所示。

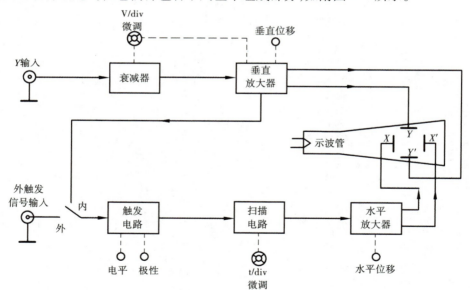

附图1.1　示波器的基本结构框图

1. 主机

主机包括示波管及其所需的各种直流供电电路,在面板上的控制旋钮有:辉度、聚焦、水平移位、垂直移位等。

2. 垂直通道

垂直通道主要用来控制电子束按被测信号的幅值大小在垂直方向上的偏移,它包括 Y 轴衰减器、Y 轴放大器和配用的高频探头。通常示波管的偏转灵敏度比较低,因此在一般情况下,被测信号往往需要通过 Y 轴放大器放大后加到垂直偏转板上,才能在屏幕上显示出一定幅度的波形。Y 轴放大器的作用提高了示波管 Y 轴偏转灵敏度。为了保证 Y 轴放大不失真,加到 Y 轴放大器的信号不宜太大,但是实际的被测信号幅度往往在很大范围内变化,此 Y 轴放大器前还必须加一 Y 轴衰减器,以适应观察不同幅度的被测信号。示波器面板上设有"Y 轴衰减器"(通常称"Y 轴灵敏度选择"开关)和"Y 轴增益微调"旋钮,分别调节 Y 轴衰减器的衰减量和 Y 轴放大器的增益。

对 Y 轴放大器的要求:增益大、频响好、输入阻抗高。为了避免杂散信号的干扰,被测信号一般都通过同轴电缆或带有探头的同轴电缆加到示波器 Y 轴输入端。但必须注意,被测信号通过探头幅值将衰减(或不衰减),其衰减比为 $10:1$(或 $1:1$)。

3. 水平通道

水平通道主要是控制电子束按时间值在水平方向上偏移,主要由扫描发生器、水平放大器、触发电路组成。

扫描发生器又称锯齿波发生器,用来产生频率调节范围宽的锯齿波,作为 X 轴偏转板的扫描电压。锯齿波的频率(或周期)调节是由"扫描速率"开关和"扫速微调"旋钮控制的。使用时,调节扫描速率开关和扫速微调旋钮,使其扫描周期为被测信号周期的整数倍,保证屏幕上显示稳定的波形。

水平放大器的作用与垂直放大器一样,都是将扫描发生器产生的锯齿波放大到 X 轴偏转板所需的数值。

触发电路用于产生触发信号以实现触发扫描的电路。为了扩展示波器应用范围,一般示波器上都设有触发源控制开关、触发电平与极性控制旋钮和触发方式选择开关等。

二、示波器的二踪显示

1. 二踪显示原理

示波器的二踪显示是依靠电子开关的控制作用来实现的。电子开关由"显示方式"开关控制,共有 5 种工作状态,即 Y_1,Y_2,$Y_1 + Y_2$,交替、断续。当开关置于"交替"或"断续"位置时,荧光屏上便可同时显示两个波形。当开关置于"交替"位置时,电子开关的转换频率受扫描系统控制,工作过程如附图1.2所示,即电子开关首先接通 Y_2 通道,进行第一次扫描,显示由 Y_2 通道送入的被测信号的波形;然后电子开关接通 Y_1 通道,进行第二次扫描,显示由 Y_1 通道送入的被测信号的波形;接着再接通 Y_2 通道……这样便轮流地对 Y_2 和 Y_1 两通道送入的信号进行扫描、显示,由于电子开关转换速度较快,每

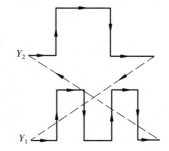

附图1.2　交替方式显示波形

次扫描的回扫线在荧光屏上又不显示出来,借助于荧光屏的余辉作用和人眼的视觉暂留特性,

使用者便能在荧光屏上同时观察到两个清晰的波形。这种工作方式适宜于观察频率较高的输入信号场合。

当开关置于"断续"位置时,相当于将一次扫描分成许多个相等的时间间隔。在第一次扫描的第一个时间间隔内显示 Y_2 信号波形的某一段;在第二个时间时隔内显示 Y_1 信号波形的某一段;以后各个时间间隔轮流地显示 Y_2,Y_1 两信号波形的其余段,经过若干次断续转换,使荧光屏上显示出两个由光点组成的完整波形如附图 1.3(a)所示。由于转换的频率很高,光点靠得很近,其间隙用肉眼几乎分辨不出,再利用消隐的方法使两通道间转换过程的过渡线不显示出来,如附图 1.3(b)所示,因而同样可达到同时清晰地显示两个波形的目的。这种工作方式适合输入信号频率较低时使用。

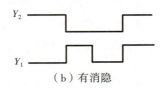

（a）无消隐　　　　　　　　　　　　　　　　（b）有消隐

附图 1.3　断续方式显示波形

2. 触发扫描

在普通示波器中,X 轴的扫描总是连续进行的,称为"连续扫描"。为了能更好地观测各种脉冲波形,在脉冲示波器中,通常采用"触发扫描"。采用这种扫描方式时,扫描发生器将工作在待触发状态。它仅在外加触发信号作用下,时基信号才开始扫描,否则便不扫描。这个外加触发信号通过触发选择开关分别取自"内触发"(Y 轴的输入信号经由内触发放大器输出触发信号),也可取自"外触发"输入端的外接同步信号。其基本原理是利用这些触发脉冲信号的上升沿或下降沿来触发扫描发生器,产生锯齿波扫描电压,然后经 X 轴放大后送 X 轴偏转板进行光点扫描。适当地调节扫描速率开关和电平调节旋钮,能方便地在荧光屏上显示具有合适宽度的被测信号波形。

上面介绍了示波器的基本结构,下面将结合使用介绍电子技术实验中常用的 CA8020 型双踪示波器。

三、CA8020 型双踪示波器

1. 概述

CA8020 型双踪示波器为便携式双通道示波器。本机垂直系统具有 0 ~ 20 MHz 的频带宽度和 5 mV/div ~ 5 V/div 的偏转灵敏度,配以 10∶1 探极,灵敏度可达 5 V/div。本机在全频带范围内可获得稳定触发,触发方式设有常态、自动、TV 和峰值自动,尤其峰值自动给使用带来了极大的方便。内触设置了交替触发,可以稳定地显示两个频率不相关的信号。本机水平系统具有 0.5 s/div ~ 0.2 μs/div 的扫描速度,并设有扩展×10,可将最快扫速度提高到 20 ns/DIV。

2. 面板控制件介绍

CA8020 型双踪示波器面板图及功能如附图 1.4 所示。

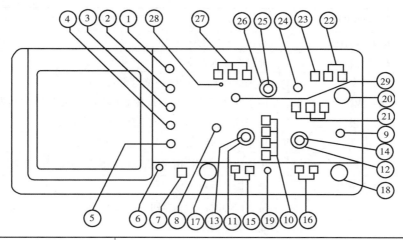

序号	控制件名称	功能
①	亮度	调节光迹的亮度
②	辅助聚焦	与聚焦配合,调节光迹的清晰度
③	聚焦	调节光迹的清晰度
④	迹线旋转	调节光迹与水平刻度线平行
⑤	校正信号	提供幅度为 0.5 V,频率为 1 kHz 的方波信号,用于校正 10:1 探极的补偿电容器和检测示波器垂直与水平的偏转因数
⑥	电源指示	电源接通时,灯亮
⑦	电源开关	电源接通或关闭
⑧	CH1 移位 PULLCH1-XCH2-Y	调节通道 1 光迹在屏幕上的垂直位置,用作 X-Y 显示
⑨	CH2 移位 PULLINVERT	调节通道 2 光迹在屏幕上的垂直位置,在 ADD 方式时使 CH1 + CH2 或 CH1 − CH2
⑩	垂直方式	CH1 或 CH2:通道 1 或通道 2 单独显示 ALT:两个通道交替显示 CHOP:两个通道断续显示,用于扫速较慢时的双踪显示 ADD:用于两个通道的代数和或差
⑪⑫	垂直衰减器	调节垂直偏转灵敏度
⑬⑭	微调	用于连续调节垂直偏转灵敏度,顺时针旋足为校正位置
⑮⑯	耦合方式 （AC-DC-GND）	用于选择被测信号接入垂直通道的耦合方式
⑰	CH1ORX	被测信号的输入插座
⑱	CH2ORY	被测信号的输入插座

序号	控制件名称	功能
⑲	接地(GND)	与机壳相联的接地端
⑳	外触发输入	外触发输入插座
㉑	内触发源	用于选择 CH1,CH2 或交替触发
㉒	触发源选择	用于选择触发源为 INT(内),EXT(外)或 LINE(电源)
㉓	触发极性	用于选择信号的上升或下降沿触发扫描
㉔	电平	用于调节被测信号在某一电平触发扫描
㉕	微调	用于连续调节扫描速度,顺时针旋足为校正位置
㉖	扫描速率	用于调节扫描速度
㉗	触发方式	常态(NORM):无信号时,屏幕上无显示;有信号时,与电平控制配合显示稳定波形。 自动(AUTO):无信号时,屏幕上显示光迹;有信号时,与电平控制配合显示稳定波形。 电视场(TV):用于显示电视场信号。 峰值自动(P-PAUTO):无信号时,屏幕上显示光迹;有信号时,无须调节电平即能获得稳定波形显示
㉘	触发指示	在触发扫描时,指示灯亮
㉙	水平移位 PULL ×10	调节迹线在屏幕上的水平位置拉出时扫描速度被扩展 10 倍

附图 1.4　CA8020 型双踪示波器面板图及功能

3.操作方法

(1)电源检查

CA8020 型双踪示波器电源电压为 220 V ± 10%。接通电源前,检查当地电源电压,如果不相符合,则禁止使用。

(2)面板一般功能检查

a.将有关控制件按附表 1.1 置位。

附表 1.1　控制件名称及作用位置

控制件名称	作用位置	控制件名称	作用位置
亮度	居中	触发方式	峰值自动
聚焦	居中	扫描速率	0.5 ms/div
位移	居中	极性	正
垂直方式	CH1	触发源	INT
灵敏度选择	10 mV/div	内触发源	CH1
微调	校正位置	输入耦合	AC

b.接通电源,电源指示灯亮,稍预热后,屏幕上出现扫描光迹,分别调节亮度、聚焦、辅助聚焦、迹线旋转、垂直移位、水平移位等控制件,使光迹清晰并与水平刻度平行。

c.用 10:1 探极将校正信号输入至 CH1 输入插座。

d.调节示波器有关控制件,使荧光屏上显示稳定且易观察方波波形。

e.将探极换至 CH2 输入插座,垂直方式置于"CH2",内触发源置于"CH2",重复 d 操作。

(3)垂直系统的操作

a.垂直方式的选择。

当只需观察一路信号时,将"垂直方式"开关置"CH1"或"CH2",此时被选中的通道有效,被测信号可从通道端口输入。当需要同时观察两路信号时,将"垂直方式"开关置"交替",该方式使两个通道的信号被交替显示,交替显示的频率受扫描周期控制。当扫速低于一定频率时,交替方式显示会出现闪烁,此时应将开关置于"断续"位置。当需要观察两路信号代数和时,将"垂直方式"开关置于"代数和"位置,在选择这种方式时,两个通道的衰减设置必须一致,CH2 移位处于常态时为 CH1 + CH2,CH2 移位拉出时为 CH1 - CH2。

b.输入耦合方式的选择。

直流(DC)耦合:适用于观察包含直流成分的被测信号,如信号的逻辑电平和静态信号的直流电平,当被测信号的频率很低时,也必须采用这种方式。

交流(AC)耦合:信号中的直流分量被隔断,用于观察信号的交流分量,如观察较高直流电平上的小信号。

接地(GND):通道输入端接地(输入信号断开),用于确定输入为零时光迹所处位置。

c.灵敏度选择(V/div)的设定。

按被测信号幅值的大小选择合适挡级。"灵敏度选择"开关外旋钮为粗调,中心旋钮为细调(微调),微调旋钮按顺时针方向旋足至校正位置时,可根据粗调旋钮的示值(V/div)和波形在垂直轴方向上的格数读出被测信号幅值。

(4)触发源的选择

当触发源开关置于"电源"触发,机内 50 Hz 信号输入到触发电路。当触发源开关置于"常态"触发,有两种选择,一种是"外触发",由面板上外触发输入触发信号;另一种是"内触发",由内触发源选择开关控制。

内触发源选择:

"CH1"触发:触发源取自通道 1。

"CH2"触发:触发源取自通道 2。

"交替触发":触发源受垂直方式开关控制,当垂直方式开关置于"CH1",触发源自动切换到通道 1;当垂直方式开关置于"CH2",触发源自动切换到通道 2;当垂直方式开关置于"交替",触发源与通道 1、通道 2 同步切换,在这种状态使用时,两个不相关的信号其频率不应相差很大,同时垂直输入耦合应置于"AC",触发方式应置于"自动"或"常态"。当垂直方式开关置于"断续"和"代数和"时,内触发源选择应置于"CH1"或"CH2"。

(5)水平系统的操作

a.扫描速度选择(t/div)的设定。

按被测信号频率高低选择合适挡级,"扫描速率"开关外旋钮为粗调,中心旋钮为细调(微调),微调旋钮按顺时针方向旋足至校正位置时,可根据粗调旋钮的示值(t/div)和波形在水平轴方向上的格数读出被测信号的时间参数。当需要观察波形某一个细节时,可进行水平扩展×10,此时原波形在水平轴方向上被扩展 10 倍。

b.触发方式的选择。

"常态":无信号输入时,屏幕上无光迹显示;有信号输入时,触发电平调节在合适位置上,电路被触发扫描。当被测信号频率低于 20 Hz 时,必须选择这种方式。

"自动":无信号输入时,屏幕上有光迹显示;一旦有信号输入时,电平调节在合适位置上,电路自动转换到触发扫描状态,显示稳定的波形,当被测信号频率高于 20 Hz 时,最常用这一种方式。

"电视场":对电视信号中的场信号进行同步,如果是正极性,则可以由 CH2 输入,借助于 CH2 移位拉出,把正极性转变为负极性后测量。

"峰值自动":这种方式同自动方式,但无须调节电平即能同步,它一般适用于正弦波、对称方波或占空比相差不大的脉冲波。对于频率较高的测试信号,有时也要借助于电平调节,它的触发同步灵敏度要比"常态"或"自动"稍低一些。

c."极性"的选择。

用于选择被测试信号的上升沿或下降沿去触发扫描。

d."电平"的位置。

用于调节被测信号在某一合适的电平上启动扫描,当产生触发扫描后,触发指示灯亮。

4. 测量电参数

(1)电压的测量

示波器的电压测量实际上是对所显示波形的幅度进行测量,测量时应使被测波形稳定地显示在荧光屏中央,幅度一般不宜超过 6 div,以避免非线性失真造成的测量误差。

①交流电压的测量。

a. 将信号输入至 CH1 或 CH2 插座,将垂直方式置于被选用的通道。

b. 将 Y 轴"灵敏度微调"旋钮置校准位置,调整示波器有关控制件,使荧光屏上显示稳定、易观察的波形,则交流电压幅值

$$V_{p-p} = 垂直方向格数(div) \times 垂直偏转因数(V/div)$$

②直流电平的测量。

a. 设置面板控制件,使屏幕显示扫描基线。

b. 设置被选用通道的输入耦合方式为"GND"。

c. 调节垂直移位,将扫描基线调至合适位置,作为零电平基准线。

d. 将"灵敏度微调"旋钮置校准位置,输入耦合方式置"DC",被测电平由相应 Y 输入端输入,这时扫描基线将偏移,读出扫描基线在垂直方向偏移的格数(div),则被测电平

$$V = 垂直方向偏移格数(div) \times 垂直偏转因数(V/div) \times 偏转方向(+ 或 -)$$

式中,基线向上偏移取正号,基线向下偏移取负号。

(2)时间测量

时间测量是指对脉冲波形的宽度、周期、边沿时间及两个信号波形间的时间间隔(相位差)等参数的测量。一般要求被测部分在荧光屏 X 轴方向应占(4~6)div。

①时间间隔的测量。

对于一个波形中两点间的时间间隔的测量,测量时先将扫描微调旋钮置校准位置,调整示波器有关控制件,使荧光屏上波形在 X 轴方向大小适中,读出波形中需测量两点间水平方向格数,则时间间隔:

$$时间间隔 = 两点之间水平方向格数(div) \times 扫描时间因数(t/div)$$

②脉冲边沿时间的测量。

　　上升(或下降)时间的测量方法和时间间隔的测量方法一样,只不过是测量被测波形满幅度的 10% 和 90% 两点之间的水平方向距离,如附图 1.5 所示。

　　用示波器观察脉冲波形的上升边沿、下降边沿时,必须合理选择示波器的触发极性(用触发极性开关控制)。显示波形的上升边沿用"+"极性触发,显示波形下降边沿用"-"极性触发。如波形的上升沿或下降沿较快则可将水平扩展×10,使波形在水平方向上扩展 10 倍,则上升(或下降)时间:

$$上升(或下降)时间 = \frac{水平方向格数(\mathrm{div}) \times 扫描时间因数(t/\mathrm{div})}{水平扩展倍数}$$

　　③相位差的测量。

　　a.参考信号和一个待比较信号分别接入"CH1"和"CH2"输入插座。

　　b.根据信号频率,将垂直方式置于"交替"或"断续"。

　　c.设置内触发源至参考信号那个通道。

　　d.将 CH1 和 CH2 输入耦合方式置"GND",调节 CH1,CH2 移位旋钮,使两条扫描基线重合。

　　e.将 CH1,CH2 耦合方式开关置"AC",调整有关控制件,使荧光屏显示大小适中、便于观察两路信号,如附图 1.6 所示。读出两波形水平方向差距格数 D 及信号周期所占格数 T,则相位差:

$$\theta = \frac{D}{T} \times 360°$$

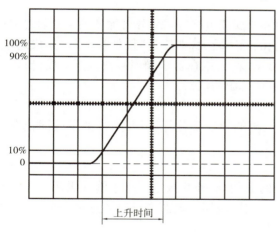

附图 1.5　上升时间的测量

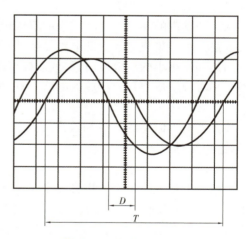

附图 1.6　相位差的测量

附录 Ⅱ　放大器干扰、噪声抑制和自激振荡的消除

　　放大器的调试一般包括调整和测量静态工作点,调整和测量放大器的性能指标:放大倍数、输入电阻、输出电阻和通频带等。由于放大电路是一种弱电系统,具有很高的灵敏度,因此很容易接受外界和内部一些无规则信号的影响。也就是在放大器的输入端短路时,输出端仍有杂乱无规则的电压输出,这就是放大器的噪声和干扰电压。另外,由于安装、布线不合理,负反馈太深以及各级放大器共用一个直流电源造成级间耦合等,也能使放大器没有输入信号时,有一定幅度

和频率的电压输出,例如收音机的尖叫声或"突突……"的汽船声,这就是放大器发生了自激振荡。噪声、干扰和自激振荡的存在都妨碍了对有用信号的观察和测量,严重时放大器将不能正常工作。所以必须抑制干扰、噪声和消除自激振荡,才能进行正常的调试和测量。

一、干扰和噪声的抑制

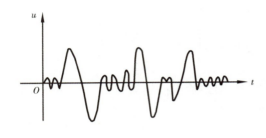

附图 2.1　干扰和噪声波形图

把放大器输入端短路,在放大器输出端仍可测量到一定的噪声和干扰电压。其频率如果是50 Hz(或100 Hz),一般称为50 Hz 交流声,有时是非周期性的,没有一定规律,可以用示波器观察到如附图2.1所示波形。50 Hz 交流声大都来自电源变压器或交流电源线,100 Hz 交流声往往是由于整流滤波不良所造成的。另外,由电路周围的电磁波干扰信号引起的干扰电压也是常见的。由于放大器的放大倍数很高(特别是多级放大器),只要在它的前级引进一点微弱的干扰,经过几级放大,在输出端就可以产生一个很大的干扰电压。还有,电路中的地线接得不合理,也会引起干扰。

抑制干扰和噪声的措施一般有以下几种。

1. 选用低噪声的元器件

选用低噪声的元器件如噪声小的集成运放和金属膜电阻等。另外可加低噪声的前置差动放大电路。由于集成运放内部电路复杂,因此它的噪声较大,即使是"极低噪声"的集成运放,也不如某些噪声小的场效应对管,或双极型超 β 对管,所以在要求噪声系数极低的场合,以挑选噪声小对管组成前置差动放大电路为宜,也可加有源滤波器。

2. 合理布线

放大器输入回路的导线和输出回路、交流电源的导线要分开,不要平行铺设或捆扎在一起,以免相互感应。

3. 屏蔽

小信号的输入线可以采用具有金属丝外套的屏蔽线,外套接地。整个输入级用单独金属盒罩起来,外罩接地。电源变压器的初、次级之间加屏蔽层。电源变压器要远离放大器前级,必要时可以把变压器也用金属盒罩起来,以利隔离。

4. 滤波

为防止电源串入干扰信号,可在交(直)流电源线的进线处加滤波电路。

附图 2.2(a)、(b)、(c)所示的无源滤波器可以滤除天电干扰(雷电等引起)和工业干扰(电机、电磁铁等设备启动、制动时引起)等信号,而不影响50 Hz 电源的引入。附图 2.2 中电感元件一般为几毫亨至几十毫亨,电容元件一般为几千皮法。附图 2.2(d)中阻容串联电路对电源电压的突变有吸收作用,以避免其进入放大器。R 和 C 的数值可选 100 Ω 和 2 μF 左右。

5. 选择合理的接地点

在各级放大电路中,如果接地点安排不当,也会造成严重的干扰。例如,在附图2.3 中,同一台电子设备的放大器,由前置放大级和功率放大级组成。当接地点如附图2.3 中实线所示时,功率级的输出电流是比较大的,此电流通过导线产生的压降,与电源电压一起,作用于前置

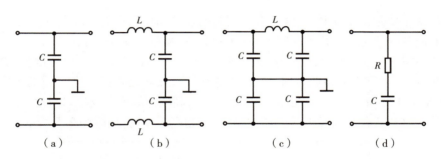

附图 2.2　无源滤波器

级,引起扰动,甚至产生振荡。还因负载电流流回电源时,造成机壳(地)与电源负端之间电压波动,而前置放大级的输入端接到这个不稳定的"地"上,会引起更为严重的干扰。如将接地点改成附图 2.3 中虚线所示,则可克服上述弊端。

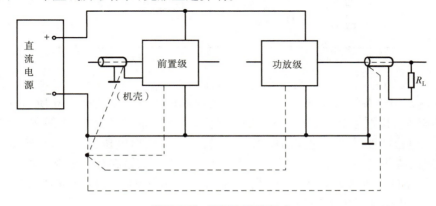

附图 2.3　选择合理接地点

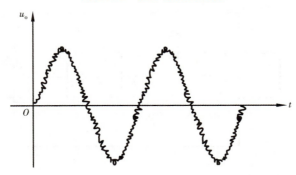

附图 2.4　自激振荡波形

二、自激振荡的消除

　　检查放大器是否发生自激振荡,可以把输入端短路,用示波器(或毫伏表)接在放大器的输出端进行观察,如附图 2.4 所示波形。自激振荡和噪声的区别是,自激振荡的频率一般为比较高的或极低的数值,而且频率随着放大器元件参数不同而改变(甚至拨动一下放大器内部导线的位置,频率也会改变),振荡波形一般是比较规则的,幅度也较大,往往使三极管处于饱和和截止状态。

高频振荡主要是由于安装、布线不合理引起的。例如输入和输出线靠得太近,产生正反馈作用。对此应从安装工艺方面解决,如元件布置紧凑,接线要短等。也可以用一个小电容(例如 1 000 pF 左右)一端接地,另一端逐级接触管子的输入端,或电路中合适部位,找到抑制振荡的最灵敏的一点(即电容接此点时,自激振荡消失),在此处外接一个合适的电阻电容或单一电容(一般为 100 pF ~ 0.1 μF,由试验决定),进行高频滤波或负反馈,以压低放大电路对高频信号的放大倍数或移动高频电压的相位,从而抑制高频振荡,如附图 2.5 所示。

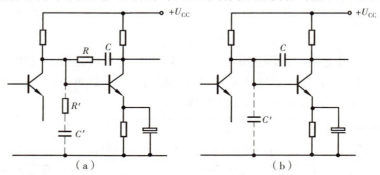

附图 2.5　抑制高频振荡电路图

低频振荡是由于各级放大电路共用一个直流电源所引起。如附图 2.6 所示,因为电源总有一定的内阻 R_o,特别是电池用得时间过长或稳压电源质量不高,使得内阻 R_o 比较大时,则会引起 U'_{CC} 处电位的波动,U'_{CC} 的波动作用到前级,使前级输出电压相应变化,经放大后,使波动更厉害,如此循环,就会造成振荡现象。最常用的消除办法是在放大电路各级之间加上"去耦电路",如图中的 R 和 C,从电源方面使前后级减小相互影响。去耦电路 R 的值一般为几百欧,电容 C 选几十微法或更大一些。

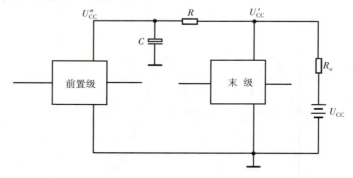

附图 2.6　低频振荡电路图

附录Ⅲ　常用电子元器件的识别

一、电阻器

1. 电阻的型号和命名

电阻的命名由四部分组成:

第一部分　第二部分　第三部分　第四部分
主称　　　材料　　　分类　　　序号

分类标志和材料标志的含义见附表3.1和附表3.2。

附表3.1　分类标志的含义

数字类别	1	2	3	4	5	6	7	8	9
电阻	普通	普通	超高频	高阻	高温	精密	精密	高压	特殊
字母类别	G		T		X		L		W		D	
电　阻	高功率		可调		小型		测量用		微调		多圈	

附表3.2　材料标志的含义

符号	含义	符号	含义
C	沉积膜	P	硼碳膜
H	合成膜	U	硅碳膜
I	玻璃釉膜	X	线绕
J	金属膜	Y	氧化膜
N	无机实芯	R	热　敏
S	有机实芯	G	光　敏
T	碳　膜	M	压　敏

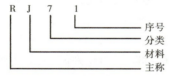

如上述型号命名表示为:金属膜精密电阻器

2. 电阻的主要特性指标

电阻器的主要特性指标是指电阻器的允许误差等级和标称阻值系列。

大多数电阻上都标有电阻的数值,这就是电阻的标称阻值。电阻的标称阻值往往和它的实际阻值不完全相符。有的阻值大一些,有的阻值小一些。电阻的实际阻值和标称阻值的偏差,除以标称阻值所得的百分数,称为电阻的误差。不同的电路对电阻的误差有不同的要求。一般电子电路,采用Ⅰ级或者Ⅱ级就可以了。附表3.3是常用电阻允许误差的等级。

附表3.3　常用电阻允许误差等级

允许误差	±0.5%	±1%	±5%	±10%	±20%
等级	005	01	Ⅰ	Ⅱ	Ⅲ

国家规定出一系列的阻值作为产品的标准。不同误差等级的电阻有不同数目的标称值。

误差越小的电阻标称值越多。附表3.4是普通电阻的标称阻值系列及误差表。附表3.4中的标称值可以乘以10、100、1 000、10 k、100 k。比如1.0这个标称值,就有1.0 Ω、10.0 Ω、100.0 Ω、1.0 kΩ、10.0 kΩ、100.0 kΩ、1.0 MΩ、10.0 MΩ。

在电路中,电阻的阻值一般都标注标称值。如果不是标称值,可以根据电路要求选择和它相近的标称电阻。

附表3.4　普通电阻标称值系列误差表

标称值系列	允许误差	标称阻值系列										
E24	±5%	1.0 1.2 1.3 1.5 1.6 1.8 2.0 2.2 2.4 2.7 3.0 3.3 3.6 4.3 4.7 5.1 5.6 6.2 6.8 7.5 8.2 9.1										
E12	±10%	1.0 1.2 1.5 1.8 2.2 2.7 3.3 3.9 4.7 5.6 6.8 8.2										
E6	±20%	1.0 1.5 2.2 3.3 4.7 6.8										

3. 阻值表示方法

电阻阻值的表示方法一般有两种:一种是直标法,另一种是色环表示法。直标法是用阿拉伯数字和单位符号在电阻表面直接标出标称值,允许误差直接用百分数表示。如4.7 kΩ ±5% 。但一些体积较小的碳质电阻用色环来表示,这就是电阻的色标。在电阻上有3道或者4道色环。靠近电阻端的是第1道色环,其余顺次是2、3、4道色环,其中第1道色环表示阻值的最大一位数字,第2道色环表示第2位数字,第3道环表示阻值后面应该有几个零,第4道色环表示阻值的误差。

色环标志法是用不同颜色的色环在电阻器表面标称阻值和允许偏差。

(1)两位有效数字的色环标志法

普通电阻器用四条色环表示标称阻值和允许偏差,其中三条表示阻值,一条表示偏差,如附图3.1所示。

(2)三位有效数字的色环标志法

精密电阻器用五条色环表示标称阻值和允许偏差,如附图3.2所示。示例:

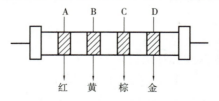

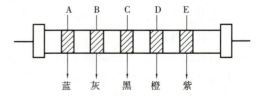

如:色环 A—红色;B—黄色;C—棕色;D—金色

则该电阻标称值及精度为:

$24 \times 10^1 = 240$ Ω　精度:±5%

如:色环 A—蓝色;B—灰色;C—黑色;D—橙色;E—紫色

则该电阻标称值及精度为:

$680 \times 10^3 = 680$ kΩ　精度:±0.1%

二、电容器

电容器是一种储能元件,在电路中具有隔直通交特性,用于调谐、滤波、耦合、旁路和能量

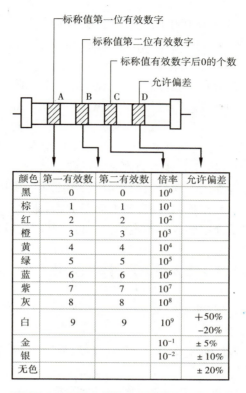

附图 3.1　两位有效数字的阻值色环标志法

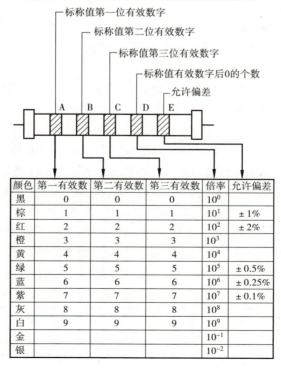

附图 3.2　三位有效数字的阻值色环标志法

转换等。电容器一般由两个金属电极中间夹一层介质构成。

电容器的单位用:F(法拉)、mF(毫法)、μF(微法)、nF(纳法)、pF(皮法)表示。

1. 电容器的种类

电容器按介质材料分,有纸介质电容器、金属化纸电容器、薄膜电容器、云母电容器、瓷介电容器及电解电容器等。电解电容又分铝电解、钽电解、金属电解电容器等。

电容器按容量调节来分,又可分为固定电容器、半可调(微调)电容器、可调电容器、双连可调电容器等。另外还有多种片式电容器,如片式独石电容器、片式云母电容器、片式有机薄膜电容器等。下面介绍几种常用的电容器的构成特点和用途。

①纸介电容器:纸介电容器用两片金属箔做电极,用纸作介质构成,其体积较小,容量可做得大,温度系数较大,稳定性差,损耗大,且有较大固定电感,适用于要求不高的低频电路。

②油浸纸介电容器:将纸介电容浸在特定的油中可使其耐压较高。这种电容器容量大,但体积也较大。

③有机薄膜介质电容器:涤纶电容器介质常数较高,体积小,容量大,稳定性好,适宜作旁路电容。

④聚苯乙烯电容器介质损耗小,绝缘电阻高,稳定性好,温度性能较差,可用作高频电路和定时电路中 RC 时间常数电路。

⑤聚四氟乙烯电容器耐高温(达 250 ℃)和化学腐蚀,电参数、温度及频率特性好,但成本较高。

⑥云母电容器:用云母作介质,其介质损耗小,绝缘电阻大,精度高,稳定性好,适用于高频电路。

⑦陶瓷电容:用陶瓷作介质,其损耗小,绝缘电阻大,稳定性好,适用于高频电路。

⑧铝电解电容:容量大,可达几个法,成本较低,但漏电大,寿命短,适用于电源滤波或低频电路。

⑨钽、铌电解电容器:体积小,容量大,性能稳定,寿命长,绝缘电阻大,温度特性好,但介质较贵,适用于要求较高的设备中。

2. 电容器的主要参数

①额定工作电压(耐压)。电容器额定工作电压就是通常所说的耐压,它是指电容器长期连续可靠工作时,极间电压不允许超过的规定电压值,否则电容器就会被击穿损坏。额定工作电压值一般以直流电压标出。其系列标准为 6.3 V,10 V,16 V,25 V,40 V,63 V,100 V,160 V,400 V,500 V,630 V 等。电解电容器的标准还有 32 V,50 V,125 V,300 V,450 V 等。

②标称值与允许误差。电容量是电容器的最基本的参数,其标准值通常标在电容器外壳上,标称值是标准化了的电容值。电容器的允许误差是用实际电容量与标称电容量之间偏差的百分数来表示的,电容器的允许误差一般分为 7 个等级,见附表 3.5。

附表 3.5　电容器的允许误差

级别	0.2	I	II	III	IV	V	VI
允许误差	±2%	±5%	±10%	±20%	+20% ~ -30%	+50% ~ -20%	+100% ~ -10%

③绝缘电阻电容器的绝缘电阻是指电容器两极之间的电阻,在数值上等于加在电容器上

的直流电压与漏电流之比,或称漏电电阻。理想电容器的绝缘电阻应为无穷大。电容器中的介质并非绝对绝缘体,总有一些漏电流产生。除电解电容器外,一般电容器漏电流很小。电容器漏电流越大,绝缘电阻越小,当漏电流过大时,电容器发热,破坏电解质的特性,导致电容器击穿损坏,使用中应选择绝缘电阻大的电容器。非电解电容器的绝缘电阻一般为 $10^6 \sim 10^{12}\ \Omega$。

3. 规格标注方法

电容器的规格标注方法有直标法、数码表示法和色标法。

①直标法:它是将主要参数和技术指标直接标注在电容器表面。如 10 m 表示 10 000 μF;33 n 表示 0.033 μF;4 u 7 表示 4.7 μF;5 n 3 表示 5 300 pF;3 p 3 表示 3.3 pF;p10 表示 0.1 pF。允许误差直接用百分数表示。

②数码表示法:不标单位,直接用数码表示容量。如 4 700 表示 4700 pF;360 表示 360 pF;0.068 表示 0.068 μF。用三位数码表示容量大小,单位 pF,前两位是电容器的有效数值,后一位是零的个数。如 103 表示 10×10^3 pF;223 表示 22 000 pF;如第三位是 9,则乘 10^{-1},如 339 表示 $33 \times 10^{-1} = 3.3$ pF。

③色标法:如电容器的色标法与电阻相似。色标颜色的意义与电阻相同。色标通常有三种颜色,沿着引线方向,前两种表示有效数值,第三种色标表示有效数字后面零的个数,单位为 pF。

4. 电容器的测量

电容器在使用之前要对其性能进行检查,电容的测量一般应借助于专门的测试仪器,通常用电桥。而用万用表仅能粗略地检查一下电解电容是否失效或漏电情况。

电容的测量电路如附图 3.3 所示。

测量前应先将电解电容的两个引出线短接一下,使其所充的电荷被释放。然后将万用表置于 1 k 挡,并将电解电容的正、负极分别与万用表的黑表笔、红表笔接触。在正常情况下,可以看到表头指针先是产生较大偏转(向零欧姆处),以后逐渐向起始零位(高阻值处)返回。这反映了电容器的充电过程,指针的偏转反映电容器充电电流的变化情况。

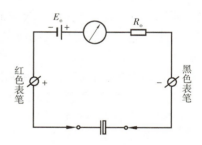

附图 3.3　电容的测量电路图

一般说来,表头指针偏转越大,返回速度越慢,则说明电容器的容量越大,若指针返回到接近零位(高阻值),说明电容器漏电阻很大,指针所指示电阻值即为该电容器的漏电阻。对于合格的电解电容器而言,该阻值通常在 500 kΩ 以上。电解电容在失效时(电解液干涸,容量大幅度下降)表头指针就偏转很小,甚至不偏转。已被击穿的电容器,其阻值接近于零。

对于容量较小的电容器(云母、瓷质电容等),原则上也可以用上述方法进行检查,但由于电容量较小,表头指针偏转也很小,返回速度又很快,实际上难以对它们的电容量和性能进行鉴别,仅能检查它们是否短路或断路。这时应选用 $R \times 10$ k 挡测量。

5. 电容量的测量

指针式万用表的欧姆挡 $R \times 1$ 或 $R \times 10$ k 挡测电容器的容量,开始指针快速正偏一个角度,然后逐渐向 ∞ 方向退回。再互换表笔测量,指针偏转角度比上次更大,回 ∞ 的速度越慢表示电容量越大。若回∞的速度太慢,说明电容量较大,可将欧姆挡量程减小。与已知电容量的电容作比较测量就可估计被测电容量的大小。这种方法只能用于测量较大容量的电容器。0.01 μF以下的电容指针偏转太小,不易看出。小电容器可以用数字万用表直接测量。

判别电解电容极性:因电解电容正反不同接法时的绝缘电阻相差较大,所以可用指针式万用表欧姆挡测电解电容器的漏电电阻,并记下该阻值,然后调换表笔再测一次,测得的两个漏电电阻中,大的那支黑表笔接电解电容的正极,红表笔接负极。

三、电感器

电感器是根据电磁感应原理制成的,一般由导线绕制而成。电感器在直流电路中具有导通直流电,阻止交流电的能力,它主要用于调谐、振荡、滤波、耦合、均衡、延迟、匹配、补偿等电路。

①电感器一般称为电感线圈,它的种类很多,分类方法也不一样。

按电感器的工作特征分为固定电感器、可变电感器及微调电感器。

按结构特点分为单层线圈、多层线圈、蜂房线圈、带磁芯线圈、可变电感线圈以及低频扼流圈。

各种电感线圈都具有不同的特点和用途。但它们都是用漆包线、纱包线、裸铜线绕在绝缘骨架上或铁芯上构成的。下面介绍几种常用的电感器。

a. 固定电感(色码电感):它是指由生产厂家制造的带有磁芯的电感器,也称微型电感,这种电感器是将导线绕在磁芯上,然后用塑料壳封装或用环氧树脂包封。这种电感体积小、质量轻、结构牢固,安装方便。

b. 低频扼流圈:低频扼流圈是一种具有铁芯的电感线圈,线圈圈数一般在几千圈以上,各层之间用绝缘薄膜隔开,整个线圈都要经过浸漆烘干处理,线圈导线的粗细由额定电流和绕制方法决定。它与电容器组成滤波电路,消除整流后残存的交流成分,让直流通过,其电感量一般较大。

c. 高频扼流圈:高频扼流圈在电路中用来阻止高频信号通过而让低频交流信号和直流通过。在额定电流下,电感量固定,它的电感量一般较小。

②电感器的主要参数。

电感量:电感量的单位是亨利,简称亨,用字母 H 表示,常用的单位还有毫亨(mH)、微亨(μH)、毫微亨(nH),换算关系为:

$$1H = 10^3 mH = 10^6 \mu H = 10^9 nH$$

电感器的电感量由线圈的圈数 N、横截面积 S、长度 l、介质磁导率 u 决定,圈数越多,电感量越大。线圈内有铁芯磁芯的比无铁芯磁芯的电感大。铁氧体的磁导率 μ 值具有频率特性,当频率超过它的应用范围时,μ 值显著降低,所以使用时要加以注意。

品质因数:由于线圈存在电阻,电阻越大其性能越差。品质因数是反映线圈质量高低的一个参数,用字母 Q 表示,$Q = \omega L/R$,Q 越大线圈损耗越小。当用在调谐电路中时,线圈的品质因数决定着调谐电路的谐振特性和频率,要求它的品质因数在 50~300。

分布电容:线圈匝与匝之间具有电容,该电容称为"分布电容"。此外,多层绕组的层与层之间,绕线与底板之间,屏幕罩之间都存在着分布电容。分布电容的存在使线圈的 Q 值下降。分布电容的损耗将影响线圈的特性,严重时甚至使其失去电感的作用。为了减小分布电容,可减小线圈骨架的直径,用丝导线绕制线圈等。另外可采用一些特殊的绕法以减小分布电容,如间绕法、蜂房式绕法等。

③电感器的标注方法:固定电感器的电感量用数字直接标在电感器的外壳上。色码电感已不再用色环表示,也是将电感量和允许误差直接标在电感外壳上。电感器的允许误差用Ⅰ,Ⅱ,Ⅲ即代表 ±5% 、± 10% 、± 20% 表示,直接标在电感器外壳上。

④电感器的测量:一般用指针万用表欧姆挡 $R \times 1$ 或 $R \times 10$ 挡,测电感器的阻值来判断电感器的好坏。若阻值为无穷大,表明电感器断路;若电阻很小,说明电感器正常。在电感器相同的电感器中,若电阻小,则 Q 值高。若要准确测量电感线圈的电感量 L 和品质因数 Q,必须用专门的仪器测量,并且步骤较复杂,这里不作介绍。

四、二极管

晶体二极管由一个 PN 结组成,具有单向导电的特性,其正向电阻小(一般为几百欧),而反向电阻大(一般为几千欧),利用此点可进行判别。

(1)管脚极性判别

将万用表拨到 $R \times 100$(或 $R \times 1$ k)的欧姆挡,把二极管的两只管脚分别接到万用表的两根测试笔上,如附图 3.4 所示。如果测出的电阻较小(约几百欧),则与万用表黑表笔相接的一端是正极,另一端就是负极。相反,如果测出的电阻较大(约百千欧),那么与万用表黑表笔相连接的一端是负极,另一端就是正极,如附图 3.5 所示。

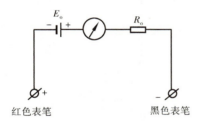

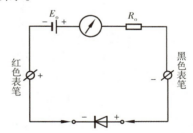

附图 3.4　万用表电阻挡等值电路　　　附图 3.5　判断二极管极性

用数字万用表检测时,应将万用表置于"二极管"挡(用二极管的符号表示),把二极管的两只管脚分别接到万用表的两根测试笔上,此时万用表的读数为二极管上的压降。如果读数为 0.6 V 左右(对硅管而言,锗管应为 0.2 V),说明此时二极管正偏,则与万用表红表笔相连的为二极管的正极;若读数显示超量程(OL),则与万用表黑表笔相连的为二极管的正极。

(2)判别二极管质量的好坏

一个二极管的正、反向电阻差别越大,其性能就越好。如果双向电值都较小,说明二极管质量差,不能使用;如果双向阻值都为无穷大,则说明该二极管已经断路。如双向阻值均为零,说明二极管已被击穿。

利用数字万用表的二极管挡也可判别正、负极,此时红表笔(插在"V·Ω"插孔)带正电,黑表笔(插在"COM"插孔)带负电。用两支表笔分别接触二极管两个电极,若显示值在 1 V 以下,说明管子处于正向导通状态,红表笔接的是正极,黑表笔接的是负极。若显示溢出符号"1",表明管子处于反向截止状态,黑表笔接的是正极,红表笔接的是负极。

（3）鉴别硅管、锗管

用不同材料制成的二极管正向导通时压降不同，硅管为 0.7 V 左右，锗管为 0.3 V 左右。故可使用数字万用表的二极管挡直接进行测试判断。数字万用表的二极管挡工作原理是，用 +2.8 V 基准电压源向被测二极管提供大约 1 mA 的正向电流，管子的正向压降就作为仪表的输入电压。如被测管是硅管，数字万用表应显示 0.550 ~ 0.700 V；若被测管是锗管，应显示 0.15 ~ 0.300 V。根据正向压降的差异，即可区分出硅管、锗管。为进一步确定管子质量，应当交换表笔再测量一次。若两次测量均显示"000"，证明管子已击穿短路；两次测量均显示溢出符号，说明管子内部开路。

五、晶体三极管

晶体三极管是由两个 PN 结反极性串联而成的三端器件，三个电极分别是发射极 e、基极 b、集电极 c。

使用晶体三极管之前，应先辨明它的三个管脚的极别和判别管子的好坏。管脚的识别和管子的特性参数要根据管子的型号去查手册，当手边没有手册时，可借助指针式万用表的 ×1 k 挡（或 ×100 挡）识别之。

可以把晶体三极管的结构看作两个背靠背的 PN 结，对 NPN 型来说基极是两个 PN 结的公共阳极，对 PNP 型管来说基极是两个 PN 结的公共阴极，分别如附图 3.6 所示。

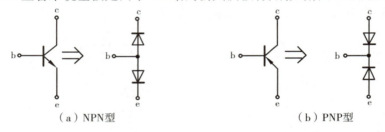

（a）NPN型　　　　　　　　　　　　　　　（b）PNP型

附图 3.6　晶体三极管结构示意图

（1）判别基极 b

判定的根据是：从基极 b 到集电极 c，从基极 b 到发射极 e，分别是两个 PN 结，而 PN 结特性是反向电阻大，正向电阻小。

判定的方法是：将万用表拨在欧姆挡的 $R \times 100$（或 $R \times 1$ k）的位置上，将它的红表笔（插在表的"+"测试端上）碰触某个电极，用另一只黑表笔（插在表的"－"测试端上）分型碰触其他两个电极，若测出的电阻值都很大，或都很小，可判定红表笔接的是基极。若两次测出的电阻是一大一小，相差很多，证明红表笔接的不是基极，应更换其他电极重测。

（2）判别 PNP 型与 NPN 型

若已知红表笔接的是基极，而当黑表笔依次碰触到另外两电极时，测出的电阻值都较小，则该管子属于 PNP 型。若两次测出的电阻值都比较大，则为 NPN 型。

（3）判定发射极 e 和集电极 c

确定基极后，假定另外两个电极中的一个为集电极 c，用手指将假定的集电极 c 与已知的基极 b 捏在一起（注意两个电极不能相碰），若已知被测管子为 NPN 型，则以万用表的黑表笔接在假定的集电极上，红表笔接在假定的发射极上，这时测出一个电阻值。然后再把第一次测量中所假定的集电极和发射级互换,进行第二次测量,又得到一个电阻值。在两次测量中,电阻值较小的那一次,与黑表笔相接的电极即为集电极 c。

若已知被测三极管为 PNP 型,则判断与上述情况相反。

(4)粗测晶体三极管性能的好坏

①判别穿透电流 I_{ceo} 的大小。用万用表 $R \times 1$ k 挡,在基极开路的条件下测 ce 间的电阻,当测得的电阻值在几十千欧以上时,说明穿透电流不大,管子可用。若测得的电阻值很小,则说明穿透电流很大,管子质量差。若测得的电阻值接近零,则表明管子已被击穿;若测得的电阻值为无穷大,则表明管子极间断路。

②测电流放大系数 β。可利用万用表的 h_{FE} 插孔来测量,在 h_{FE} 标尺上读到的数值即放大倍数。

若万用表上没有 h_{FE} 插孔,可利用 $R \times 1$ k 挡估测三极管的放大能力,如附图 3.7 所示。

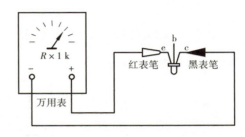

附图 3.7　三极管放大能力估测

具体做法是:若被测管为 NPN 型,应将黑表笔接 c 极,红表笔接 e 极。测量时首先把基极 b 空置,两只手分别捏住 e、c 两极,观察表针偏转后的位置。因两手间的人体电阻(一般为几百千欧)与 e、c 极并联着,这时测得结果已不完全是穿透电流。用舌尖舔一下基极,可看到表针向右又偏转一个角度,偏转角度越大,说明管子的放大能力越强;若表针偏转很小,说明管子的放大能力很低;若表针不动,说明管子已无放大能力。

六、场效应管

场效应管是电压控制型的半导体器件,具有输入电阻高、噪声小、功耗低等优点,用途甚广。场效应管的栅极相当于晶体管的基极,源极和漏极件分别对应于晶体管的发射极和集电极。用万用表的 $R \times 1$ k 挡测量 PN 结的正、反向电阻,可判定结型场效应管的电极位置。

1. 判定栅极

用万用表黑表笔碰触管子的一个电极,红表笔分别碰触另外两个电极。若两次测出的阻值都很小,说明均是正向电阻,该管属于 N 沟道场效应管,黑表笔接的也是栅极。

制造工艺决定了场效应管的源极和漏极是对称的,可以互换使用,不影响电路的正常工作,所以不必加以区分。源极与漏极间的电阻约为几千欧。

注意:不能用此法判定绝缘栅型场效应管的栅极。因为这种管子的输入电阻极高,栅源间的极间电容又很小,测量时只要有少量的电荷,就可在极间电容上形成很高的电压,容易将管子损坏。

2. 估测场效应管的放大能力

将万用表拨到 $R \times 100$ 挡,红表笔接源极 S,黑表笔接漏极 D,相当于给场效应管加上 1.5 V 的电源电压。这时表针指示出的是 DS 极间电阻值。然后用手指捏栅极 G,将人体的感应电压作为输入信号加到栅极上。由于管子的放大作用,U_{DS} 和 I_D 都将发生变化,也相当于 DS 极间电阻发生变化,可观察到表针有较大幅度的摆动。如果手捏栅极时表针摆动很小,说明管子的放大能力较弱;若表针不动,说明管子已经损坏。

由于人体感应的 50 Hz 交流电压较高,而不同的场效应管用电阻挡测量时的工作点可能不同,因此用手捏栅极时表针可能向右摆动,也可能向左摆动。少数的管子 R_{DS} 减小,使表针向右摆动;多数管子的 R_{DS} 增大,表针向左摆动。无论表针的摆动方向如何,只要能有明显地摆动,就说明管子具有放大能力。

本方法也适用于测 MOS 管。为了保护 MOS 场效应管,必须用手握住螺钉旋具绝缘柄,用金属杆去碰栅极,以防止人体感应电荷直接加到栅极上,将管子损坏。

MOS 管每次测量完毕,GS 结电容上会充有少量电荷,建立起电压 U_{GS},再接着测时表针可能不动,此时将 GS 极间短路一下即可。

七、晶闸管

晶闸管也称可控硅,广泛应用于可控整流、调压、逆变和开关电路中。

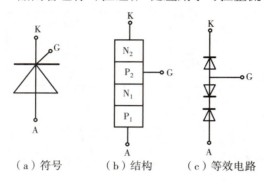

（a）符号　　　（b）结构　　　（c）等效电路

附图 3.8　晶闸管的符号、结构及等效电路

晶闸管的符号、结构及等效电路如附图 3.8 所示。由图可见,阴极与控制极之间有一个 PN 结,而阳极与控制极之间有两个反极性串联的 PN 结。利用万用表可进行判断。

1. 判定晶闸管的电极

将万用表拨至 $R×100$ 挡,先判定控制极 G。将黑表笔接某一电极,红表笔分别碰触另外两个电极,假如有一次阻值很小,约几百欧,另一次阻值很大,约几千欧,说明黑表笔接的是控制极。在阻值小的那次,测量中,接红表笔的是阴极 K 阻值大的那一次,红表笔接的是阳极 A。若两次测出的阻值都很大,说明黑表笔接的不是控制极,应改测其他电极。

2. 检查晶闸管的触发能力

检查晶闸管的触发能力的电路如附图 3.9 所示,万用表拨在 $R×1$ 挡,因表内电池电压仅 1.5 V,低于触发电压值(一般为 2.5～4 V),故不会损坏晶闸管,测量分两步进行。

第一步,先断开开关 S,此时晶闸管未导通,测出的电阻值较大,表针停在无穷大处。然后合上开关 S,将控制极与阳极短路,使控制极电位升高,相当于加上控制电压,晶闸管导通,表针读数为几欧姆。

第二步,再把开关 S 断开,若读数不变,证明晶闸管质量良好。

图中的开关 S 可用一根导线代替,导线一端固定在阳极上,另一端搭在控制极上时,相当于开关闭合。

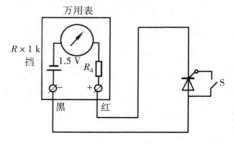

附图 3.9　检查晶闸管触发能力的电路图

本法只适宜检查小功率晶闸管,对于大功率晶闸管,由于导通压降较大,$R×1$ 挡提供的电流低于维持电流,使得导通情况不好,当开关断开时,晶闸管也随之关断。

检查中功率晶闸管可采用双表法,两块万用表的 $R×1$ 挡串联使用,得到 3 V 电压,晶闸管的接法与附图 3.9 相同。

若要检查 100 A 以上的晶闸管,可将附图 3.9 的万用表 $R×1$ 挡再串联两节 1.5 V 电池。

八、检查整流桥堆的质量

整流桥堆是把四只硅整流二极管接成桥式电路,再用环氧树脂(或绝缘塑料)封装而成的半导体器件。桥堆有交流输入端(A,B)和直流输出端(C,D),如附图3.10所示。采用判定二极管的方法可以检查桥堆的质量。从图中可看出,交流输入端 A,B 之间总会有一只二极管处于截止状态使 A,B 间总电阻趋向于无穷大。直流输出端 D,C 间的正向压降则等于两只硅二极管的压降之和。因此,用数字万用表的二极管挡测 A,B 的正、反向电压时均显示溢出,而测 D,C 时显示大约1 V,即可证明桥堆内部无短路现象。如果有一只二极管已经击穿短路,那么测 A,B 的正、反向电压时,必定有一次显示 0.5 V 左右。

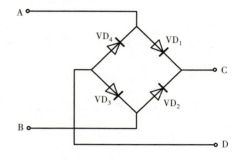

附图 3.10　整流桥堆管脚及质量判别

附录 Ⅳ　常用集成电路引脚排列图

一、74LS 系列

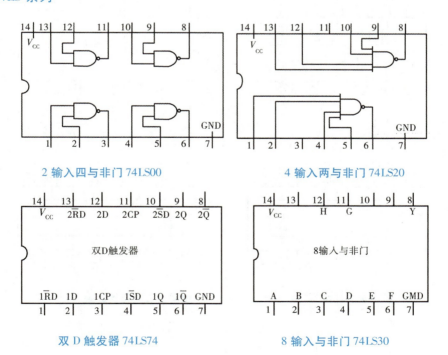

2 输入四与非门 74LS00

4 输入两与非门 74LS20

双 D 触发器 74LS74

8 输入与非门 74LS30

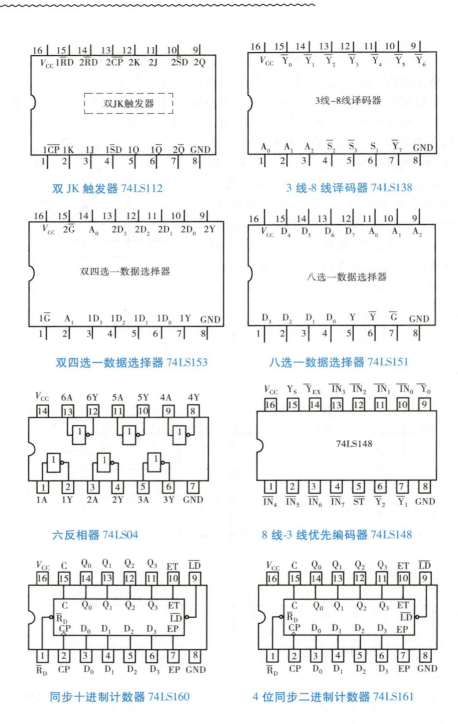

双 JK 触发器 74LS112

3 线-8 线译码器 74LS138

双四选一数据选择器 74LS153

八选一数据选择器 74LS151

六反相器 74LS04

8 线-3 线优先编码器 74LS148

同步十进制计数器 74LS160

4 位同步二进制计数器 74LS161

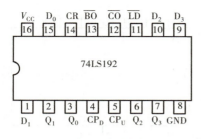

十进制同步加/减计数器 74LS192

4 位双向移位寄存器 74LS194

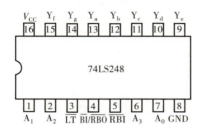

4 线-七段译码器/驱动器 74LS248

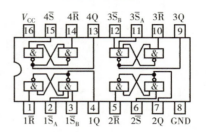

四 $\overline{R}-\overline{S}$ 锁存器 74LS279

二、CC4000 系列

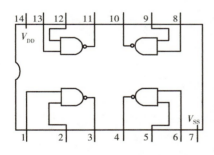

2 输入四与非门 CC4011

双 4 输入与非门 CC4012

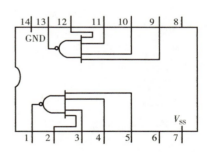

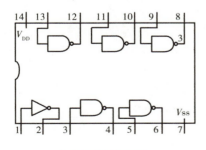

六反相器 CC4069

双 JK 触发器 CC4027

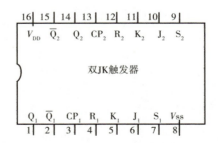

315

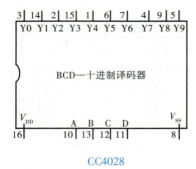

CC4028

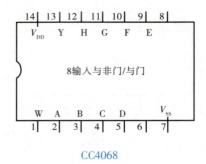

CC4068

参考文献

［1］姚缨英.电路实验教程［M］.2 版.北京:高等教育出版社,2011.

［2］康华光.电子技术基础(数字部分)［M］.5 版.北京:高等教育出版社,2006.

［3］张新喜,许军,王新忠,等.Multisim10 电路仿真及应用［M］.北京:机械工业出版社,2011.

［4］秦曾煌.电工学简明教程［M］.2 版.北京:高等教育出版社,2007.

［5］童诗白,华成英.模拟电子技术基础［M］.3 版.北京:高等教育出版社,2005.

［6］阎石.数字电子技术基础［M］.5 版.北京:高等教育出版社,2006.

［7］陈文光.电工电子实验指导教程［M］.西安:西安电子科技大学出版社,2016.

［8］刘泾.数字电子技术实验指导［M］.成都:西南交通大学出版社,2011.

［9］熊莉英.电工电子技术实验指导［M］.重庆:重庆大学出版社,2014.

［10］吕思忠,施齐云.数字电路实验与课程设计［M］.哈尔滨:哈尔滨工程大学出版社,2001.

［11］刘润华,任旭虎.电子技术实验与课程设计［M］.东营:石油大学出版社,2005.

［12］周燕.电工电子技术实验教程［M］.成都:西南交通大学出版社,2011.

［13］毕满清.电子技术实验与课程设计［M］.3 版.北京:机械工业出版社,2005.

［14］李毅,谢松云,王安丽,等.数字电子技术实验［M］.西安:西北工业大学出版社,2009.